高等职业教育系列教材

由简到难、循序渐进 | 注重设计思维培养

工业产品三维设计

主　编 | 杜小雷　魏茂春　余运昌
副主编 | 冯云凌　彭建财　陆婷姬　郭　慧　王忠杰
参　编 | 高贾顺　黄跃东　黄榕熙　谢　磊　郑茂江

机械工业出版社
CHINA MACHINE PRESS

本书涵盖从建模、装配到制图的技能体系，共包含三个模块：模块一通过六个典型工业产品的三维建模项目让学习者掌握常用的三维建模及模型渲染技能；模块二通过两个工业产品的三维建模与装配项目帮助学习者强化三维建模及视觉效果设计技能，并使用装配工具完成产品整体装配；模块三通过两个工业产品的零部件建模、装配与制图综合项目让学习者能够熟练完成产品零部件设计、整体装配与工程图的制作。本书所选 CAD 软件为 Siemens NX 12.0，但所述技能可拓展至其他 CAD 软件。

本书遵循职业教育教学规律，采用项目编写方式，项目实践内容鲜活且富有启发性，注重设计思维引导，技能知识讲述深入浅出，内容组织逻辑强化"学思用贯通"。本书可作为高职高专院校机械设计与制造、数控技术、模具设计与制造、智能制造工程等装备制造大类专业教学用书，也可作为设计制造类工程师的岗位培训或自学用书。

本书微课视频扫码即可观看，电子课件、素材等资源，可登录机械工业出版社教育服务网（www.cmpedu.com）免费注册，审核通过后下载，或联系编辑索取（微信：13261377872，电话：010-88379739）。

图书在版编目（CIP）数据

工业产品三维设计 / 杜小雷，魏茂春，余运昌主编. 北京：机械工业出版社，2025．5.--（高等职业教育系列教材）. -- ISBN 978-7-111-78254-4

Ⅰ．TB472-39

中国国家版本馆 CIP 数据核字第 202564P65N 号

机械工业出版社（北京市百万庄大街 22 号　邮政编码 100037）
策划编辑：赵小花　　　　　　　　　责任编辑：赵小花
责任校对：邓冰蓉　张慧敏　景　飞　责任印制：刘　媛
北京富资园科技发展有限公司印刷
2025 年 7 月第 1 版第 1 次印刷
184mm×260mm・12.75 印张・315 千字
标准书号：ISBN 978-7-111-78254-4
定价：55.00 元

电话服务	网络服务
客服电话：010-88361066	机 工 官 网：www.cmpbook.com
010-88379833	机 工 官 博：weibo.com/cmp1952
010-68326294	金 书 　 网：www.golden-book.com
封底无防伪标均为盗版	机工教育服务网：www.cmpedu.com

Preface 前 言

三维数字模型的设计与制作是智能制造领域的关键环节，贯穿于工业产品的设计、制造、装配、维护，直至产品退役的全过程，为制造业带来了革命性的变化。工程师使用三维软件快速创建工业产品的参数化三维模型，可加速产品创新设计过程，优化生产流程，从而缩短产品开发周期，提升企业市场竞争力。因此，三维设计是我国装备制造类岗位技术人员必备的核心技能，同时，优秀的职业素养与精神品格也是行业人才所需的重要特质，培养这类高素质复合型人才对于推动我国制造业的高质量发展具有重要意义，这也是编写本书的根本目标与价值所在。

本书根据机械设计制造相关岗位的典型工作需求，确立了内容结构，涵盖了从建模、装配到制图的技能体系，按照由易到难、逐渐递进的原则设计了三个模块：模块一通过板块类、旋转类及曲面类共六个典型工业产品的三维建模项目让学习者能够掌握常用的三维建模及模型渲染技能；模块二通过两个工业产品的三维建模与装配项目让学习者进一步强化三维建模及视觉效果设计技能，并能使用装配工具完成产品整体装配；模块三通过两个工业产品的零部件建模、装配与制图综合项目让学习者能够熟练使用三维建模、视觉效果、装配工具，完成产品零部件设计与整体装配，并能使用制图工具完成零件图及装配图的制作，从而真正掌握三维设计的核心技能。本书所选用的CAD软件为Siemens NX 12.0，通过本书的学习，可将三维设计经验快速拓展到其他主流三维设计软件的使用中，为自身综合能力的不断提升奠定基础。

本书遵循职业教育教学规律，项目实践内容鲜活且富有启发性，技能知识讲述深入浅出，内容组织逻辑强化"学思用贯通"，有机融入素养目标，丰富的数字化资源与完善的学习指引为师生的教与学提供深度赋能。本书可作为高职高专院校机械设计与制造、数控技术、模具设计与制造、智能制造工程等装备制造类专业教学用书，也可作为设计制造类工程师的岗位培训或自学用书。

本书由厦门海洋职业技术学院杜小雷、魏茂春、余运昌担任主编，冯云凌、彭建财（厦门城市职业技术学院）、陆婷姬（湄洲湾职业技术学院）、郭慧、王忠杰担任副主编，高贾顺、黄跃东、黄榕熙、谢磊、郑茂江参与编写。此外，本书还得到了厦门兴安泰科技有限公司林志宏总经理、厦门金龙联合汽车工业有限公司陈彬华高级工程师等企业专家的大力支持，他们提供了相关的项目案例、技术指导与帮助。

本书的编写是基于厦门海洋职业技术学院新形态教材建设重点项目的研究成果，并得到了学校的全面支持。在本书的编写过程中，副校长倪辉教授、马克思主义学院沈红教授、教务处及机电学院的多位同仁提出了许多宝贵意见，指引编者不断优化内容并顺利完成本书的编写，在此一并表示感谢！

由于编者水平有限，书中难免会有疏漏之处，诚挚欢迎使用本书的师生们批评指正。

编 者

目录 Contents

前言

模块一 典型工业产品的三维建模 ... 1

项目1 平板托盘的三维建模 ... 3
- 1.1 项目描述 ... 3
- 1.2 项目分析 ... 5
- 1.3 项目实施 ... 5
  - 1.3.1 工作任务拆解 ... 5
  - 1.3.2 特征建模 ... 6
  - 1.3.3 产品渲染 ... 9
- 1.4 知识链接 ... 10
  - 1.4.1 草图的功能及创建步骤 ... 10
  - 1.4.2 草图方位设置 ... 11
  - 1.4.3 草图默认功能设置 ... 11
  - 1.4.4 草图曲线工具 ... 11
  - 1.4.5 草图曲线阵列工具 ... 12
  - 1.4.6 拉伸 ... 14
  - 1.4.7 特征线性阵列工具 ... 15
  - 1.4.8 特征编辑对象显示 ... 17
- 1.5 项目实施评价 ... 17
- 1.6 巩固与拓展 ... 19

项目2 平板电脑的三维建模 ... 21
- 2.1 项目描述 ... 21
- 2.2 项目分析 ... 22
- 2.3 项目实施 ... 23
  - 2.3.1 工作任务拆解 ... 23
  - 2.3.2 特征建模 ... 23
  - 2.3.3 产品渲染 ... 27
- 2.4 知识链接 ... 27
  - 2.4.1 草图曲线编辑工具 ... 27
  - 2.4.2 草图约束工具 ... 28
  - 2.4.3 布尔操作 ... 32
  - 2.4.4 倒斜角 ... 33
  - 2.4.5 真实着色 ... 34
  - 2.4.6 光栅图像 ... 35
- 2.5 项目实施评价 ... 36
- 2.6 巩固与拓展 ... 36

项目3 齿轮传动轴的三维建模 ... 39
- 3.1 项目描述 ... 39
- 3.2 项目分析 ... 41
- 3.3 项目实施 ... 42
  - 3.3.1 工作任务拆解 ... 42
  - 3.3.2 特征建模 ... 42
  - 3.3.3 产品渲染 ... 47
- 3.4 知识链接 ... 47
  - 3.4.1 圆柱齿轮特征 ... 47
  - 3.4.2 环形沟槽 ... 49
  - 3.4.3 镜像特征 ... 50
- 3.5 项目实施评价 ... 51
- 3.6 巩固与拓展 ... 51

项目4 火箭的三维建模 ... 54
- 4.1 项目描述 ... 54
- 4.2 项目分析 ... 55
- 4.3 项目实施 ... 56
  - 4.3.1 工作任务拆解 ... 56

4.3.2　特征建模 …………………… 56
　　4.3.3　产品渲染 …………………… 63
4.4　知识链接 ……………………………… 64
　　4.4.1　拉伸特征扩展应用 ………… 64
　　4.4.2　圆锥特征 …………………… 65
　　4.4.3　文字曲线 …………………… 66
4.5　项目实施评价 ………………………… 67
4.6　巩固与拓展 …………………………… 68

项目5　涡轮增压器叶轮的三维建模 …………………………………… 70

5.1　项目描述 ……………………………… 70
5.2　项目分析 ……………………………… 72
5.3　项目实施 ……………………………… 72
　　5.3.1　工作任务拆解 ………………… 72
　　5.3.2　特征建模 …………………… 73
　　5.3.3　产品渲染 …………………… 78
5.4　知识链接 ……………………………… 79
　　5.4.1　曲面上的曲线 ………………… 79
　　5.4.2　延伸曲面 …………………… 80
　　5.4.3　加厚 …………………………… 80
　　5.4.4　延伸片体 …………………… 81

　　5.4.5　替换面 …………………… 82
5.5　项目实施评价 ………………………… 82
5.6　巩固与拓展 …………………………… 83

项目6　龙舟船桨的三维建模 ………… 86

6.1　项目描述 ……………………………… 86
6.2　项目分析 ……………………………… 88
6.3　项目实施 ……………………………… 88
　　6.3.1　工作任务拆解 ………………… 88
　　6.3.2　特征建模 …………………… 89
　　6.3.3　产品渲染 …………………… 96
6.4　知识链接 ……………………………… 97
　　6.4.1　通过曲线组创建曲面 ………… 97
　　6.4.2　相交曲线 …………………… 100
　　6.4.3　桥接曲线 …………………… 100
　　6.4.4　曲线网格曲面 ………………… 101
　　6.4.5　曲面填充 …………………… 102
　　6.4.6　曲面缝合 …………………… 103
　　6.4.7　艺术外观任务 ………………… 103
6.5　项目实施评价 ………………………… 105
6.6　巩固与拓展 …………………………… 106

模块二　典型工业产品的三维建模与装配 ……… 119

项目7　测电笔的三维建模与装配 …… 111

7.1　项目描述 ……………………………… 111
7.2　项目分析 ……………………………… 112
7.3　项目实施 ……………………………… 113
　　7.3.1　工作任务拆解 ………………… 113
　　7.3.2　零部件建模 ………………… 113
　　7.3.3　产品装配 …………………… 116
7.4　知识链接 ……………………………… 119
　　7.4.1　装配流程及操作 …………… 119
　　7.4.2　爆炸图及操作 ……………… 122
7.5　项目实施评价 ………………………… 123
7.6　巩固与拓展 …………………………… 124

项目8　柔触机械手的三维建模与装配 …………………………………… 126

8.1　项目描述 ……………………………… 126
8.2　项目分析 ……………………………… 128
8.3　项目实施 ……………………………… 128
　　8.3.1　工作任务拆解 ………………… 128
　　8.3.2　零部件建模 ………………… 129
　　8.3.3　产品装配 …………………… 134
8.4　知识链接 ……………………………… 138
　　8.4.1　壳体 …………………………… 138
　　8.4.2　抽壳特征工具 ………………… 139
　　8.4.3　管特征 ………………………… 140

8.4.4　标准件装配 ……………… 140
　8.5　项目实施评价 ………………… 141
　8.6　巩固与拓展 …………………… 142

模块三　典型工业产品的零部件建模、装配与制图 …… 145

项目9　弹性联轴器的零部件建模、装配与制图 ……… 147
　9.1　项目描述 ……………………… 147
　9.2　项目分析 ……………………… 149
　9.3　项目实施 ……………………… 150
　　9.3.1　工作任务拆解 ……………… 150
　　9.3.2　零部件建模 ………………… 152
　　9.3.3　产品装配 …………………… 153
　　9.3.4　工程制图 …………………… 154
　9.4　知识链接 ……………………… 162
　　9.4.1　三维软件制图工作流程 …… 162
　　9.4.2　制图图纸页 ………………… 163
　　9.4.3　基本视图 …………………… 164
　　9.4.4　投影视图 …………………… 165
　　9.4.5　剖视图 ……………………… 165
　　9.4.6　尺寸标注 …………………… 166
　　9.4.7　注释 ………………………… 167
　　9.4.8　标题栏填写 ………………… 168
　　9.4.9　装配图 ……………………… 168
　　9.4.10　零件明细表 ………………… 168
　　9.4.11　零件序号标注 ……………… 169
　9.5　项目实施评价 ………………… 171
　9.6　巩固与拓展 …………………… 171

项目10　精密台虎钳的零部件建模、装配与制图 ……… 174
　10.1　项目描述 …………………… 174
　10.2　项目分析 …………………… 176
　10.3　项目实施 …………………… 176
　　10.3.1　工作任务拆解 …………… 176
　　10.3.2　零部件建模 ……………… 184
　　10.3.3　产品装配 ………………… 186
　　10.3.4　工程制图 ………………… 186
　10.4　知识链接 …………………… 191
　　10.4.1　局部放大图 ……………… 191
　　10.4.2　局部剖视图 ……………… 192
　　10.4.3　断开视图 ………………… 194
　10.5　项目实施评价 ……………… 194
　10.6　巩固与拓展 ………………… 195

参考文献 …………………………… 198

模块一
典型工业产品的三维建模

内容概述

工业产品结构无论简单或复杂，都由一个基本形体再附加其他特征构成。常见的工业产品结构主要有 3 类。①板块类结构：主要由平坦的表面和块体组成，例如制动片、控制面板、桌面等；②旋转类结构：具有一条旋转中心线，一般可以实现旋转功能，例如汽车车轮、传动轴和联轴器等；③曲面类结构：主要由曲面组成，其特点是必须保证曲面的光滑性，并且能够满足特定的功能要求，例如风扇叶片、手柄等。

根据以上结构类型，CAD 软件内置了丰富的特征工具，如拉伸、旋转、扫掠、曲面等，通过这些工具的组合使用，可以创建各种结构复杂的三维模型。为了快速创建出所需的三维模型，工程师需要准确分析产品的结构特点并选择合适的建模工具。

本模块将通过 6 个典型工业产品建模项目让大家理解几种常见工业产品结构特点与对应的建模工具，熟悉常用产品特征分析方法，掌握特征建模的主要流程和特征工具的使用步骤。

思维导图

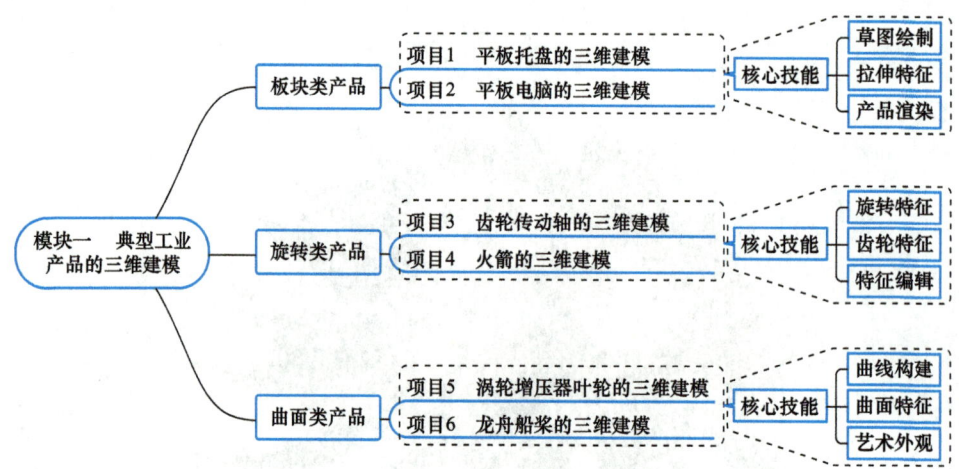

学习建议

1. 学会特征分析：通过项目描述内容熟悉产品背景信息，能通过引导问题分析产品结构特点。

2. 独立完成任务：在项目实施中参考实施步骤，独立完成每个特征的建模，如果遇到较为复杂的操作步骤可参考相关视频，并多次训练。

3. 客观评价学习效果：参照项目实施评价标准，分析总结项目学习过程，并充分利用项目资源进行巩固提升。

4. 坚持理实一体：强化理解项目知识链接中与核心技能密切相关的知识要点，并将其应用于项目相关的拓展任务中。

项目 1　平板托盘的三维建模

📖 知识目标
1. 会描述平板托盘产品的结构特点及特征构成。
2. 能说出草图的直线、矩形、线性阵列工具的使用方法。
3. 能说明草图创建的基本条件和创建步骤。

🖱 技能目标
1. 能根据平板托盘图样和实物图片准确分析产品结构特征。
2. 能使用草图的直线、矩形、线性阵列、尺寸约束工具完成特征轮廓线的创建。
3. 能使用拉伸及阵列工具完成平板托盘外形特征的创建。

✤ 素养目标
1. 能根据项目描述分析产品结构特点,养成细致分析的职业习惯。
2. 能坚持独立完成平板托盘的三维设计任务,树立吃苦耐劳的劳动精神。
3. 能阅读和交流平板托盘设计与制造流程的相关素材,感悟精益求精的工匠精神。

1.1　项目描述

📖 项目背景

平板托盘,也称为货栈,是现代供应链和物流系统的重要组成部分,如图 1-1 所示。托盘的历史可以追溯到 20 世纪初,在托盘广泛使用之前,货物通常是手工装卸的,效率低下且损坏风险大。托盘的引入彻底改变了货物的处理方式,使得以更快的速度移动更多的产品成为可能。托盘在全球供应链中发挥着关键作用,提高了货物从制造商到分销商、零售商,再到最终消费者的运输效率。托盘还有助于确保货物在运输过程中的安全,降低损坏和丢失的风险。托盘有多种尺寸和设计可供选择,以适应不同类型的货物和搬运设备。

图 1-1　平板托盘

1. 托盘几何结构

一个典型的木质或塑料托盘主要由甲板和四周的边框组成,如图 1-2 所示。托盘的设计要考虑均匀分布在托盘上的货物重量,甲板承载货物的重量,边框提供结构支撑,甲板之间留有空间，便于取放货物并改善通风。托盘还具有纵梁或垫块，可为甲板提供支撑和稳定性。为了满足不同货物和操作环境的需求，市面上有各种规格的托盘，常见的尺寸包括 1200mm×1000mm、1000mm×600mm 等，尺寸越大，承重量越大。

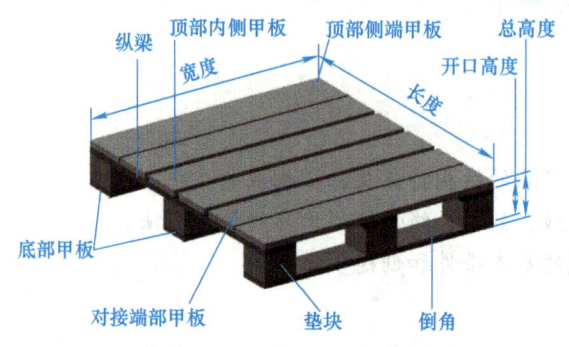

图 1-2　托盘结构

2. 托盘的主要功能

1）叉车可操作性：托盘提供方便的全侧入口，使叉车和托盘搬运车可以轻松地将货叉插入下方。这种设计对于托盘的主要功能至关重要，即高效、安全地提升和移动货物。

2）可堆垛性：托盘经过精心设计，可方便堆叠。此功能与它们在优化存储空间方面的功能直接相关。堆垛托盘可以有效地利用仓库空间，这对于管理大量产品至关重要。

3）材料强度：不同的材料，如木材、塑料或金属，在强度、耐用性和卫生条件方面各有优势。选择合适的材料对于确保托盘满足其预期功能至关重要。

> **引导问题 1：**
> 通过对项目背景的分析，你认为物流中的托盘产品包含哪些结构特征？

项目要求

1）仔细分析平板托盘的整体外形、细节特征。
2）根据每个特征的轮廓特点，选用合适的草图和特征工具，制订平板托盘的建模计划。
3）根据计划，独立完成平板托盘的三维建模，参见图 1-3。

图 1-3　平板托盘三维建模

1.2 项目分析

> **引导问题 2：**
> 通过对项目描述的分析，你认为本项目产品结构特征对应的特征工具是什么？

根据以上分析，你认为本项目产品的建模需要哪些步骤？请把你的计划写出来。

_____

_____

_____

_____

1.3 项目实施

1.3.1 工作任务拆解

平板托盘的特征建模

产品分析规则：从大到小，从上往下。该平板托盘产品主要由上甲板、上甲板横梁、中部垫块、底部甲板、对接端部甲板组成，每个特征均可用拉伸特征工具进行创建。建模时可按照从上到下的顺序，依次完成各特征的创建。注意，重复的特征可充分利用阵列工具完成创建。最后通过编辑特征颜色，改变各特征的颜色。整个项目的工作任务拆解如图 1-4 所示。

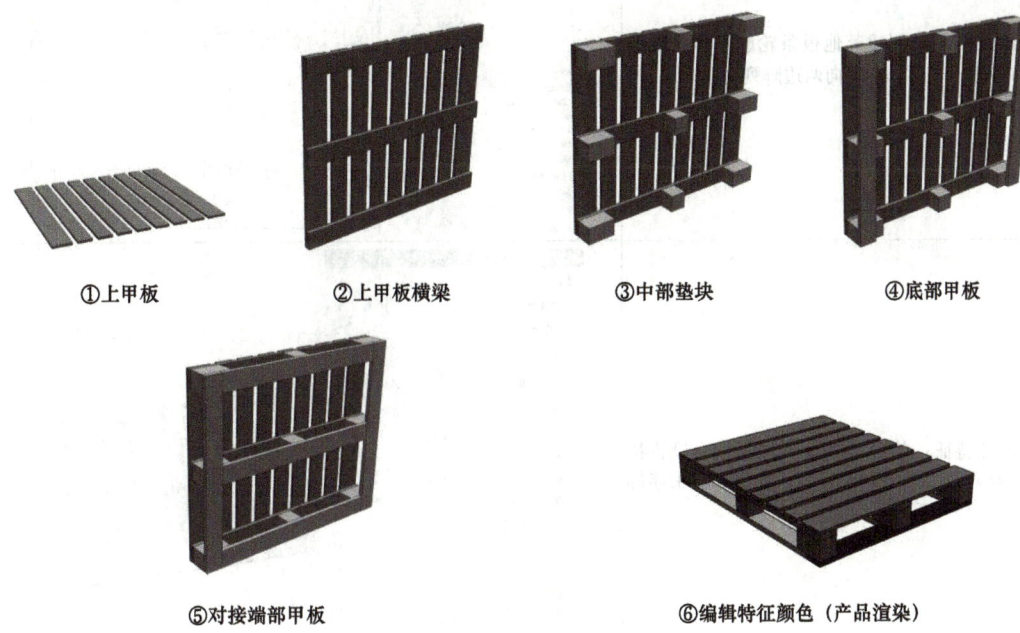

①上甲板　　②上甲板横梁　　③中部垫块　　④底部甲板

⑤对接端部甲板　　⑥编辑特征颜色（产品渲染）

图 1-4　工作任务拆解

通过以上分析，本项目的工作内容主要包括特征建模、产品渲染两部分。

1.3.2 特征建模

特征建模过程见表 1-1。

表 1-1 特征建模过程

步骤	图示
1. 上甲板特征建模	
1）单击"草图"按钮，选择基准坐标系 XY 平面，创建平板外壳的草图为 1200×1000 的矩形，并将其转换成参考曲线（显示为双点画线），然后在中间创建 95×1000 的矩形，在左边创建 130×1000 的矩形	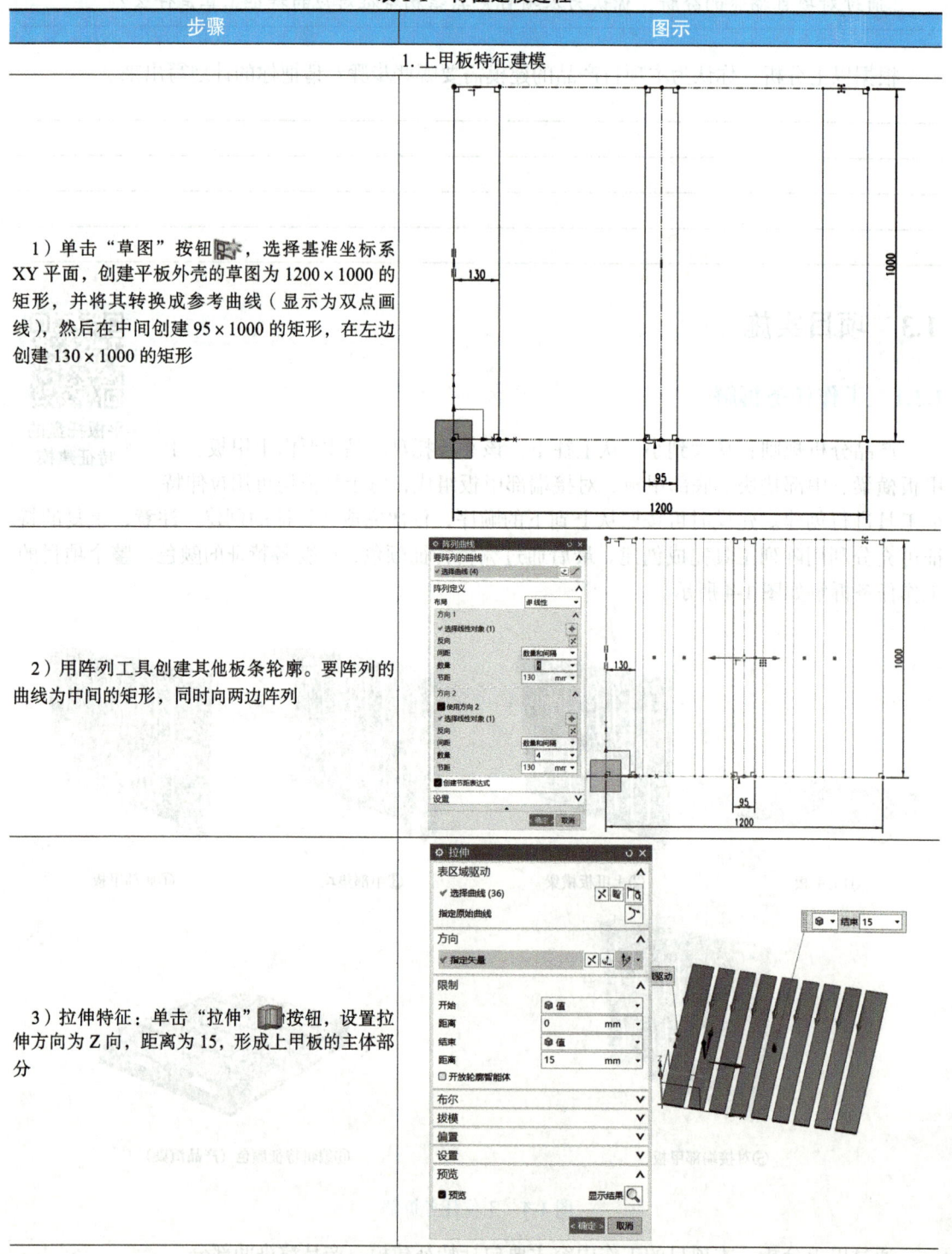
2）用阵列工具创建其他板条轮廓。要阵列的曲线为中间的矩形，同时向两边阵列	
3）拉伸特征：单击"拉伸"按钮，设置拉伸方向为 Z 向，距离为 15，形成上甲板的主体部分	

（续）

步骤	图示
2. 上甲板横梁特征建模	
1）创建草图：单击"阵列" 按钮，选择上甲板底面为草图平面，在中间创建95×1200的矩形，并阵列到上下两侧，阵列距离为452.5（500–47.5）	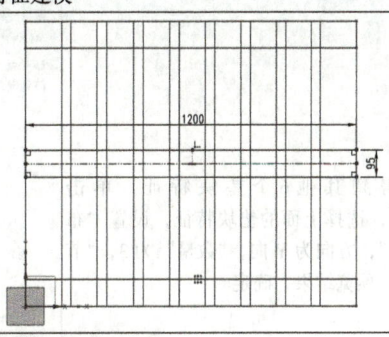
2）拉伸特征：单击"拉伸" 按钮，设置拉伸方向为–Z向，拉伸距离为25，形成上甲板横梁的特征	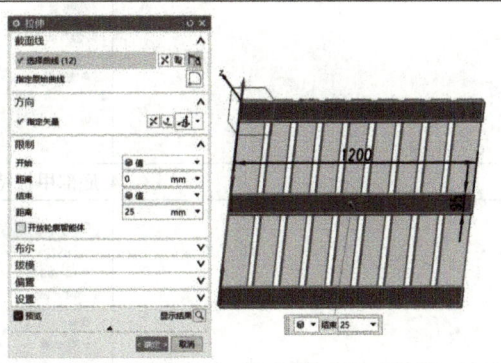
3. 中部垫块特征建模	
1）创建草图：单击"阵列" 按钮，选择上甲板横梁底面为草图平面，创建中部垫块的草图，两侧为160×95的矩形，中间为95×95的矩形	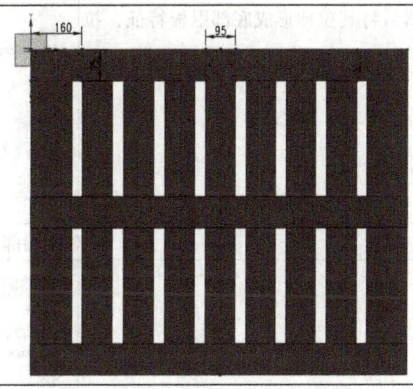
2）拉伸特征：单击"拉伸" 按钮，设置拉伸方向为–Z向，拉伸距离为95，形成3个中部垫块的特征	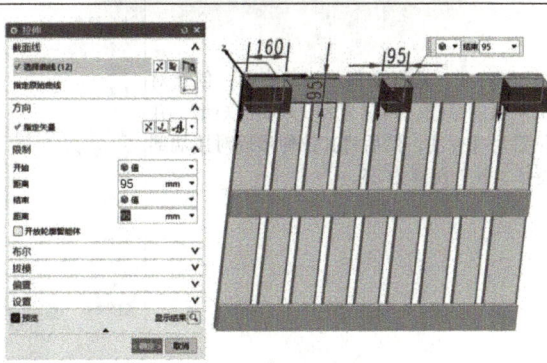

（续）

步骤	图示
3）阵列得到其他 6 个垫块特征：单击 阵列特征，选择上面的垫块特征，设置"布局"为"线性"，方向为 Y 向，"数量"为 3，"节距"为 452.5，预览结果，确定	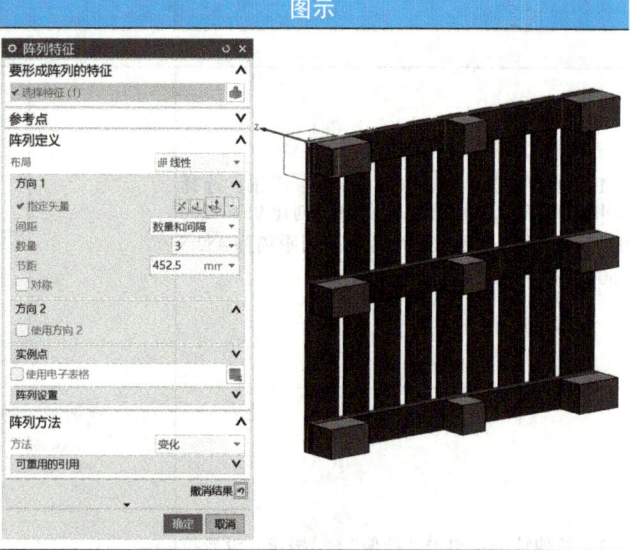
4. 底部甲板特征建模	
拉伸特征：选择中部垫块的底面，创建底部甲板的草图，两侧为 1000×95 的矩形，并进行位置尺寸标注，然后将其拉伸形成底部甲板特征，拉伸距离为 25	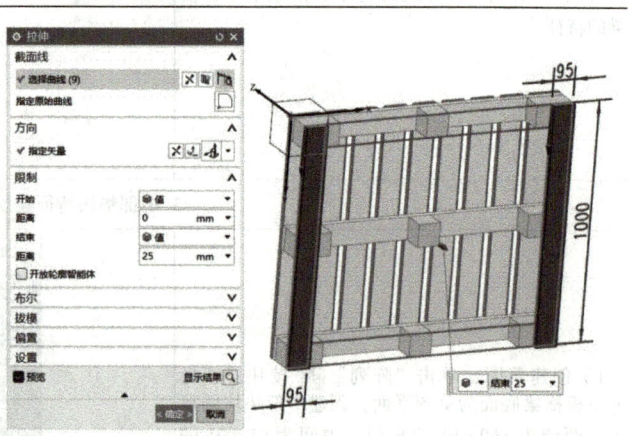
5. 对接端部甲板特征建模	
1）拉伸特征：选择中部垫块的底面，创建对接端部甲板的草图，两侧为 810×95 的矩形，并进行位置尺寸标注，然后将其拉伸形成对接端部甲板特征，拉伸距离为 25	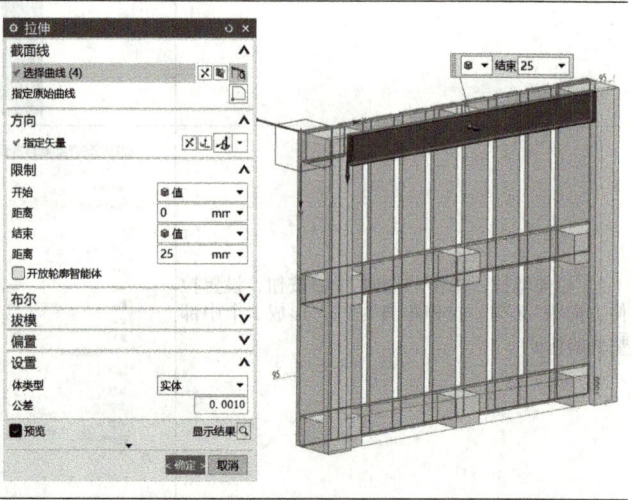

（续）

步骤	图示
2）阵列得到另外两个对接端部甲板特征：选择上面的对接端部甲板特征，单击"阵列特征"，"布局"为"线性"，方向为Y向，"数量"为3，"节距"为452.5，预览结果，确定	

1.3.3 产品渲染

产品渲染过程见表1-2。

表1-2　产品渲染

步骤	图示
1. 特征颜色设置	
1）选择需要改变颜色的特征对象，单击功能区"视图"→"可视化"→"编辑对象显示"图标，弹出"编辑对象显示"对话框	
2）单击"颜色"按钮，弹出"颜色"对话框，选择"收藏夹"里需要的颜色，也可以通过"调色板"选取不同色调的颜色，然后单击"确定"按钮	

(续)

步骤	图示
2.其他特征颜色设置	
其他需要改变颜色的特征对象可按照上一步骤的方法进行颜色设置 注意：在选择对象时可以在"部件导航器"中选择对应的特征，也可以通过"过滤器类型"下拉列表框选择需要的类型后再选取对象	

1.4　知识链接

1.4.1　草图的功能及创建步骤

1. 草图的功能

三维设计中的草图一般用于表达产品特征的初始几何轮廓，它反映的是产品全部（或部分）特征沿着某个方向投影的轮廓形状，与三维特征的关系遵循机械制图的基本投影规律。草图又可称为特征截面曲线或特征投影曲线。任何三维特征都可以从草图开始进行表达，然后利用建模工具（拉伸、旋转、扫描等）生成所需的三维特征。草图建模原理如图1-5所示。

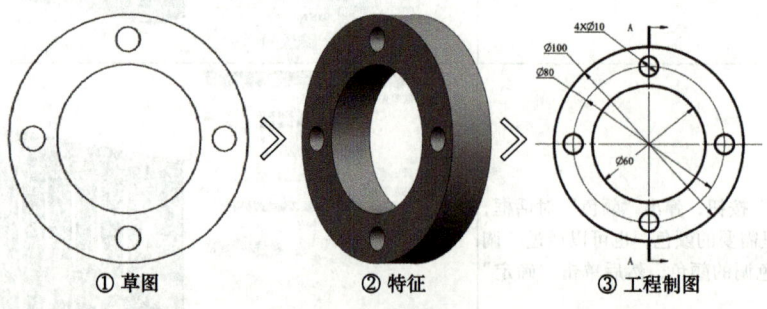

①草图　　　②特征　　　③工程制图

图1-5　草图建模原理

2. 草图的创建步骤

三维设计过程中的草图一般由直线、矩形、非圆弧曲线、圆弧等二维几何元素和约束关系组成。草图绘制的一般操作步骤：选择草图绘制平面→利用草图曲线创建和编辑工具绘制草图形状→添加几何约束→添加尺寸标注约束→检查→退出草图或者直接选择特征工具进行下一步操作。

1.4.2 草图方位设置

草图是一种二维曲线，因此绘制草图需要有二维平面作为其绘制平面，可以将其理解成手工画图需要有绘图纸，才能将曲线画出，这是草图创建的首要步骤，如图1-6所示。

1）草图类型："在平面上"是指通过选择现有平面创建草图。

2）平面方法："自动判断"是指根据所选平面自动创建草图方向。

3）参考："水平"即草图X轴方向。

4）原点方法：选择"使用工作部件原点"，则草图原点会根据所选平面上的特征自动选择。也可以指定原点，例如坐标系原点是常用的草图原点。

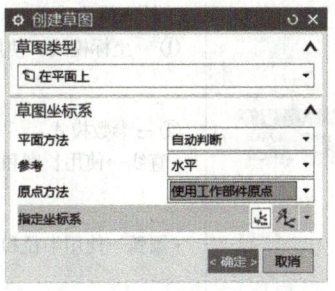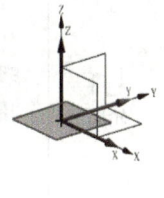

图1-6 草图创建

1.4.3 草图默认功能设置

为了提升工作效率，三维软件的草图模块设置了一些默认功能。例如：显示草图约束；显示草图自动尺寸；连续自动标注尺寸，自动添加未标注的尺寸（注意颜色和已标注尺寸的区别）；创建自动判断约束，根据曲线自动添加常规的约束类型。以上功能对应的图标背景为青蓝色，如图1-7所示。

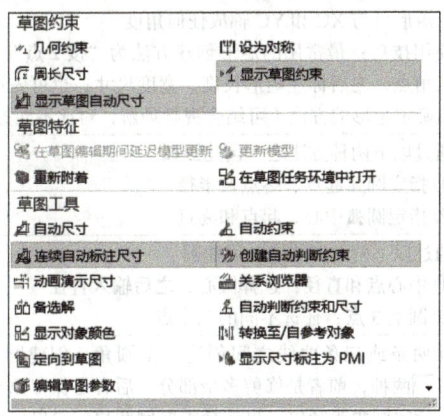

图1-7 草图默认功能

1.4.4 草图曲线工具

直线、矩形、圆弧、圆角是轮廓线绘制中最常见的曲线对象，因此其对应的工具也是草图绘制最常用的工具。其中直线可以用"轮廓"或者"直线"工具进行绘制，但要注意使用的区别。表1-3所列为常用的草图曲线工具及功能。

表 1-3　常用的草图曲线工具及功能

曲线工具	曲线设置窗口	功能说明
轮廓	轮廓 对象类型 输入模式	1. 对象类型 ① 直线：创建直线，默认模式 ② 圆弧：创建圆弧。当从直线连接圆弧时，将创建一个两点圆弧。默认情况下，创建圆弧后轮廓切换到直线模式 2. 输入模式 ① 坐标模式：使用 X 和 Y 坐标值创建曲线点 （XC 152　YC 39） ② 参数模式： • 直线→使用长度和角度参数 （长度 37　角度 348） • 圆弧→使用半径和扫掠角度参数 （半径 17.1747　扫掠角度 150.124） 3. 使用技巧 使用"轮廓"工具可创建一系列相连直线和圆弧。每条曲线的终点即为下一条曲线的起点。在绘制过程中可切换下个对象类型为直线或圆弧
直线	直线 输入模式	通过选择或输入直线的两个端点坐标来创建直线，也可以先选择一个端点，另一个端点用参数模式设置对应的数值，从而建立直线。使用"直线"命令可创建单条线，但无法首尾连续，注意和轮廓线进行区别
矩形	矩形 矩形方法 输入模式	通过以下三种方法之一创建矩形 ① 按 2 点：根据对角上的两点创建矩形。矩形两条边分别与 XC 和 YC 草图轴平行 ② 按 3 点：从起点和决定宽度、高度和角度的两点来创建矩形。矩形可与 XC 和 YC 轴成任何角度 ③ 从中心：从中心点、决定角度和宽度的第二点以及决定高度的第三点来创建矩形。矩形可与 XC 和 YC 轴成任何角度 使用技巧：最常用的矩形创建方法为"按 2 点"，可以先单击鼠标左键分别选择两个对角点，之后标注矩形长度、宽度尺寸；也可先选一个角点，输入长度、宽度尺寸之后确定矩形的方位（可结合视频理解，对比不同方法）
圆弧	圆弧 圆弧方法 输入模式	通过以下两种方法之一创建圆弧 ① 指定圆弧起点、终点及半径 ② 指定圆弧中心、起点和终点
圆	圆 圆方法 输入模式	通过以下两种方法之一创建圆 ① 中心点和直径：选择圆心，之后输入直径 ② 圆上 3 点：任选不同的三个点
圆角	圆角 圆角方法 选项	在两条或三条曲线之间创建一个圆角。创建圆角类型有"修剪"及"取消修剪"两种，前者是修剪多余部分，后者是保留原来的曲线形状和位置。创建圆角一般先指定圆角半径值，再选择需要倒圆角的对象，或者先选择对象，之后预览圆角并通过移动光标来确定它的尺寸和位置

1.4.5　草图曲线阵列工具

1. 线性阵列

（1）线性阵列的原理　线性阵列工具是沿着线性方向布局的草图曲线复制工具，它的基本原理是选择要阵列的曲线以及线性方向（可用单个线性方向，也可用两个线性方向），并设置"间距"下拉列表框中间距类型对应的参数值来创建重复的多个曲线，如图 1-8 所示。

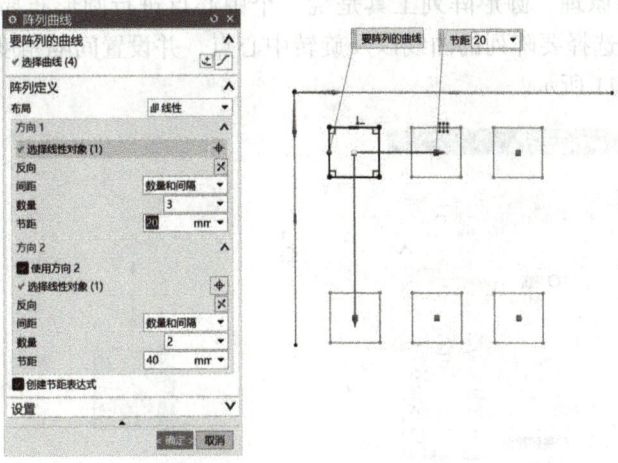

图 1-8　线性阵列

（2）线性阵列的操作步骤　选择阵列工具 →选取要阵列的曲线（可以是多个）→"布局"选择"线性"→指定线性对象→设置线性间距参数→预览阵列曲线结果→检查无误后确定。

> **知识提点：**
> 线性阵列工具使用中最关键的是线性阵列方向及间距参数的设置。
>
> 1) 线性阵列方向一般可选基准轴或者现有直线，方向是自动判断，如果发现方向是相反的，可单击"反向" 进行更改，如图 1-9 所示。
>
>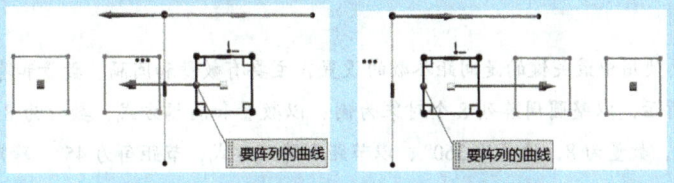
>
> 图 1-9　线性阵列相反方向的效果对比图
>
> 2) 间距参数的设置主要有数量和间隔、数量和跨距、节距和跨距三种。图 1-10 所示为线性阵列的三种设置方式：以数量和间隔方式，数量为 3，节距为 400；以数量和跨距方式，数量为 3，跨距为 800；以节距和跨距方式，节距为 400，跨距为 800。
>
>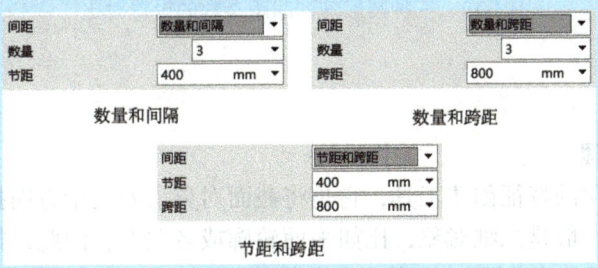
>
> 图 1-10　三种线性阵列间距参数的设置对比

2. 圆形阵列

（1）圆形阵列的原理　圆形阵列工具是绕一个中心点进行圆形布局的草图曲线复制工具，它的基本原理是选择要阵列的曲线以及旋转中心点，并设置间隔角度和数量来创建重复的多个曲线，如图 1-11 所示。

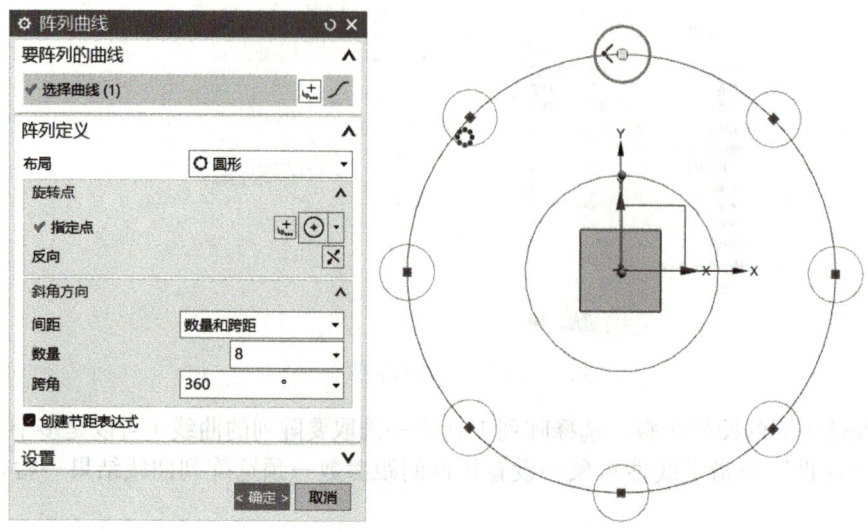

图 1-11　圆形阵列

（2）圆形阵列的操作步骤　选择阵列工具 →选取要阵列的曲线（可以是多个）→"布局"选择"圆形"→指定中心点→设置旋转间距参数→预览阵列曲线结果→检查无误后确定。

> **知识提点：**
> 圆形阵列工具使用中最关键的是间距参数的设置，主要有数量和间隔、数量和跨距、节距和跨距三种。如图 1-12 所示，以整圆周阵列 8 个对象为例：以数量和间隔方式，数量为 8，节距角为 45°；以数量和跨距方式，数量为 8，跨角为 360°；以节距和跨距方式，节距角为 45°，跨角为 360°。

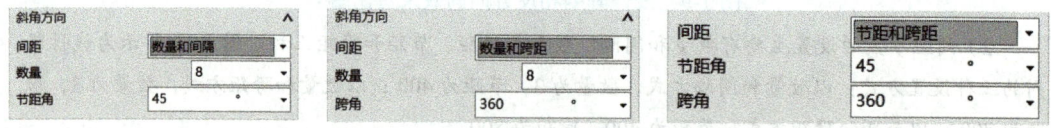

图 1-12　三种圆形阵列间距参数的设置对比

1.4.6　拉伸

1. 拉伸特征的原理

拉伸工具是最常用的特征创建工具，它是将截面对象沿着矢量方向拉伸一段距离来创建三维特征，这个截面一般是二维对象，比如平面轮廓或者曲线，因此，构成拉伸特征的三个基本要素是截面（特征轮廓草图）、拉伸方向和拉伸长度（拉伸起始和结束距离）。

如果二维截面线是封闭的，那么自动拉伸为实体，如果二维截面线是开放的，那么自动拉伸为片体，如图 1-13 所示。

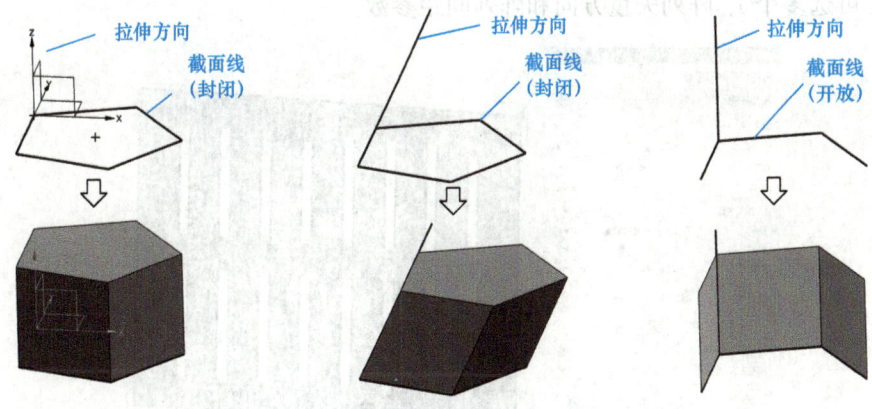

图 1-13　封闭和开放截面线拉伸

2. 拉伸工具的操作步骤

拉伸工具的一般操作步骤为：创建或选择二维截面线（草图）→指定拉伸方向（默认方向垂直于草图平面）→确定拉伸尺寸→选择布尔运算规则→预览并确定拉伸特征，如图 1-14 所示。注意：如果该特征是第一个特征或无其他相交特征，可以不用设置布尔运算。

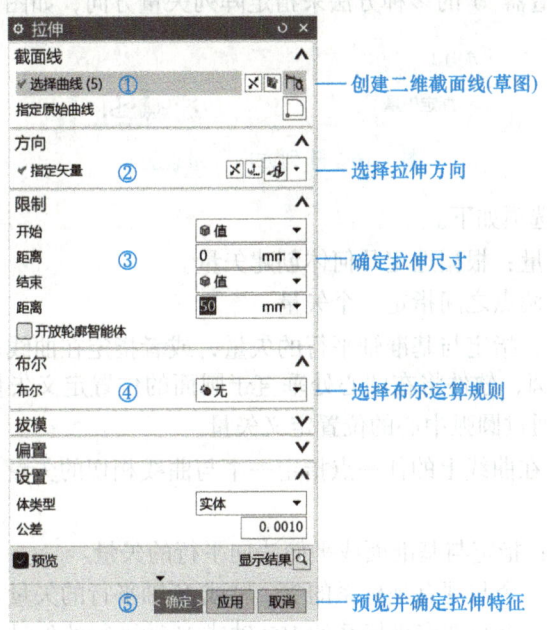

图 1-14　拉伸工具的一般操作步骤

1.4.7　特征线性阵列工具

1. 特征线性阵列基本原理

特征线性阵列工具常用于具有多个重复三维特征的产品建模，其对象可以是已创建的三维特征或曲线。特征线性阵列工具的基本功能类似于草图线性阵列工具，如图 1-15 所示，先确定阵列对象，指定阵列方向，再设置阵列的参数。因此，创建阵列特征的三个基本条件是阵列对象（可选多个）、阵列矢量方向和阵列间距参数。

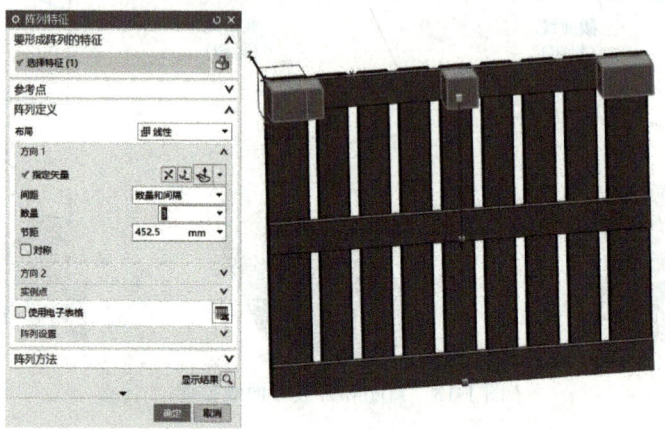

图 1-15　特征线性阵列工具

2. 特征线性阵列方向矢量

与草图线性阵列只能通过现有直线或者基准轴指定方向不同，特征线性阵列可通过矢量工具（也称为"矢量构造器"）的多种方法来指定阵列矢量方向，如图 1-16 所示。

图 1-16　阵列方向矢量设置

矢量工具中常用的选项如下。

- 自动判断的矢量：根据选定几何体创建矢量。
- 两点：在任意两点之间指定一个矢量。
- 曲线/轴矢量：指定与基准轴平行的矢量，或者指定在曲线、边或圆弧起始处相切的矢量。如果是完整的圆，软件将在圆心处垂直于圆面的位置定义矢量。如果是圆弧，软件将在垂直于圆弧平面并通过圆弧中心的位置定义矢量。
- 曲线上矢量：在曲线上的任一点指定一个与曲线相切的矢量。可按照弧长或弧长百分比来指定位置。
- 面/平面法向：指定与基准面或平面法向平行的矢量。
- XC 轴：指定一个与现有坐标系的 XC 轴或 X 轴平行的矢量。
- YC 轴：指定一个与现有坐标系的 YC 轴或 Y 轴平行的矢量。
- ZC 轴：指定一个与现有坐标系的 ZC 轴或 Z 轴平行的矢量。
- -XC 轴：指定一个与现有坐标系的负向 XC 轴或负向 X 轴平行的矢量。
- -YC 轴：指定一个与现有坐标系的负向 YC 轴或负向 Y 轴平行的矢量。
- -ZC 轴：指定一个与现有坐标系的负向 ZC 轴或负向 Z 轴平行的矢量。
- 视图方向：指定与当前工作视图平行的矢量。

对于线性阵列，可以设置 对称 来指定在一个或两个方向对称的阵列，如图 1-17 所示。

项目 1　平板托盘的三维建模

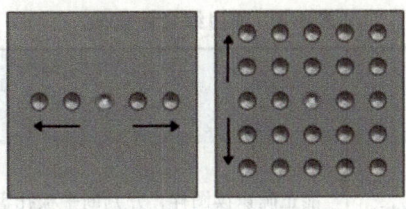

图 1-17　对称阵列

3. 特征线性阵列间距参数

特征线性阵列的间距参数设置与草图线性阵列的间距参数设置一致，请参考草图线性阵列的参数解析。

1.4.8　特征编辑对象显示

为了提升建模可视化效果，NX 软件常用"编辑对象显示"来更改特征的显示效果。单击功能区"视图"选项卡"可视化"选项组中的"编辑对象显示"图标，弹出"编辑对象显示"对话框，如图 1-18 所示，可编辑特征对象的显示效果。常用设置内容包括图层、颜色、线型、宽度、透明度等。

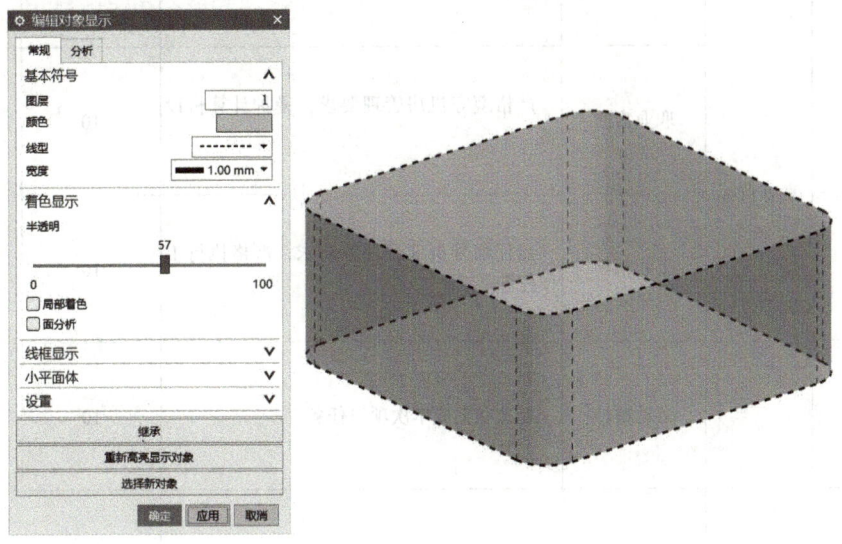

图 1-18　"编辑对象显示"对话框

1.5　项目实施评价

一分耕耘，一分收获，相信你在前面的项目实施中付出的诸多努力会带来丰富的收获，当然你也遇到了许多考验。对工作过程中困扰你的问题（如产品分析问题、特征操作错误等）进行总结，为下次更好地完成任务做好准备。

表 1-4 为此次项目的综合评价表，请按照表中的评价条目及标准客观地完成项目实施评价。

表1-4 项目综合评价表

序号	考核项目	考核内容		分值	
				配分	得分
1	技能知识	图样分析	能正确识读图样,并判断平板托盘整体特征结构特点	10	
2		草图创建	能说出草图的矩形及线性阵列工具操作的步骤	20	
3		特征创建	能使用拉伸工具完成平板托盘各外形特征的创建 能使用特征线性阵列工具完成平板托盘重复特征的创建	30	
4	素养目标	工作态度	工作态度端正,不出现无故缺勤、迟到、早退现象	10	
5		职业素质	严格遵守机房管理要求,爱护计算机设备	10	
6		工匠精神	能仔细分析项目任务要求,严格执行工作任务	10	
7		劳动精神	能独立完成本次项目任务	10	
综合评价		技能知识	素养目标	综合得分	

1.6 巩固与拓展

📎 项目总结

本项目建模任务的产品对象为物流平板托盘，其外形结构基本为板块结构，均可以用拉伸特征创建，要先创建其主要特征，再创建其他特征。对于重复的特征要充分利用阵列工具高效完成。本项目技能导图如图 1-19 所示。

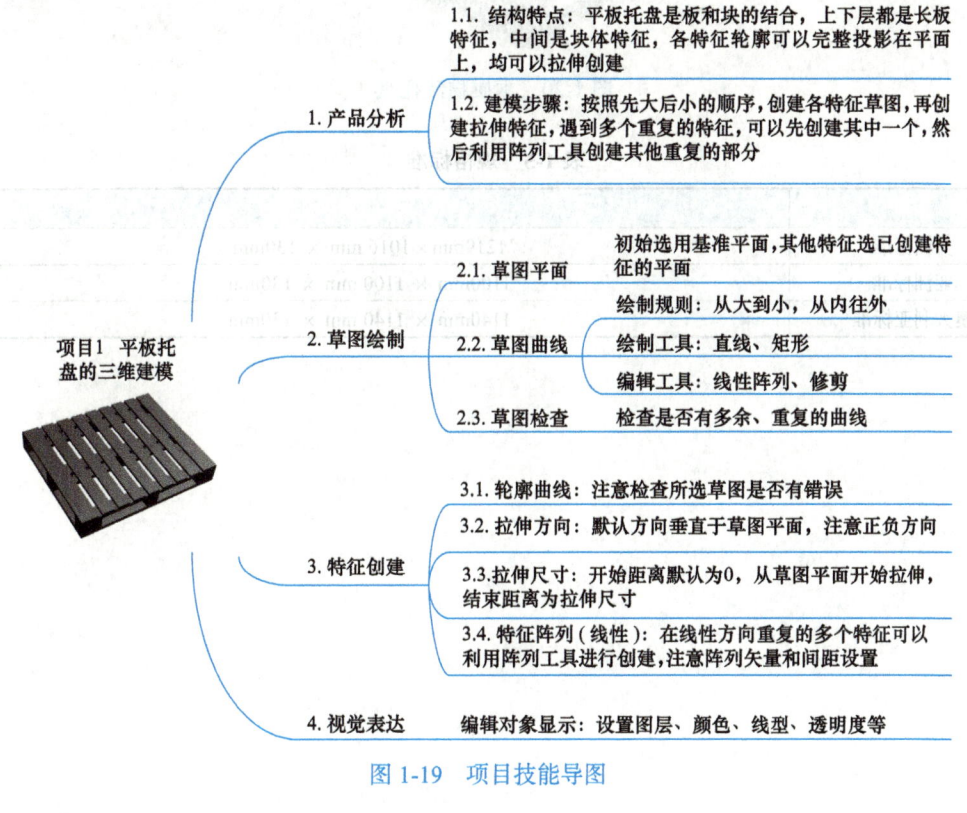

图 1-19 项目技能导图

你的经验总结：

_____

_____

_____

_____

✍ 拓展任务

学无止境，挑战自我。请根据本项目所学知识和技能，完成以下拓展任务。

随着物流托盘应用范围的不断扩大，托盘的结构和材料也出现了新的趋势，你作为 LOG 公司的物流托盘设计工程师需要为不同国家和地区的客户定制木质托盘。请结合本项目的技能经验，搜集相关资料，制订工作计划，创建 1 种以上国际标准的木质物流托盘三维模型，外形可参考图 1-20 所示的物流托盘产品样式，规格标准参考表 1-5，板条及垫块尺寸可参考本项目中的标准尺寸（角块长宽高为 160mm×95mm×95mm；中心块长宽高为 95mm×95mm×95mm；纵梁宽 95mm，厚 25mm，长度根据托盘尺寸设定；板条之间的间隙根据板条尺寸和数量自行调整），并提交设计资料（包括三维模型、渲染效果图和设计说明等）。

图 1-20　木质物流托盘

表 1-5　规格标准

标准	尺寸规格
美洲标准	1219mm × 1016 mm × 130mm
亚洲标准	1100mm × 1100 mm × 130mm
澳大利亚标准	1140mm × 1140 mm × 130mm

项目 2　　平板电脑的三维建模

📖 知识目标
1. 能描述平板电脑的结构特点及特征。
2. 能说出布尔工具的运算规则及使用条件。
3. 能说明倒角的功能、类型及特征工具的操作步骤。

🖱 技能目标
1. 能根据平板电脑图样和实物图片准确分析产品结构特征。
2. 能使用草图及拉伸工具完成平板电脑外形特征的创建。
3. 能使用真实着色工具及光栅图像工具对平板电脑模型进行视觉效果应用。

❀ 素养目标
1. 能根据项目要求进行工作任务拆解,养成细致分析的职业习惯。
2. 能坚持独立完成平板电脑的三维设计任务,树立吃苦耐劳的劳动精神。
3. 能阅读和交流平板电脑的历史、设计与制造流程相关素材,感悟科技创新精神。

2.1　项目描述

📖 项目背景

平板电脑,也称为平板或 PAD,是一种非常出色的电子设备,改变了人们与技术互动的方式,如图 2-1 所示。第一款商业上成功的平板是苹果 iPad,于 2010 年推出。iPad 以其时尚的设计和直观的界面吸引了全球用户,从而促使平板市场迅速增长。自 iPad 推出以来,众多国内制造商进入平板市场,例如华为 MatePad、小米 MiPad,它们提供不同尺寸、规格和操作系统的产品,以满足国内外消费者的不同需求和喜好。凭借其优雅紧凑的形式,平板已成为学生及各行各业从业人员必不可少的工具。它们弥补了笔记本电脑和智能手机之间的空缺,提供便携且强大的计算体验。

图 2-1　某品牌平板

平板的结构设计在塑造其功能性和整体用户体验中起着至关重要的作用,其主要功能如下。

1)触摸屏显示:触摸屏是与平板进行交互的主要界面。其尺寸、质量和响应速度直接影响平板的功能性。较大且高分辨率的显示屏可以增强多媒体消费体验,并为阅读、观看视频和使用交互式应用程序提供更好的平台。

2)便携性:平板轻薄的设计确保其重量轻,便携性好。这一特点对平板作为移动设备的功能来说至关重要,人们可以轻松携带平板到任何工作或学习场合。某品牌平板主要尺寸如图2-2所示。

3）摄像头：平板通常配备前后摄像头。这些摄像头对视频会议、拍照和文件扫描等功能至关重要。它们增强了平板在虚拟课堂、视频通话和创意项目等任务中的功能性。

4）扬声器和音频：内置扬声器和音频功能是平板作为娱乐和通信设备的重要组成部分，用户可以在没有外设的情况下观看视频、听音乐或参与视频会议。

5）物理按钮和端口：如电源按钮、音量按钮以及Type-C端口等，它们扩展了平板的功能，有助于充电、数据传输和连接外设。

6）支持手写笔：对于支持手写笔的平板，其结构设计包括显示屏内的数字化技术。这提升了平板在记笔记、绘画和精确输入等方面的功能性。使用手写笔可以完成需要细节的任务，进一步增强了平板的实用性。

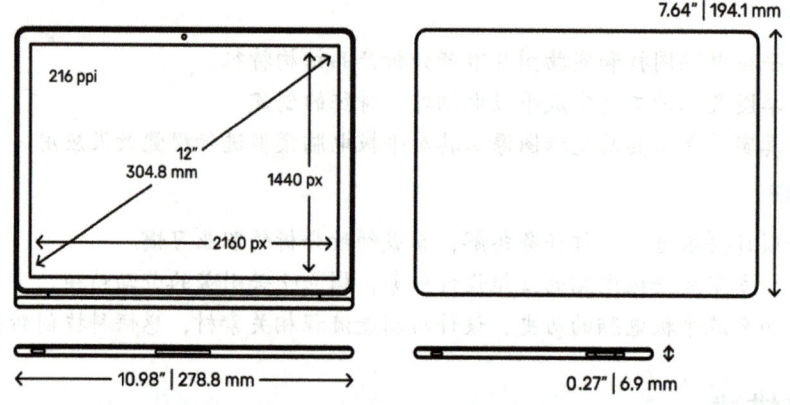

图2-2 某品牌平板主要尺寸

> **引导问题1：**
> 通过对项目背景的分析，你认为平板产品有哪些结构特征？

项目要求

1）仔细分析平板的整体外形和细节特征。

2）根据每个特征的轮廓特点，选用合适的草图和特征工具，制定平板的建模计划。

3）根据计划，独立完成平板的三维建模及渲染任务，参见图2-3。

图2-3 平板参考模型

2.2 项目分析

> **引导问题2：**
> 通过对项目描述的分析，你认为图2-3所示的产品对应的特征工具是什么（可以用思维导图进行分析）？

根据以上分析，你认为该产品的建模需要哪些步骤？请把你的计划写出来。

_____

_____

_____

2.3 项目实施

2.3.1 工作任务拆解

PAD 的特征建模

一般产品的分析规则为从大到小，从内往外。该平板类产品的外形结构比较清晰，主要由平板外壳、触摸屏幕、前后摄像头、音量键、电源键、充电插口、扬声器组成，这些都是典型的拉伸特征。建模时可先创建外壳特征，然后在该特征的正面创建触摸屏幕、前摄像头，在侧面创建电源键、音量键、充电插口及扬声器，在后面再创建后摄像头，最后完成所有倒角的创建。建模完成后通过真实着色工具添加材质、图片，完成建模效果渲染。整个项目的工作任务拆解如图 2-4 所示。

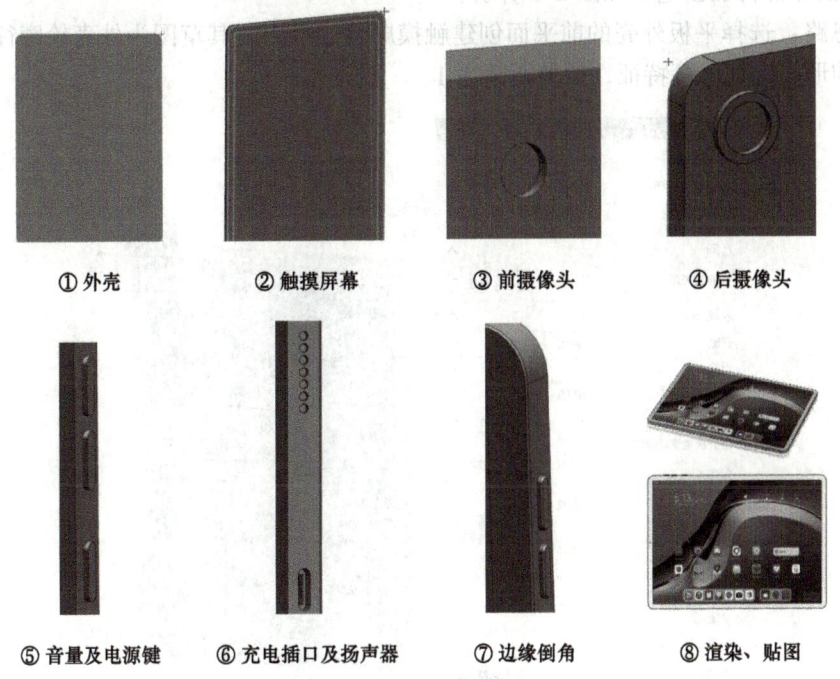

图 2-4 工作任务拆解

通过以上分析，本项目的工作内容主要包括特征建模、产品渲染两个部分。

2.3.2 特征建模

1）平板外壳特征创建，如图 2-5 所示。

建模思路：选择基准坐标系 XY 平面，创建平板外壳的草图为 178.5×247.6 的矩形，并对其四角倒圆角 R8，然后拉伸形成平板外壳的主体部分，拉伸距离为 6.1。

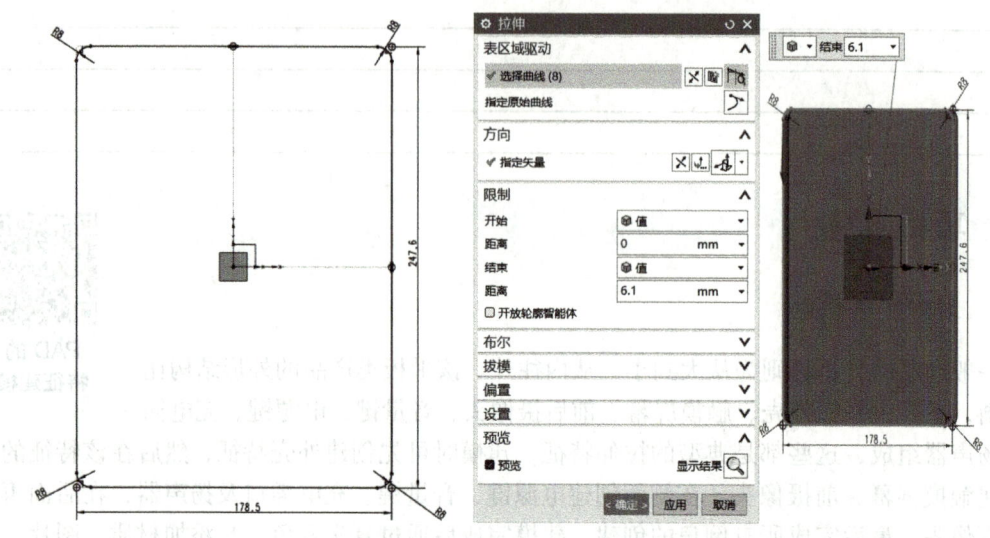

图 2-5　平板外壳特征创建

2）触摸屏幕特征创建，如图 2-6 所示。

建模思路：选择平板外壳的前平面创建触摸屏幕的草图，其草图为外壳轮廓往内偏置 7，并将其拉伸形成触摸屏幕特征，拉伸距离为 1。

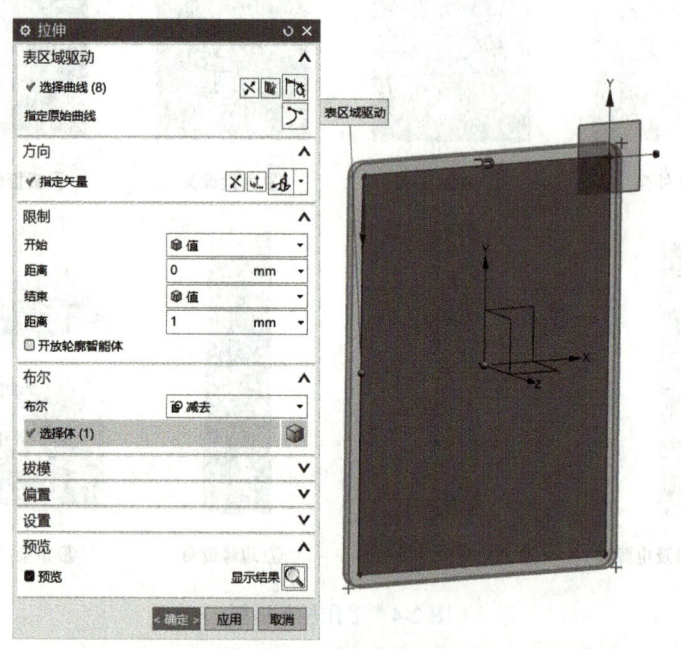

图 2-6　触摸屏幕特征创建

3）前摄像头特征创建，如图 2-7 所示。

建模思路：选择平板外壳的正面，创建前摄像头的草图为 $\phi 2$ 的圆，并进行位置尺寸标注，然后将其拉伸形成前摄像头特征，拉伸距离为 0.5。

项目 2　平板电脑的三维建模

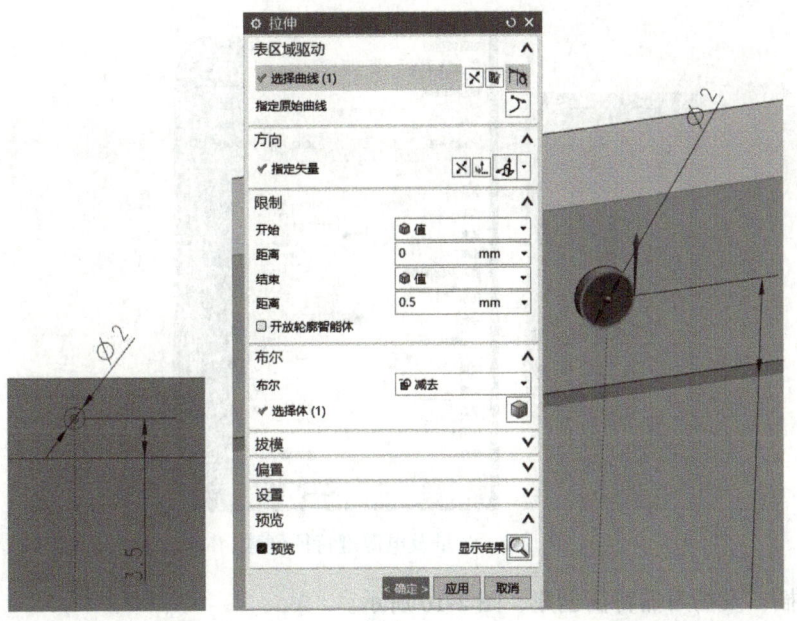

图 2-7　前摄像头特征创建

4）后摄像头特征创建，如图 2-8 所示。

建模思路：选择平板外壳的背面，创建后摄像头的草图为 $\phi11$ 及 $\phi15$ 的同心圆，并进行尺寸标注，然后将其拉伸形成后摄像头特征，拉伸距离为 1.5。

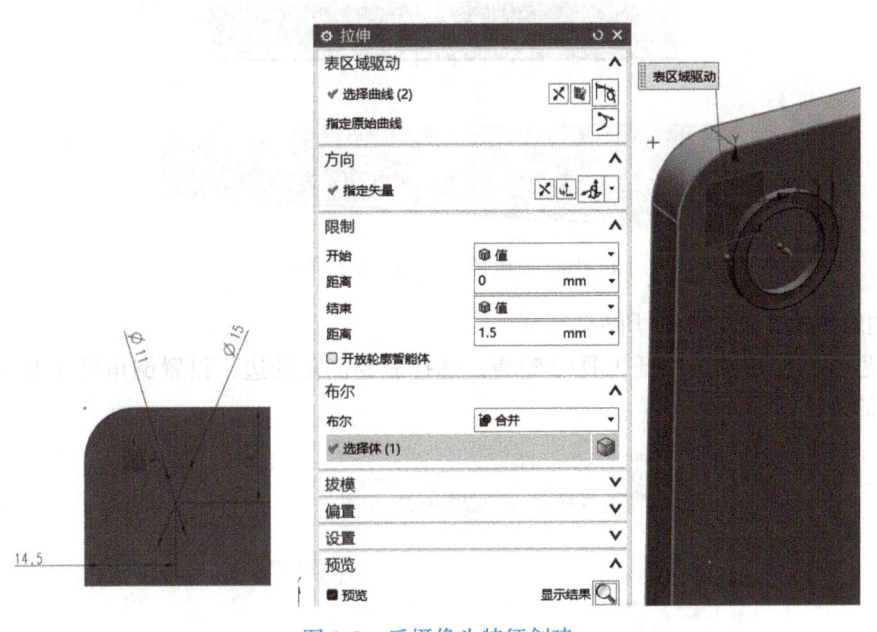

图 2-8　后摄像头特征创建

5）音量及电源键特征创建，如图 2-9 所示。

建模思路：选择平板外壳的右侧面，创建侧边音量及电源键的草图，并将其拉伸形成音量及电源键特征，拉伸距离为 0.8。

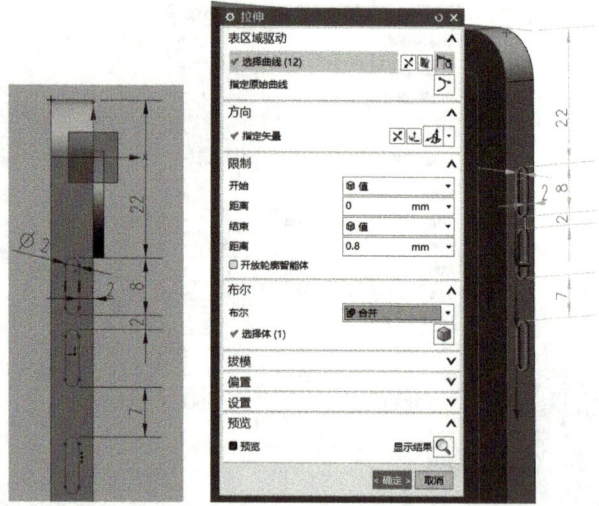

图 2-9　音量及电源键特征创建

6）充电插口及扬声器特征创建，图 2-10 所示。

建模思路：选择平板外壳的下侧面，创建充电插口及扬声器的草图，并将其分别拉伸，其中扬声器孔拉伸距离为 2，充电插口拉伸距离为 5。

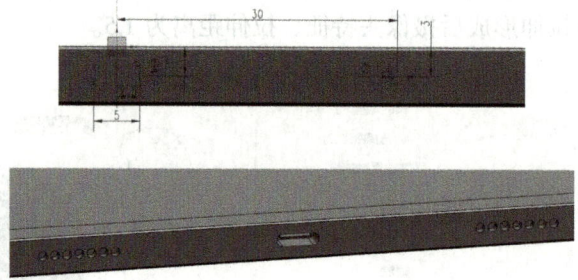

图 2-10　充电插口及扬声器特征创建

7）边缘倒角，如图 2-11 所示。

建模思路：使用倒角特征工具 倒斜角，选择需要倒角的边，设置倒角尺寸为 0.3，完成边缘倒角的特征创建。

图 2-11　边缘倒角

2.3.3 产品渲染

1）材料设置。切换到"视图"选项卡，激活 工具，选择外壳特征添加材质为"拉丝铝"，如图 2-12 所示。

PAD 的产品渲染

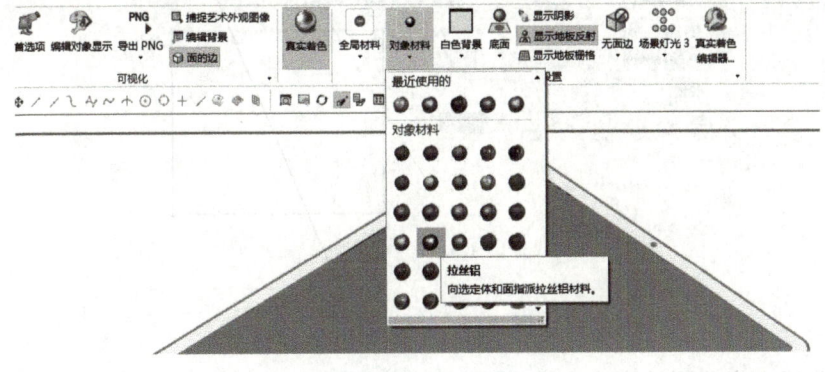

图 2-12　材料设置

2）渲染图片添加。选择"主页"中的 光栅图像，在目标对象中指定屏幕顶面用于放置图片；在"图像定义"中选取需要的图片；在"方位"中，选取图片插入点，调整旋转方向，最后通过图片调整小球拉动图片至屏幕边缘位置，如图 2-13 所示。

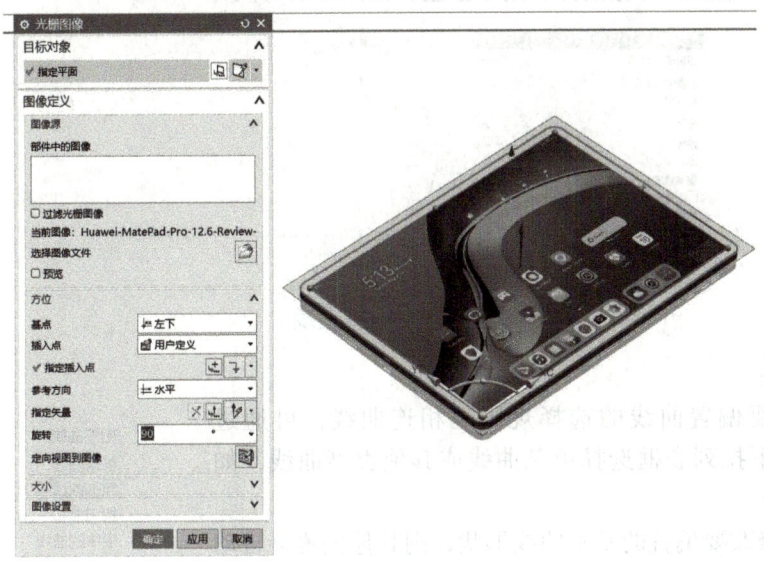

图 2-13　渲染图片添加

2.4　知识链接

2.4.1　草图曲线编辑工具

1）修剪。使用"快速修剪" 工具可以将曲线修剪到任一方向上最近的实际交点或虚拟交点。"快速修剪"对话框中，默认根据所选对象自动判断修剪结果，也可以先设置修剪边界线，再选择修剪对象，如图 2-14 所示。

注意：当修剪没有交点的曲线时会删除该曲线。

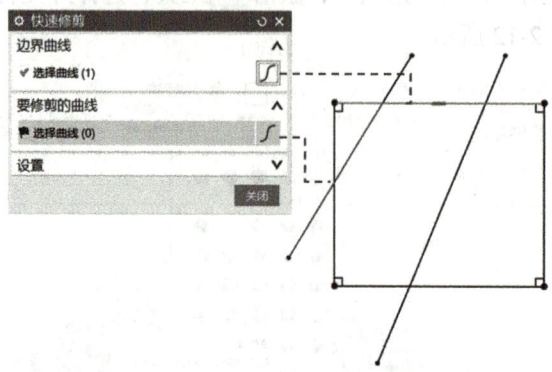

图 2-14　修剪设置

2）偏置曲线。当草图轮廓有多个重复且相隔一定距离的曲线时，使用"偏置曲线"命令可在距现有直线、圆弧、二次曲线、样条或边的一定距离处创建曲线，这些曲线可根据设置自动生成对应的样式。

基本操作步骤：选择要偏置的曲线→输入偏置距离→预览偏置结果并确定，确定前可根据需要设置反向偏置、对称偏置、副本数量，如图 2-15 所示。

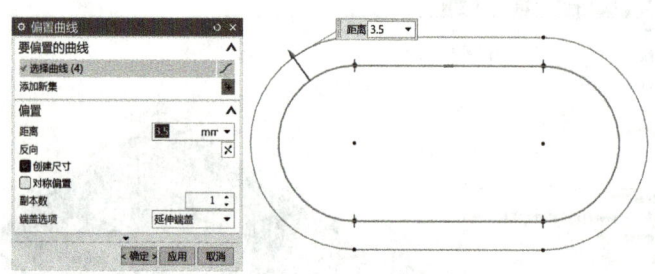

图 2-15　偏置曲线

使用技巧：

1）默认要偏置曲线的选择规则是相连曲线，可通过"曲线规则"下拉列表框选择单条曲线或其他类型曲线，如图 2-16 所示。

2）如果修改要偏置的基本曲线形状，则其他偏置会自动更新偏置链；如果需要删除偏置约束，右击某一个偏置约束符号，然后选择删除即可。

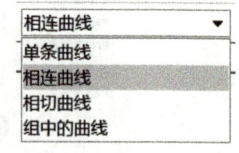

图 2-16　"曲线规则"下拉列表框

2.4.2　草图约束工具

1. 尺寸约束

尺寸约束常用于控制草图曲线对象的大小和比例。它们可以约束：对象之间或对象上点之间的距离；对象之间或对象上点之间的角度；对象的圆弧或圆的大小。草图尺寸有三种类型，如图 2-17 所示，三者颜色显示有所不同。

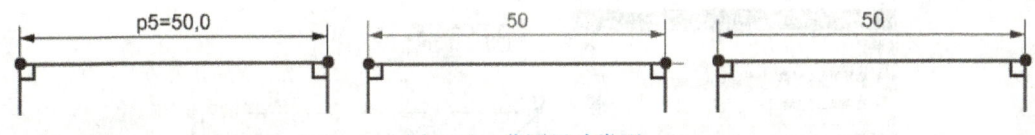

图 2-17　草图尺寸类型

● 驱动尺寸（蓝色）：驱动尺寸用来控制草图中的设计意图。修改这些尺寸会驱动草图的位置、形状和大小发生变化。每个尺寸都会创建一个可编辑的表达式，这也是后期参数化设计的基础。

● 自动尺寸（灰蓝）：自动尺寸会显示哪里尚未添加尺寸约束。默认情况下，NX 会在设计草图期间创建自动尺寸。用户可以将这些尺寸转换为驱动尺寸。在增加约束的过程中，NX 会自动删除冗余的自动尺寸。

● 参考尺寸（棕色）：参考尺寸仅显示信息，但它们不会约束草图。参考尺寸不能修改，因此可以将其作为基准对象，如要修改必须将参考尺寸转换为驱动尺寸。

NX 软件提供了智能化的尺寸工具，见表 2-1。用户可以在创建尺寸时指定一种测量方法，也可以让 NX 自动根据选定的参考对象以及放置尺寸文本原点的位置来判断测量方法。

表 2-1　NX 尺寸工具

尺寸工具	功能说明	测量方法
快速尺寸	为选定的一或两个对象智能创建尺寸约束。该工具会根据选定的对象自动判断其测量方法，用户也可以用下拉选项选择一种尺寸测量方法，创建线性、径向或角度尺寸。测量方法可以根据需要进行更改	水平、竖直、点到点、垂直、圆柱式、斜角、径向、直径
线性尺寸	使用其中一种尺寸测量方法在选定的对象间创建尺寸约束	水平、竖直、点到点、垂直、圆柱式
径向尺寸	在选定的圆弧或圆上创建一个半径或直径尺寸约束。编辑径向尺寸时，可更改为其他所列尺寸工具中的测量方法	半径、直径
角度尺寸	在选定的两条线间创建一个角度尺寸约束	斜角

其中，快速尺寸是最常用的尺寸工具，可根据被选对象自动判断尺寸类型，或根据光标位置生成不同的标注类型。尺寸标注操作步骤：在工具栏上单击"快速尺寸"，选择待标注的对象，根据自动判断的尺寸测量方法，移动鼠标放置标注文本，在视图窗口的表达式输入框中输入对应的尺寸数值。图 2-18、图 2-19 所示分别为尺寸创建、尺寸数值输入。如果是自动标注的尺寸（灰色），可直接双击尺寸数值更改对应的尺寸。

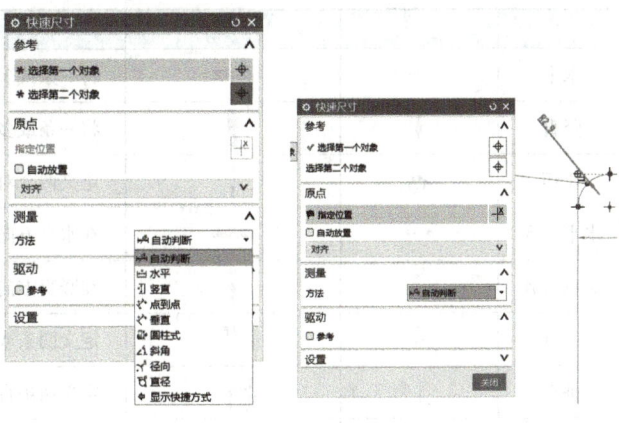

图 2-18　尺寸创建

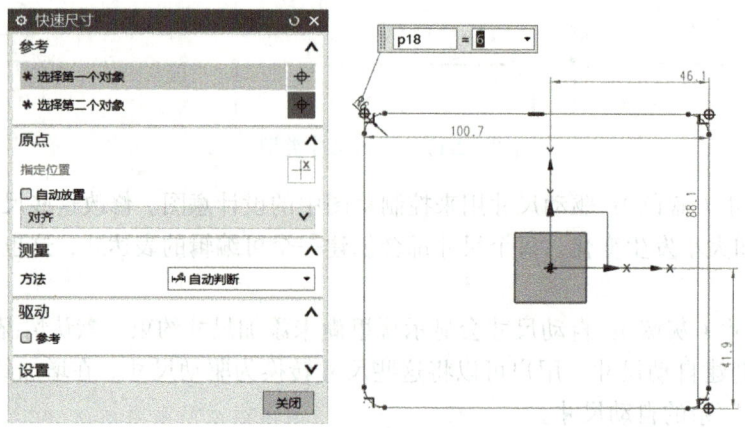

图 2-19　尺寸数值输入

> **知识提点：**
> 尺寸自动判断中，在选择第一个参考对象时，NX 可能会先自动判断第二个参考对象，具体取决于用户选择的测量方法和对象。例如，如果选择一条直线，NX 会自动判断用户想要在直线的两个端点之间创建尺寸。如果要在基准轴和直线端点之间创建垂直尺寸，先选择基准轴，因为基准轴没有两个端点，NX 不会尝试自动判断第二个参考对象。

2. 几何约束

几何约束用于指定二维曲线对象或对象上的点之间的几何位置或形状关系，在确定几何约束关系后，修改受约束图形的尺寸时，约束关系保持不变，因此可以快速进行参数化设计。

NX 提供了丰富的草图几何约束工具，在绘制草图时一般可按需自选，也可开启草图中的自动判断功能，软件会根据所绘曲线对象的几何位置自动判断当前可用的约束类型并自动添加。常用的约束类型及功能见表 2-2。

表 2-2　常用的约束类型及功能

约束类型	约束工具图标	视图窗口中的图标	功能说明
水平	─•─	──	将一条或多条直线定义为水平线
竖直	│	│	将一条或多条直线定义为竖直线
相切	↗	│	定义两个对象，使其相切
水平对齐	•—•	──	在水平方向对齐两个或多个点，水平方向由草图 X 方向定义
竖直对齐	│	│	在竖直方向对齐两个或多个点，竖直方向由草图 Y 方向定义
平行	//	//	定义两条或多条直线，使其互相平行
垂直	┴	┐	定义两条直线，使其互相垂直
共线	∥∥	══	定义两条或多条位于相同直线上或穿过同一直线的直线

（续）

约束类型	约束工具图标	视图窗口中的图标	功能说明
重合	⌐	●	定义两个或多个有相同位置的点
中点	┼	┊	定义某个点的位置，使其与直线或圆弧的两个端点等距。对于中点约束，可在除了端点或中点的任意位置选择曲线
点在曲线上	↑	○	定义一个位于曲线上的点
同心	◎	●	定义两个或多个有相同中心的圆弧和椭圆弧
等半径	≈	═	定义两个或多个等半径圆弧
等长	=	═	定义两条或多条等长直线
固定	↲	⏚	约束点位置、直线角度或圆弧半径
完全固定	⚟	⏚	创建足够的约束，以便通过一个步骤来完全定义草图几何图形的位置和方向
定长	↔	↔	定义一条长度固定不变的直线
定角	∠	∠	定义一条直线，其相对于草图坐标系的角度固定不变
设为对称	〔〕	►◄	约束两个现有对象，使其彼此相对于选定的中心线对称

（1）几何约束的创建

方法1：选择要约束的对象（单个或多个），然后根据快捷工具栏显示的可选约束类型选择需要被约束对象的约束关系类型，如"等半径" ≈，之后草图会自动调整轮廓形状，如图2-20所示。

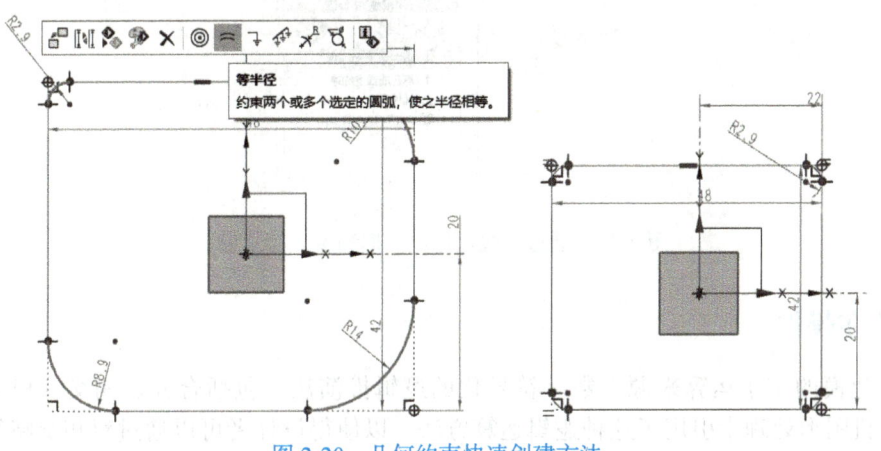

图2-20 几何约束快速创建方法

方法2：单击"几何约束" 图标，在"几何约束"对话框中依次选择约束类型→要约束的对象→要约束到的对象，然后查看约束创建结果，关闭窗口。此种方法一般用于约束对象不容易选择的情况，如图2-21所示。

（2）编辑几何约束

方法1：选择关系浏览器 ，打开"草图关系浏览器"对话框，在浏览对象中打开相应的约束类型，然后选择需要编辑的约束对象并右击，进行编辑操作，如图2-22所示。

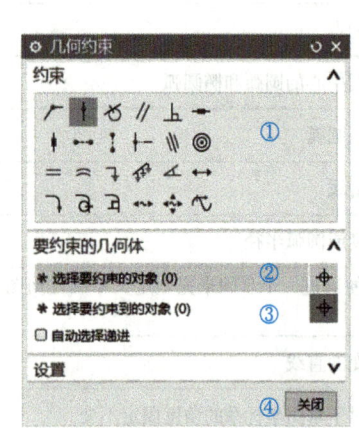
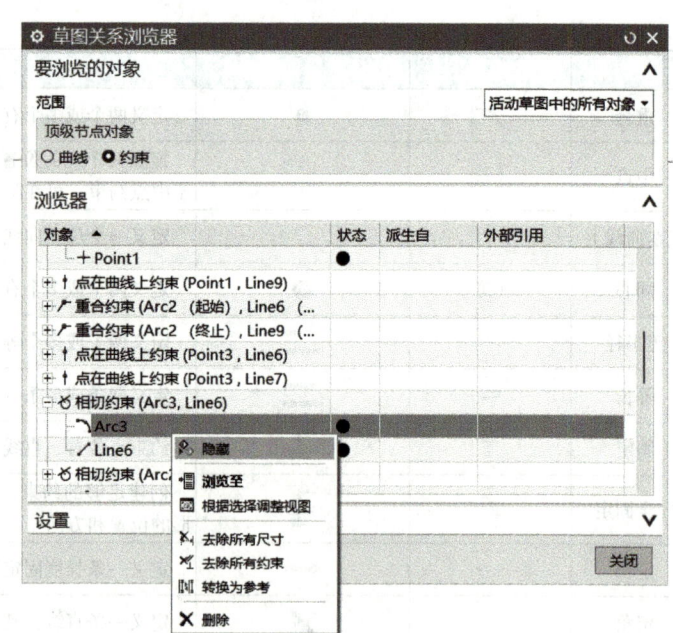

图 2-21 "几何约束"对话框　　　　图 2-22 通过关系浏览器编辑几何约束

方法 2：将光标放置于约束符号上，然后通过"快速选取"框选择需要处理的约束类型进行删除，再重新设置其他参数，如图 2-23 所示。

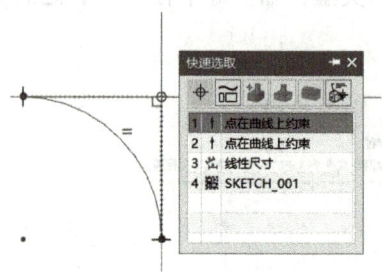

图 2-23 通过"快速选取"框编辑几何约束

2.4.3 布尔操作

三维建模的布尔运算来源于数字符号化的逻辑推演法，包括合并、相交、相减三种类型。计算机图形处理中引用了这种逻辑运算方法，以使得设计者可以通过对相交特征进行布尔操作来产生新的形体。工业产品一般由多个特征组成，其中可能包含多个相交的特征，为便于后续设计、分析及加工等操作，通常需要对这些特征进行布尔运算。

在建模过程中可以将布尔运算作为单独的命令执行（通过工具栏上的布尔运算工具），或通过其他建模工具（如拉伸）内的"布尔"下拉列表框执行合并、减去或相交布尔运算，如图 2-24 所示。三种布尔运算均需要选择目标体和工具体，默认的运算规则是利用工具体对目标体进行加、减、交，特别是减去和相交，保留的结果是以目标体为基体特征，如图 2-25 所示。

项目 2　平板电脑的三维建模　33

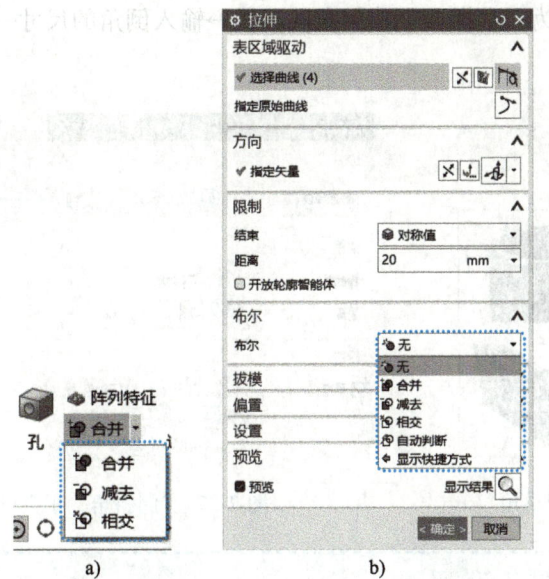

图 2-24　特征布尔运算工具

a) 工具栏上的"布尔"选项　b) 特征工具内的"布尔"选项

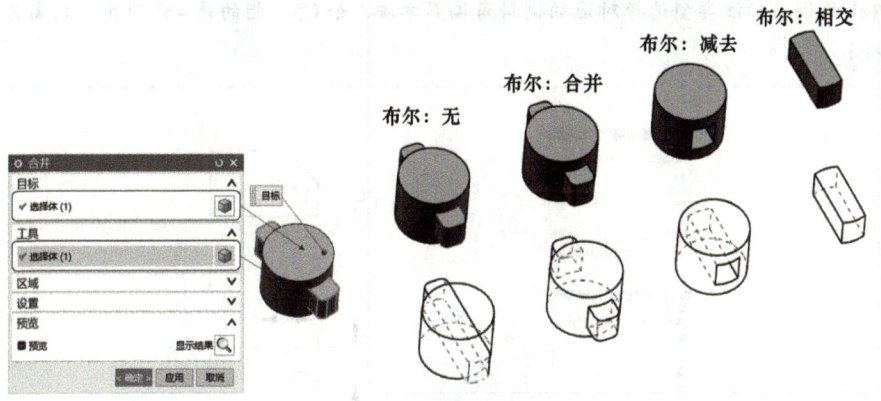

图 2-25　特征布尔运算规则

> **知识提点：**
> 特征布尔运算三种操作可执行的前提是特征之间直接存在相交关系。布尔操作过程中目标体只能选一个，而工具体可以是多个，在建模时可通过渲染样式 静态线框 来查看布尔运算结果，特别是内部轮廓线的区别，也可以通过制图的视图创建进行检查。

2.4.4　倒斜角

倒斜角常见于工业产品的面与面相交的边缘部位，如图 2-26 所示，主要作用有：①去毛刺，降低边缘的锋利程度，以免划伤使用者；②装配时起导向定位作用，如孔的边缘倒角；③去除加工应力集中。

倒斜角的一般步骤为：选择要创建倒角的边线→输入倒角的尺寸→预览并确认倒角特征，如图 2-27 所示。

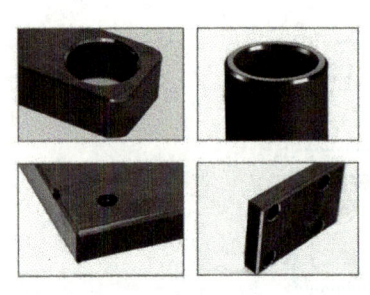

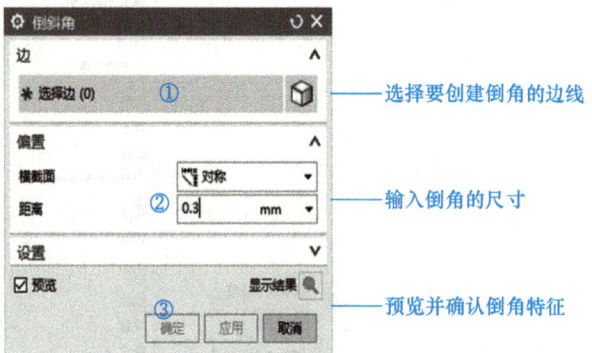

图 2-26　工业产品倒斜角　　　　　图 2-27　"倒斜角"工具的设置步骤

> **知识提点：**
> 倒斜角的尺寸定义方法（偏置方法）有三种：对称斜角（常称为 45°斜角）、非对称斜角（两个倒角边尺寸不同）、偏置距离和角度（一边距离固定，另一边根据斜面角度确定）。在建模时，可根据图样上的倒角标注类型选择对应的倒斜角偏置方法，如 C5，指的是 45°斜角，距离为 5，如图 2-28 所示。

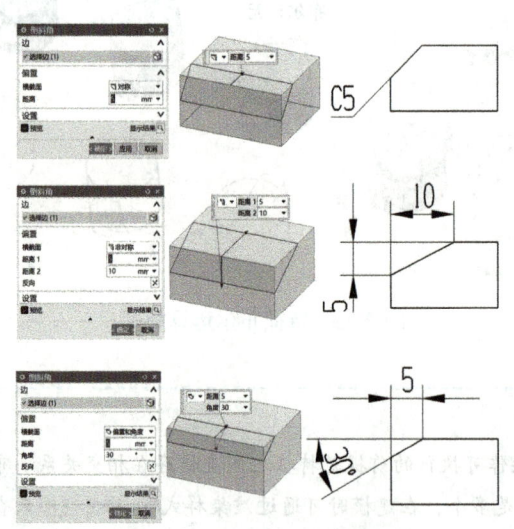

图 2-28　倒斜角偏置设置与图样倒角标注对应类型

2.4.5　真实着色

常用三维软件在建模时，为了提升计算机资源利用率，加快建模速度，生成的特征表面常用普通着色显示，产品视觉效果不佳。一般在建模后期，可使用"真实着色"工具通过预定义的视觉效果来实现逼真的产品可视化。NX 模型的视觉效果包括材料、反射、背景、底面、阴影、光源等内容，如图 2-29 所示。

真实着色可直接通过选项卡上的工具进行操作，也可使用真实着色编辑器，主要操作步骤：设定全局材料→指定对象材料（选择某些需要更改材料的对象，选择与全局材料不同的类型）→指定背景图像（可以自选定制）→指定底面（可选择阴影显示、地面反射、底板栅格）→指定面边显示（是否显示面边线或者隐藏线）→设置灯光类型→查看着色视觉效果，如图 2-30 所示。

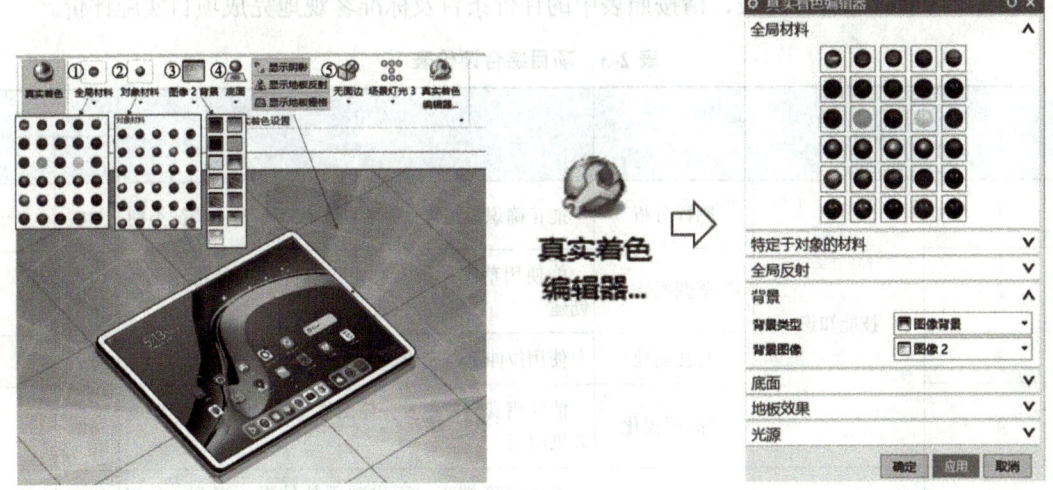

图 2-29　真实着色操作界面功能　　　　　　　图 2-30　真实着色编辑器

2.4.6　光栅图像

在三维建模过程中，不但可以用图像来增强产品可视化效果，也可以根据图像绘制轮廓曲线来创建 CAD 几何体。

NX 的光栅图像可将图像以 TIFF、JPEG 或 PNG 格式导入建模空间，并将图像放在指定的平面上，同时可根据需要调整图像大小、位置、方向。具体操作步骤：指定放置平面→选择图像文件→设置图像方位（基点、插入点、参考方向、指定矢量及旋转角度）→调整大小比例（可输入比例数值，也可通过拖动比例缩放调整球进行调整），如图 2-31 所示。

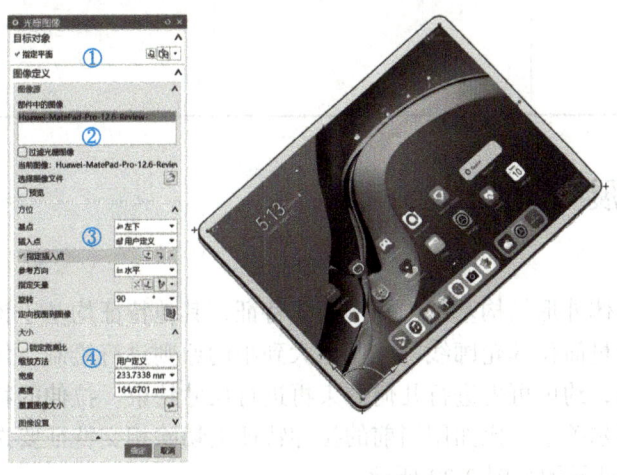

图 2-31　光栅图像

2.5 项目实施评价

一分耕耘，一分收获，相信你在前面的项目实施中付出的诸多努力会带来丰富的收获，当然你也遇到了许多考验。对工作过程中困扰你的问题（如产品分析问题、特征操作错误等）进行总结，为下次更好地完成任务做好准备。

表 2-3 为项目综合评价表，请按照表中的评价条目及标准客观地完成项目实施评价。

表 2-3 项目综合评价表

序号	考核项目		考核内容	分值	
				配分	得分
1	技能知识	图样分析	能正确识读图样，并判断平板产品整体特征类别	10	
2		草图操作	能使用草图曲线及约束工具完成各特征草图的创建	20	
3		特征创建	使用拉伸工具完成平板各外形特征的创建	20	
4		产品可视化	能使用真实着色及光栅图像工具对平板进行视觉效果应用	10	
5	素养目标	工作态度	工作态度端正，不出现无故缺勤、迟到、早退现象	5	
6		职业素质	严格遵守机房管理要求，爱护计算机设备	5	
7		工匠精神	能仔细分析项目要求，严格执行工作任务	10	
8		劳动精神	能独立完成本项目任务	15	
9		创新精神	能结合平板产品现有使用情况，提出该类产品的创新功能	5	
综合评价			技能知识	素养目标	综合得分

2.6 巩固与拓展

📎 项目总结

本项目的产品主体外形结构基本为矩形板式特征，其他特征均基于该特征进行创建。在创建特征草图时要尽量简化其轮廓线，按照由大到小的原则进行绘制。例如，平板草图先简化为矩形再进行倒角，约束可先进行几何约束再进行尺寸约束。拉伸的特征要注意拉伸方向及与相交特征间的布尔关系，比如用当前的拉伸特征去切除相交特征要选择"减去"布尔运算规则。本项目的技能导图如图 2-32 所示。

项目 2　平板电脑的三维建模

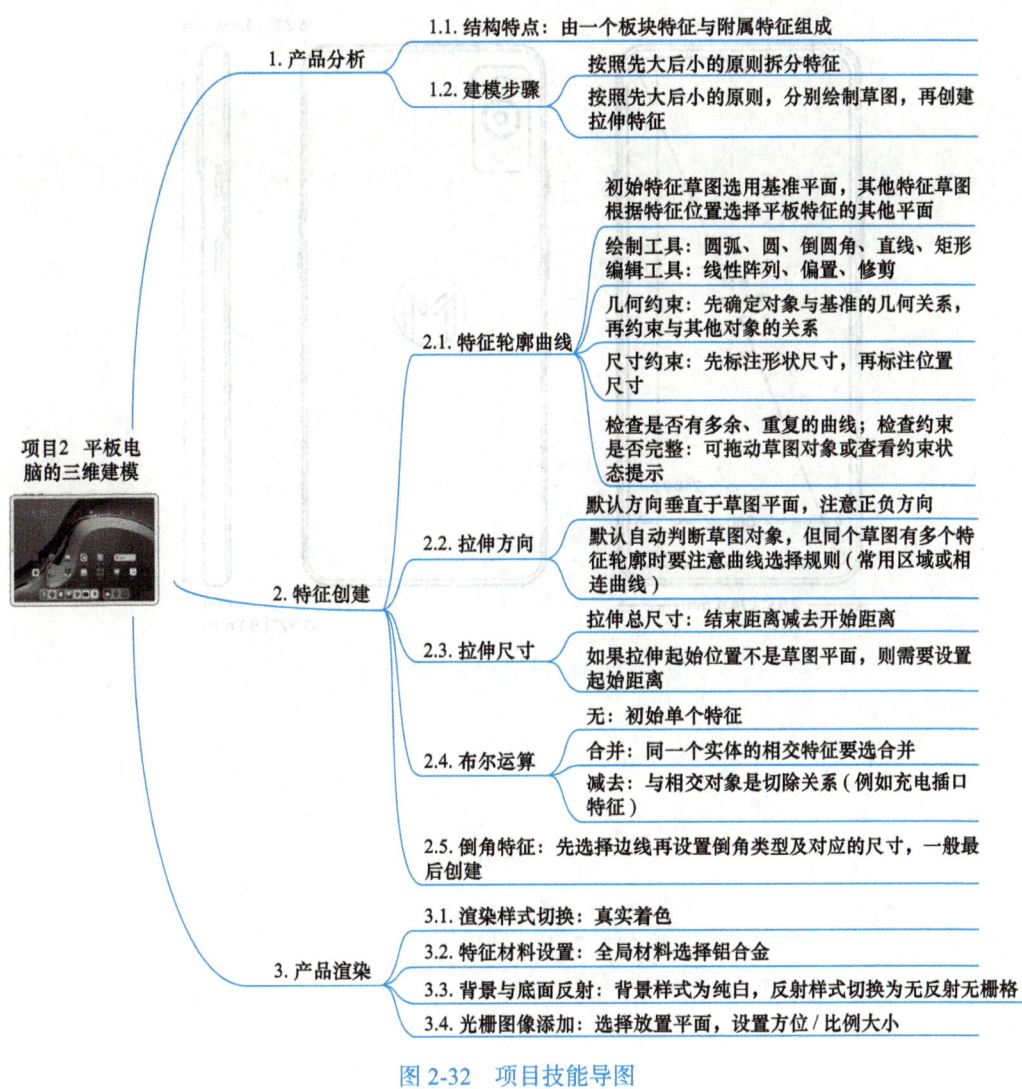

图 2-32　项目技能导图

你的经验总结：

_____
_____
_____
_____
_____

✍ 拓展任务

学无止境，挑战自我。请使用本项目所学知识和技能完成以下拓展任务。

智能手机已经融入人们生活的每个场景，作为 M 公司智能手机设计工程师，你需要设计下一代产品。请结合本项目经验，借鉴市面竞争对手的产品优点，搜集相关资料，制定工作计划，创建 1 种以上不同样式的智能手机三维模型，外形可参考图 2-33 中的产品样式，并提交设计资料（包括三维模型、渲染效果图、设计说明等）。

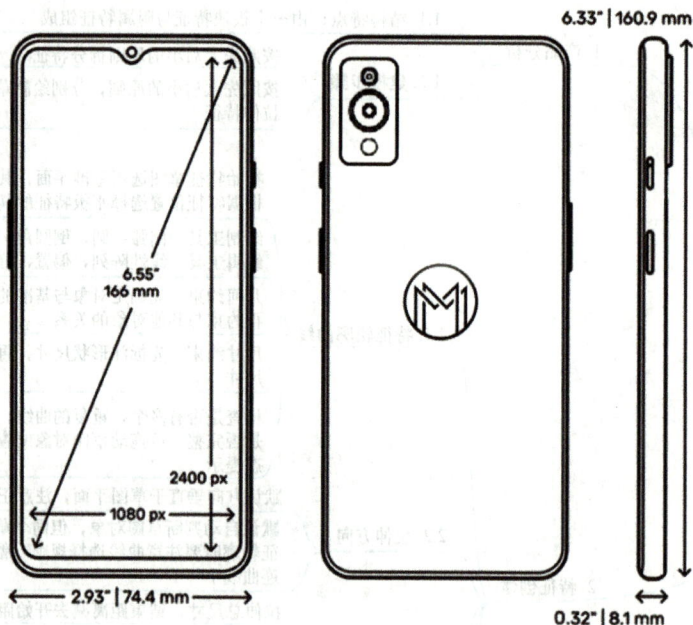

图 2-33　智能手机产品设计样例

项目 3　齿轮传动轴的三维建模

📖 知识目标
1. 能描述齿轮传动轴产品结构特点及特征。
2. 能说出旋转特征工具的原理和使用方法。
3. 能说明圆柱直齿轮特征的主要参数及创建步骤。

👆 技能目标
1. 能根据齿轮传动轴图样和实物图片准确分析产品结构特征。
2. 能使用拉伸及旋转工具完成齿轮传动轴外形特征的创建。
3. 能使用渐开线圆柱齿轮特征创建齿轮传动轴的齿轮特征。

✿ 素养目标
1. 能根据项目要求进行工作任务拆解，养成细致分析的职业习惯。
2. 能坚持独立完成齿轮传动轴的三维设计任务，树立吃苦耐劳的劳动精神。
3. 能阅读和交流齿轮传动轴设计与制造流程的相关素材，感悟精益求精的工匠精神。

3.1　项目描述

📖 项目背景

齿轮传动轴是用于支承转动零件并通过齿形结构传递运动、转矩或弯矩的机械零件。根据大量的出土文物和史书记载，我国是应用齿轮较早的国家之一。例如：东汉张衡（公元 78—139 年）制作的水运浑象，以漏水为动力，通过齿轮系统，使浑象每日等速地绕轴旋转一周；三国时期魏明帝青龙三年（公元 235 年）由马钧创造的指南车，是一种马拉的双轮独辕车，车厢上立一伸臂的木人，车厢内装有齿轮系，除有齿轮传动外，还有离合装置，如图 3-1 所示。国外关于齿轮使用的记载，最早在公元前 400 年—公元前 200 年。

在齿轮传动出现之前，机械传动系统依赖于简单的结构，如带和滑轮。随着制造业的发展，特别是 18 世纪和 19 世纪的工业革命期间，手工劳动向机械化过程的革命性转变催生了对高效、精确、持续性动力传输的需求。由金属制作的齿轮传动系统应运而生，满足了工业制造中从一个组件向另一个组件快速传递能量的需求。齿轮传动轴一般由转轴和齿轮组成，能够平稳、精确地传递动力，确保机械运行流畅，无论是在汽车、工业机械还是家用电器领域，齿轮传动轴都在转换旋转运动和传递转矩方面发挥着至关重要的作用。

图 3-1　指南车

1. 齿轮传动轴的功能

齿轮传动轴的核心功能是将动力从动力源（如电动机）传递到运动组件（如车轮或传送带）。齿轮传动系统通过不同齿形的齿轮相互作用来实现这一功能。当两个齿轮啮合时，一个齿轮的旋转运动被传递到另一个齿轮，产生转矩的传递。齿轮的大小和排列决定了输入和输出之间的速度比，从而实现对连接组件旋转速度和转矩的精确控制，如图 3-2 所示。

图 3-2　齿轮减速箱

2. 齿轮传动轴的结构特点

（1）几何结构和齿形　齿轮传动轴一般整体为阶梯圆柱状，轴上有齿状特征，各轴段可根据需求设置不同的直径和长度。齿轮传动轴是由轴和齿轮组合成的一个整体，但在设计时，应尽量缩短轴的长度，太长会不利于上滚齿机加工，还会导致轴要加粗才能保证机械强度（如抗拉强度、抗弯强度等）。

齿轮的齿形轮廓和排列对齿轮传动轴的效率至关重要。不同类型的齿轮如图 3-3 所示，如直齿轮、斜齿轮和锥齿轮，展现出直接影响动力传输方式的独特几何特征。轮齿的形状和大小以及啮合角度决定了运动的平滑程度、载荷分布和整体效率。通过采用不同类型的齿轮，如直齿轮用于简单传动，斜齿轮用于平稳运行，蜗轮用于改变传动方向，工程师可以设计出能够满足特定应用需求的系统。

图 3-3　常见齿轮传动轴几何结构和不同类型的齿形

（2）材料选择　齿轮传动轴的设计始于对材料的仔细选择，要考虑强度、耐久性和抗磨损等因素。常见的材料包括合金钢、不锈钢和碳钢，应根据应用的具体要求进行选择。热处理工艺常用于提高材料的力学性能，确保轴在不同工作条件下的最佳性能。

（3）载荷计算　轴的几何外形尺寸需要根据使用载荷条件进行精确的计算和校核，确保轴能够承受所施加的载荷，而不会屈服或断裂。关键尺寸主要包括轴的直径、长度、横截面形状和材料分布，工程师可以使用 CAE 工具来分析齿面的应力分布，确保齿轮传动轴的可靠性和寿命，以满足特定应用的需求。

（4）精度和公差　齿轮在齿轮传动轴上的精确定位对于避免因误差而引起的磨损和噪声等问题至关重要。在制造过程中，工程师遵循严格的公差标准，确保齿轮的无缝啮合。先进的加工和检测技术有助于在齿轮制造过程中实现所需的精度。

齿轮传动轴几何和结构设计的联系使其能够适应多种工作条件。无论是在高速应用、大负荷环境还是转矩要求变化的情况下，几何和结构特征的综合影响都应确保齿轮传动轴在不同场景中的最佳性能。

> **引导问题 1：**
> 请结合以上项目背景，说出齿轮传动轴有哪些结构特征。

▢ 项目要求

1）仔细分析齿轮传动轴的整体外形和细节轮廓特征。

2）根据每个特征的轮廓特点，选用合适的草图和特征工具，制定齿轮传动轴的建模计划。

3）根据计划，独立完成齿轮传动轴的三维建模，参见图3-4。

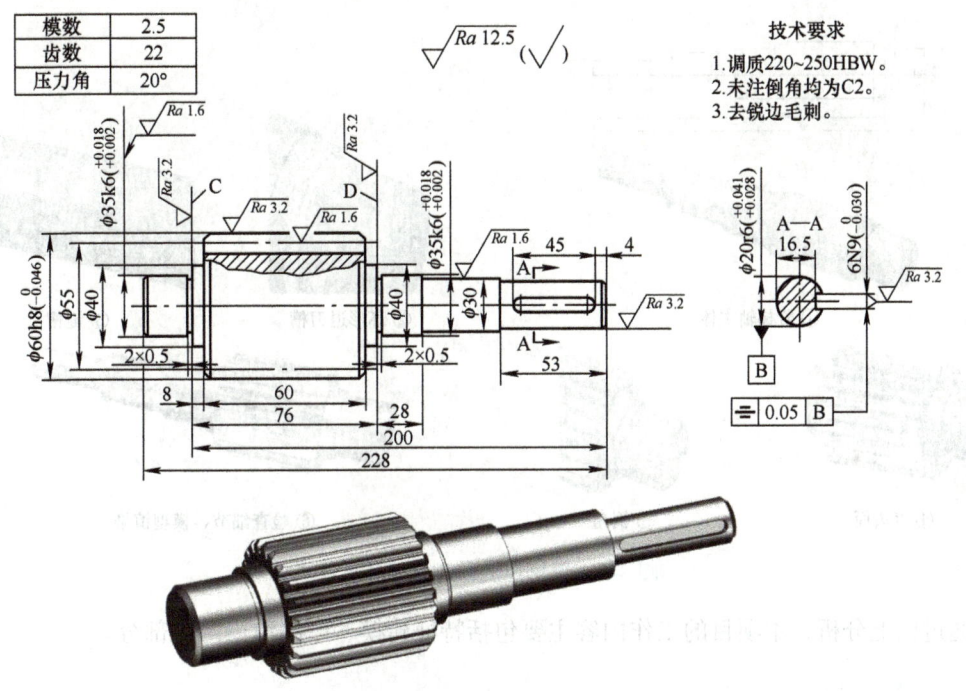

图 3-4　齿轮传动轴设计信息

3.2　项目分析

> **引导问题 2：**
> 通过对项目描述的分析，你认为该齿轮传动轴结构特征对应的特征工具是什么？

根据以上分析，你认为该产品的三维建模需要哪些步骤？请把你的计划写出来。

3.3 项目实施

3.3.1 工作任务拆解

齿轮传动轴的特征建模

齿轮传动轴产品主要由阶梯轴主体、环形退刀槽、键槽、直齿、倒角组成，建模时可按照从大到小、先阶梯轴再其他特征的顺序，依次完成各特征的创建。

注意齿轮特征用 GC 工具创建，另外，有重复的特征，如齿轮两侧的倒角，可充分利用阵列工具完成创建。

最后通过真实着色，设置产品材料，增强产品可视化效果。整个项目的工作任务拆解如图 3-5 所示。

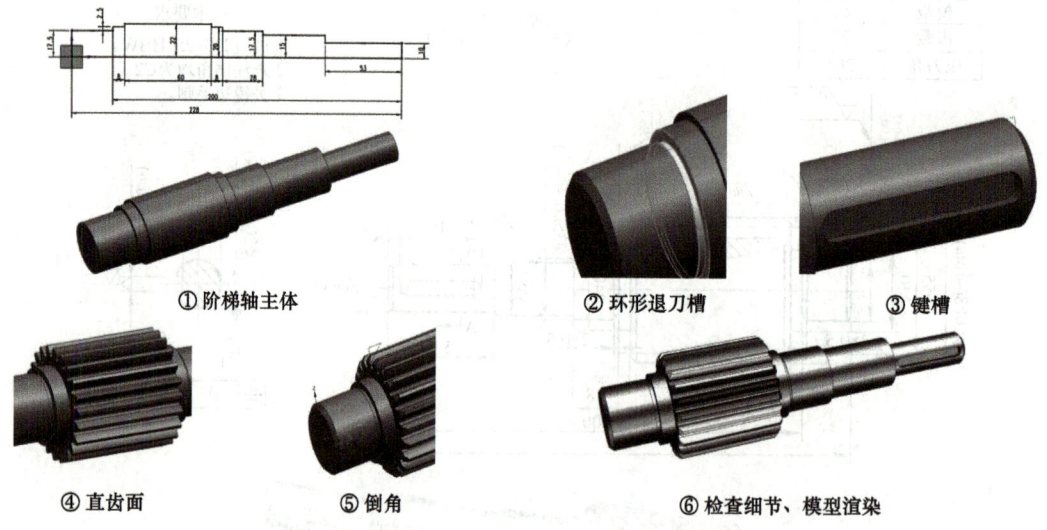

① 阶梯轴主体　② 环形退刀槽　③ 键槽
④ 直齿面　⑤ 倒角　⑥ 检查细节、模型渲染

图 3-5　齿轮传动轴工作任务拆解

通过以上分析，本项目的工作内容主要包括特征建模、产品渲染两个部分。

3.3.2 特征建模

特征建模过程见表 3-1。

表 3-1　特征建模过程

步骤	图示
1. 阶梯轴主体特征创建	
1）草图创建：选择基准坐标系 YZ 平面，创建轴特征的草图，可用轮廓线将整体轮廓绘制出来，再进行几何和尺寸约束。 注意：旋转特征的轮廓线取其特征投影轮廓的一半即可，轴线可用直线，也可充分利用现有的基准轴。	

项目3 齿轮传动轴的三维建模

（续）

步骤	图示
2）旋转特征创建：单击**旋转**，选择轴轮廓草图，设置轴为Y向，并设置角度为360°，将其旋转形成阶梯轴	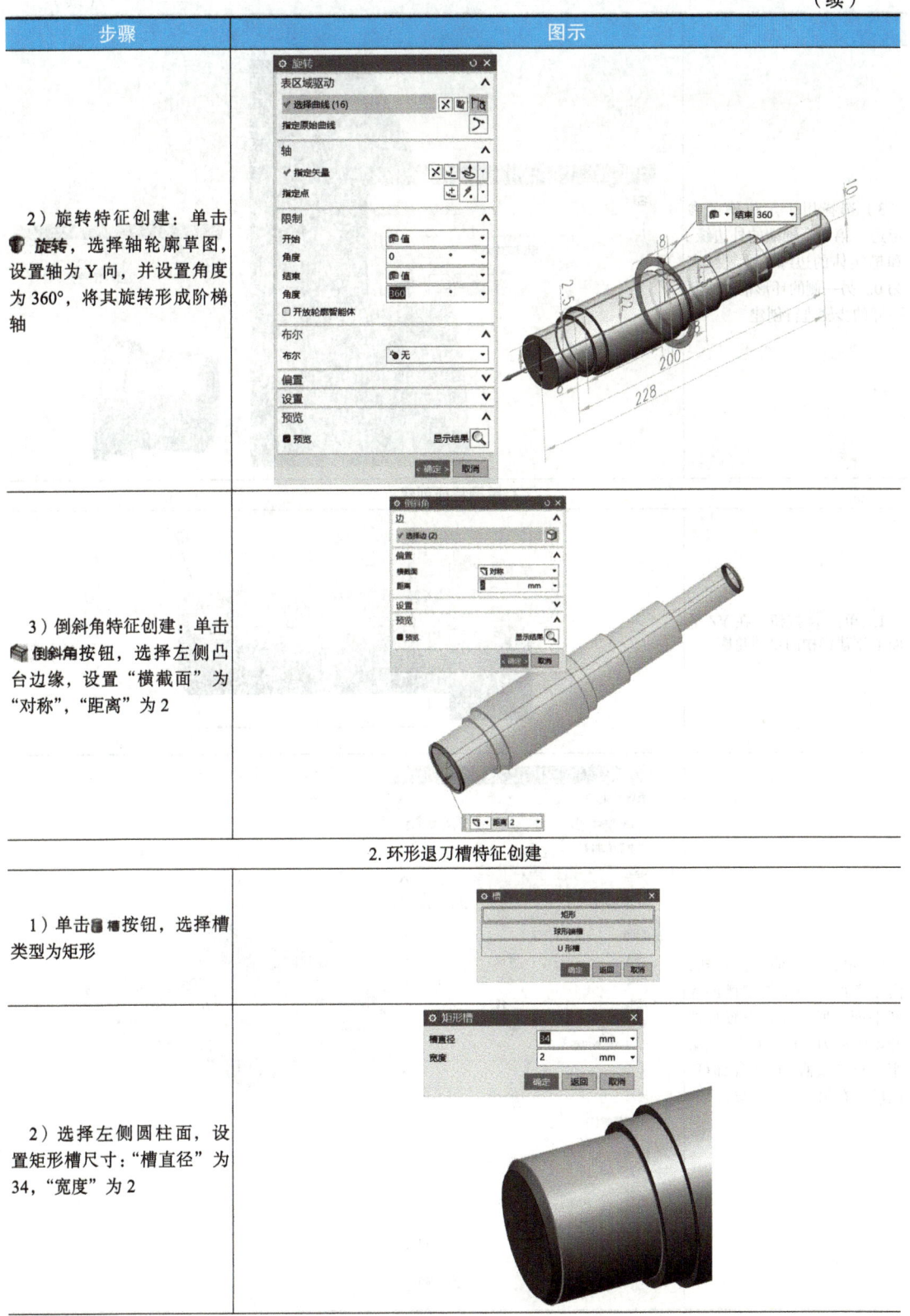
3）倒斜角特征创建：单击**倒斜角**按钮，选择左侧凸台边缘，设置"横截面"为"对称"，"距离"为2	
2. 环形退刀槽特征创建	
1）单击**槽**按钮，选择槽类型为矩形	
2）选择左侧圆柱面，设置矩形槽尺寸："槽直径"为34，"宽度"为2	

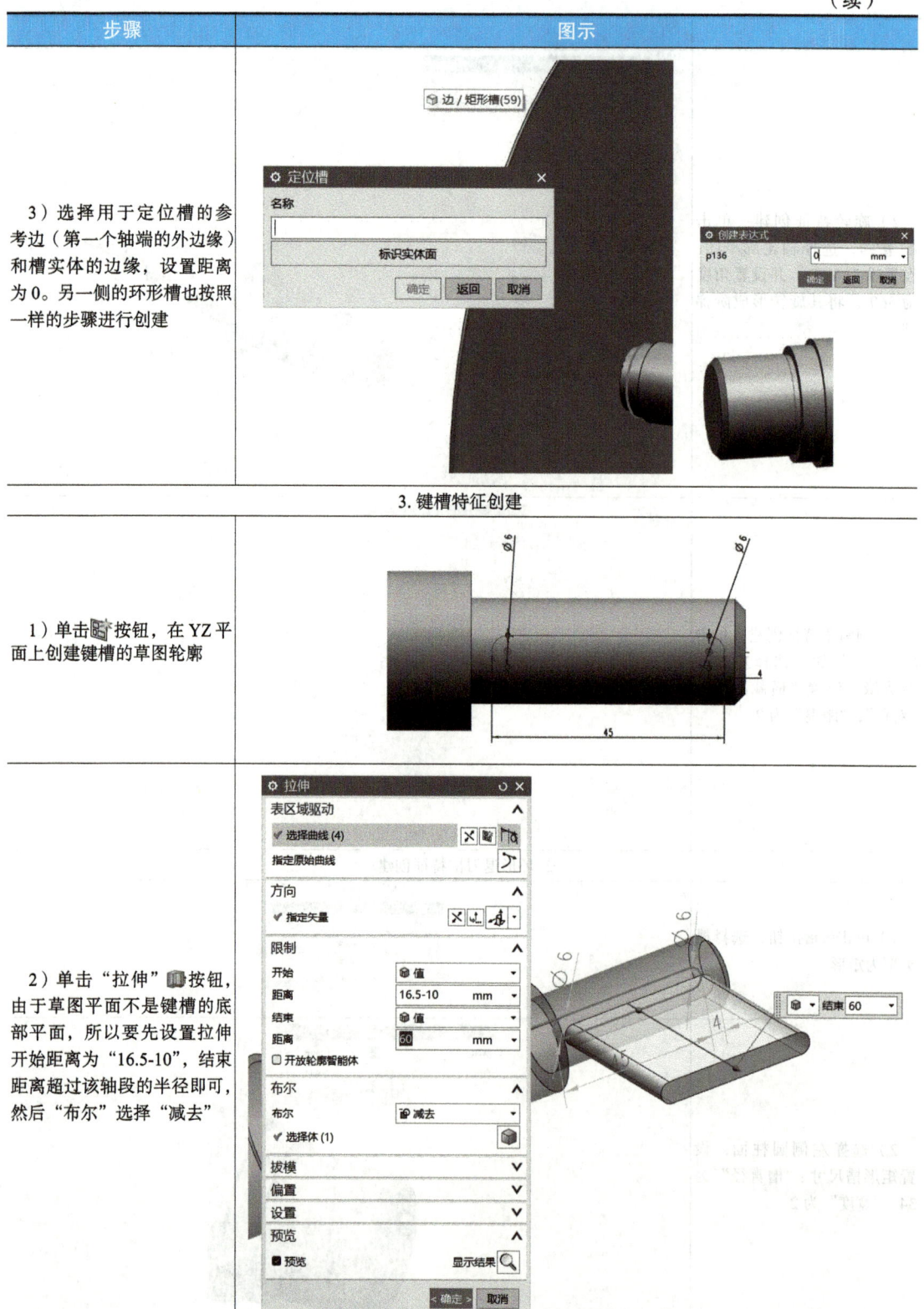

（续）

步骤	图示
4. 直齿面特征创建	
1）单击 柱齿轮... 按钮，选择"创建齿轮"后确定，选择齿轮类型为直齿轮、外啮合齿轮、滚齿	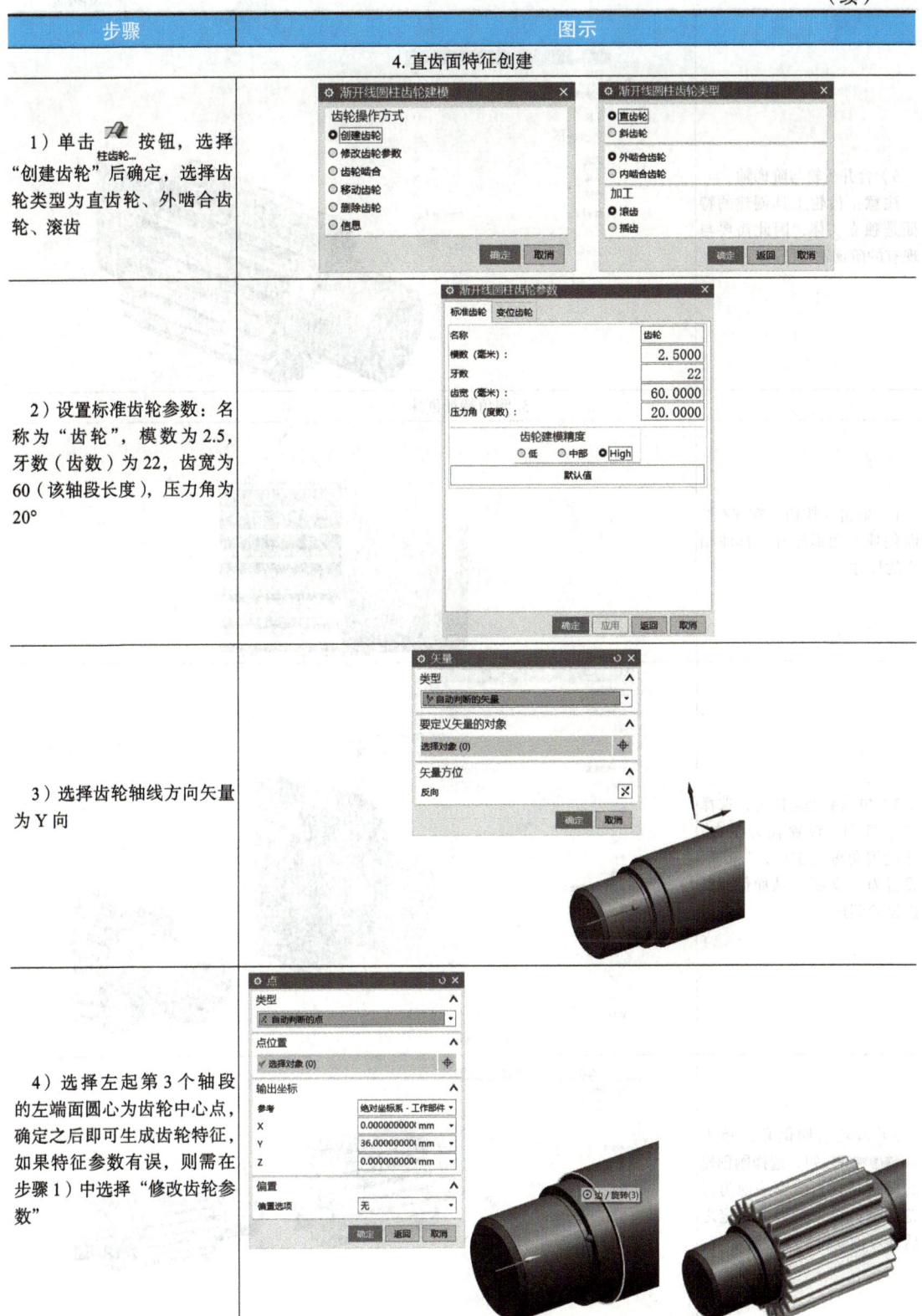
2）设置标准齿轮参数：名称为"齿轮"，模数为2.5，牙数（齿数）为22，齿宽为60（该轴段长度），压力角为20°	
3）选择齿轮轴线方向矢量为Y向	
4）选择左起第3个轴段的左端面圆心为齿轮中心点，确定之后即可生成齿轮特征，如果特征参数有误，则需在步骤1）中选择"修改齿轮参数"	

（续）

步骤	图示
5）合并齿轮与阶梯轴 注意：齿轮工具创建的特征是独立实体，因此需要与现有的阶梯轴特征进行合并	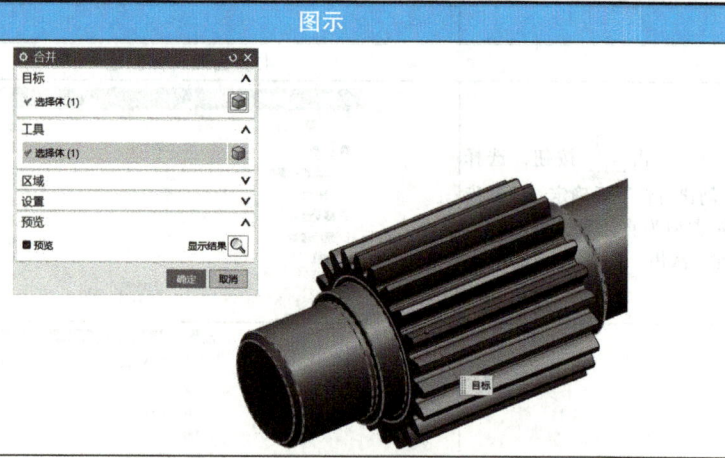
5. 倒角特征创建	
1）单击 按钮，在YZ平面创建三角形轮廓，标注相应的尺寸	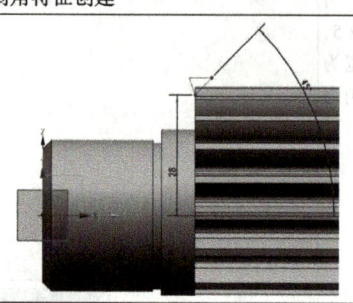
2）单击 旋转按钮，选择倒角草图，设置轴为Y向，并设置角度为360°，"布尔"设置为"减去"，从而创建出齿轮的倒角	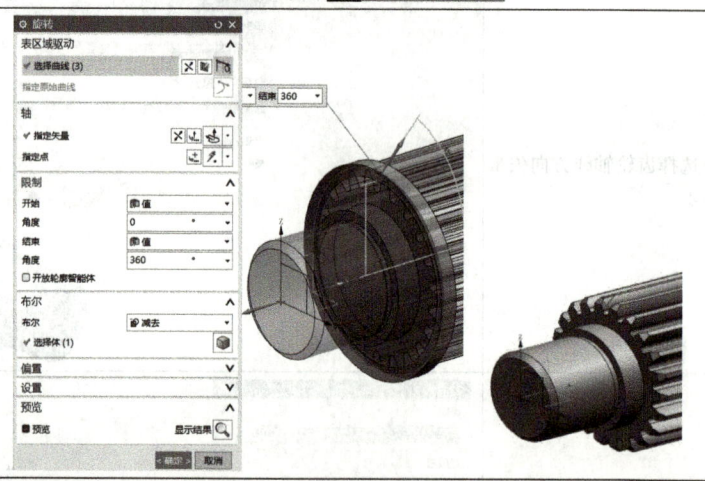
3）齿轮右侧倒角：单击 镜像特征按钮，选择刚创建的倒角特征，镜像平面为齿轮两侧面的中位面，确定之后即可创建齿轮右侧倒角	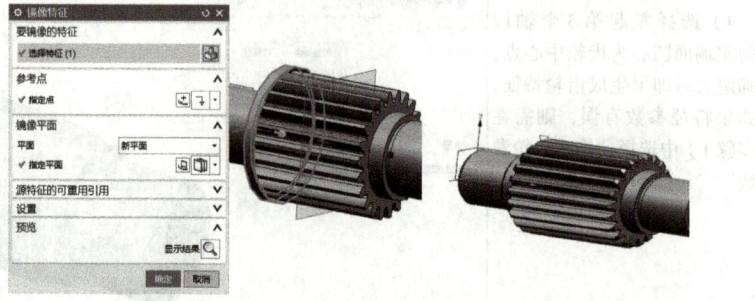

3.3.3 产品渲染

1）材料设置。切换到"视图"选项卡，激活 工具，选择全局材料为钢，如图3-6所示。

2）多视图布局。选择"视图"→"布局"→"新建"，创建2×2布局，通过同一页面多视图展示该产品，进一步增强可视化效果，如图3-7所示。

注意：每个单独的视图都可以通过鼠标中键（滚轮）旋转视图方向或缩放比例，也可通过右键快捷菜单选择基本视图方向。

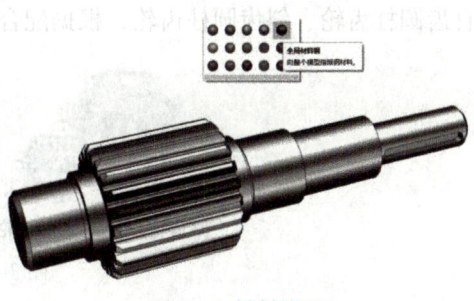

图3-6 材料设置

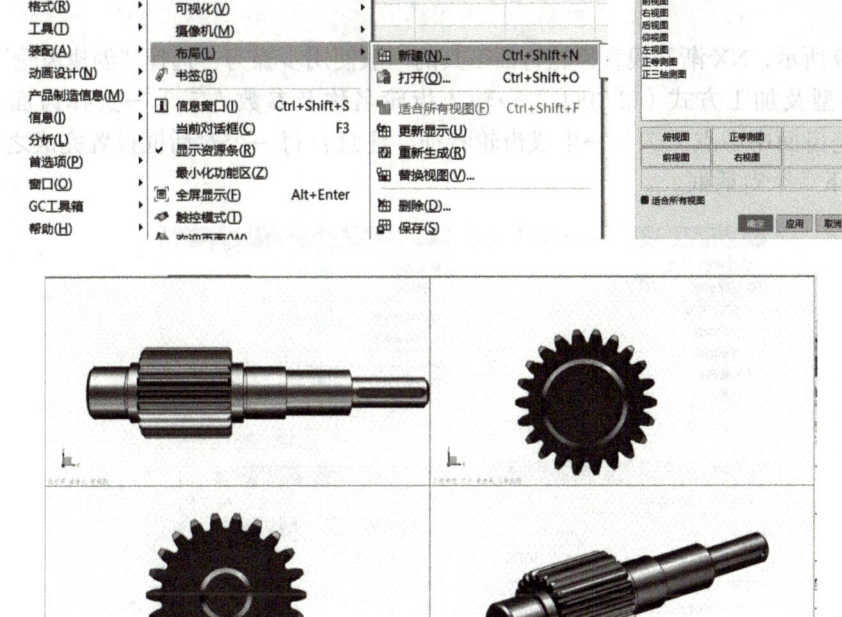

图3-7 多视图布局

3.4 知识链接

3.4.1 圆柱齿轮特征

1. 圆柱齿轮的类型

圆柱齿轮广泛应用于传动机构，主要用于传递两轴之间的运动和动力。它是通过轮齿的啮合来满足传动要求的，相比带轮、摩擦传动等传动机构，其传动比稳定、工作可靠、效率高、寿命更长，适用的直径、圆周速度和功率范围广。圆柱齿轮根据轮齿的方向，主要分为直齿圆柱齿轮、斜齿圆柱齿轮，根据配合类型又分为内啮合及外啮合两类，如图3-8所示。

直齿轮/外啮合圆柱齿轮

斜齿圆柱齿轮

内啮合圆柱齿轮

图3-8 圆柱齿轮分类

2. 圆柱齿轮特征的创建

根据齿轮的成形原理，其齿廓采用渐开线齿形制，因此圆柱齿轮又称为渐开线齿轮。标准渐开线直齿圆柱齿轮的基本参数是模数、齿数、压力角，其余参数都可通过公式计算。传统的圆柱齿轮建模需要创建渐开线齿形轮廓，再进行拉伸。而NX软件的GC齿轮工具集成了齿轮的参数设置，通过输入基本参数即可自动生成三维齿轮特征，极大地提升了齿轮建模工作效率。

如图3-9所示，NX渐开线直齿轮特征工具的一般使用步骤为：选择"创建齿轮"（①）→指定齿轮类型及加工方式（②③④）→输入齿轮名称及参数（⑤）→选择齿面垂直方向（⑥）→指定齿面中心点（⑦）→生成齿轮特征。注意：每一个对话框设置完成之后均需确认才能进入下一个对话框。

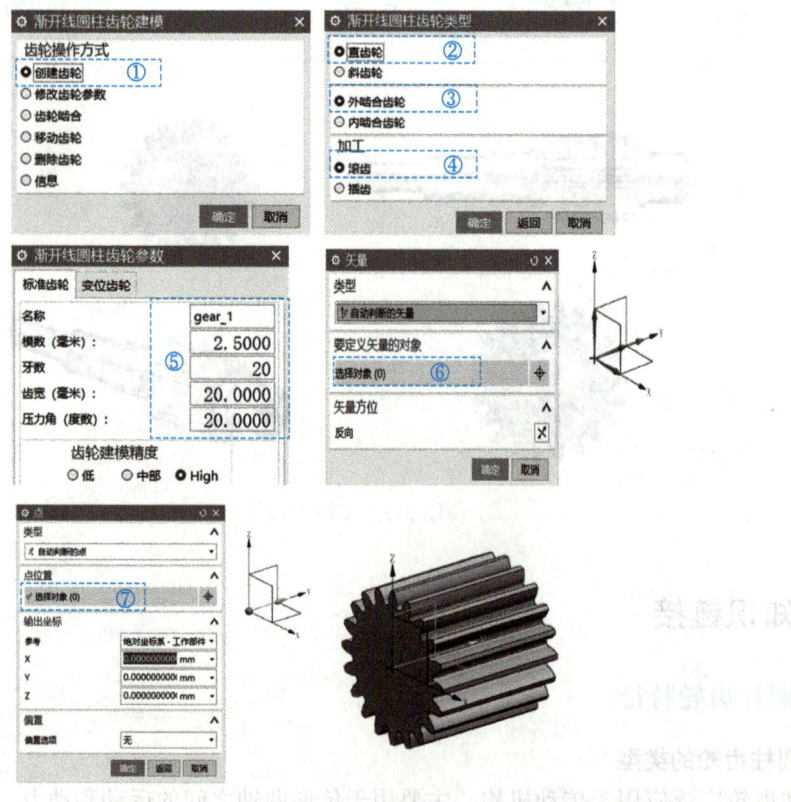

图3-9 渐开线直齿轮特征工具一般使用步骤

3.4.2 环形沟槽

1. 环形沟槽类型及功能区别

轴类零件上的环形沟槽有多种类型，如退刀槽、越程槽、卡簧槽等，这些沟槽在轴类零件上各有用途，如图 3-10 所示。

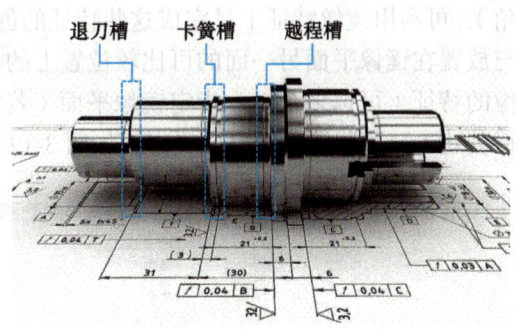

1）退刀槽：主要用在车削或铣削等加工过程中，为刀具提供一个退出的空间，避免刀具在退出时划伤零件表面。它能够确保刀具顺利、安全地退出，提高加工质量和效率。

2）越程槽：通常用于某些特定的加工过程，例如磨削，使刀具能够越过零件的某一表面，以便于后续的加工或去除余料。越程槽的设计能够确保刀具在加工过程中的稳定性和精度。

图 3-10 环形沟槽类型

3）卡簧槽：专门用于安装卡簧，卡簧是一种用于限制轴类零件轴向移动的紧固件。卡簧槽应能提供足够的空间来容纳卡簧，并确保卡簧能够稳定地安装在轴上，从而有效地限制轴的轴向移动，提高轴的稳定性。

2. 环形沟槽创建

NX 环形沟槽特征工具 槽定义了三种常用的槽形状，包括矩形、球形、U 形，特征操作步骤为：选择槽形状→设置槽名称→指定创建槽的圆柱面→设置槽的直径及宽度参数→选择槽定位的参考对象（先选参考边再选定位边）→指定定位距离（参考边与定位边的距离）→生成槽特征，如图 3-11 所示。

注意：每一个对话框设置完成后要先单击"确定"按钮才能进入下一个对话框。

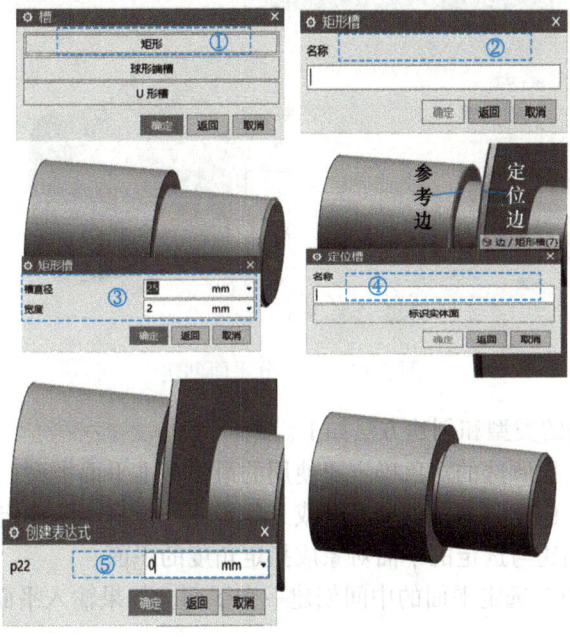

图 3-11 环形沟槽创建步骤

3.4.3 镜像特征

当建模对象有重复的多个特征，且特征之间有对称关系时（如本项目中齿轮两侧的倒角），可利用镜像特征工具完成这些特征的创建。NX 镜像特征工具 可添加与其他特征或与放置在镜像平面另一面的可比较位置上的类似特征对称的特征，其操作步骤为：选择要镜像的特征（可选多个）→指定镜像平面（若没有需要的平面，则要通过基准平面创建工具进行创建）→预览镜像结果→确定，如图 3-12 所示。

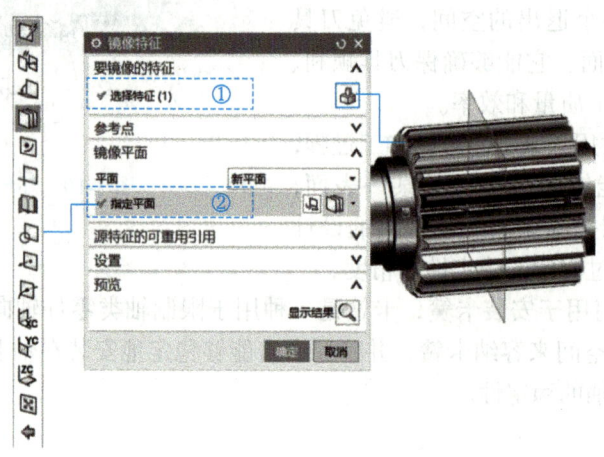

图 3-12　镜像特征工具操作步骤

本项目中，镜像平面为轴段的中位面，那么可以通过二等分平面进行创建。分别选择轴段的两个侧面即可快速获得需要的中间平面，平面由带有半透明颜色的矩形区域显示，如图 3-13 所示。

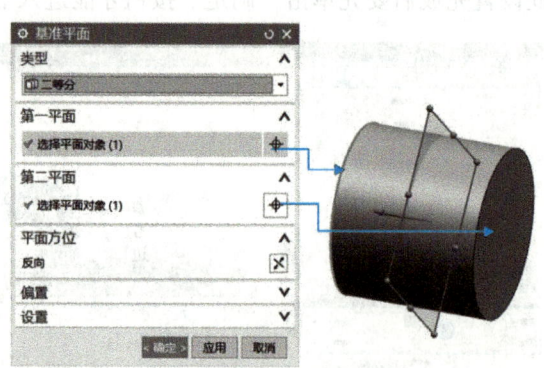

图 3-13　二等分平面创建

其他常用基准平面的类型和创建方法如下。
- 自动判断：根据所选的对象确定要使用的最佳基准平面类型。
- 按某一距离：创建与一个基准平面或其他平面平行且相距指定距离的平面。
- 成一角度：创建与选定的平面对象成指定角度的平面。
- 二等分：在两个选定平面的中间创建一个平面。如果输入平面互相呈一角度，则以平分角度放置平面。

- 曲线和点：使用点、直线、平面的边、基准轴或平面的各种组合来创建平面（例如，三个点、一个点和一条曲线等）。
- 两直线：使用任何两条绘制直线、直线边或基准轴的组合来创建平面。
- 相切：创建与一个非平曲面相切的基准平面（相对于第二个所选对象）。
- 通过对象：在所选对象的曲面法向上创建基准平面。
- 点和方向：使用一个点和指定的方向创建平面。
- 曲线上：在曲线或边上的某一位置创建平面。
- YC：ZC 平面、XC：ZC 平面、XC：YC 平面：沿工作坐标系 (WCS) 或绝对坐标系 (ABS) 的 XC：YC、XC：ZC 或 YC：ZC 轴创建固定的基准平面。
- 视图平面：创建平行于视图平面并穿过 WCS 原点的固定基准平面。

3.5 项目实施评价

一分耕耘，一分收获，相信你在前面的项目实施中付出的诸多努力会带来丰富的收获，当然你也遇到了许多考验。对工作过程中困扰你的问题（如产品分析问题、特征操作错误等）进行总结，为下次更好地完成任务做好准备。

表 3-2 为项目综合评价表，请按照表中的评价条目及标准客观地完成项目实施评价。

表 3-2 项目综合评价表

序号	考核项目		考核内容	分值	
				配分	得分
1	技能知识	图样分析	能正确识读图样，并判断齿轮传动轴产品整体特征类别	10	
2		草图操作	能使用草图曲线及约束工具完成各特征草图的创建	20	
3		特征创建	使用旋转、齿轮、镜像特征等工具完成齿轮传动轴各外形特征的创建	20	
4		产品可视化	能使用真实着色及光栅图像工具对齿轮传动轴进行视觉效果应用	10	
5	素养目标	工作态度	工作态度端正，不出现无故缺勤、迟到、早退现象	5	
6		职业素质	严格遵守机房管理要求，爱护计算机设备	5	
7		工匠精神	能仔细分析项目要求，制定工作计划并严格执行工作任务	10	
8		劳动精神	能独立完成本项目任务	15	
9		探索求知	能举例说明齿轮的不同类型及运用场合	5	
综合评价			技能知识	素养目标	综合得分

3.6 巩固与拓展

项目总结

本次建模任务的产品对象为齿轮传动轴，其外形特征为旋转结构，基本组成是阶梯轴和圆柱直齿轮，因此建模思路为先通过旋转特征工具创建阶梯轴，再利用直齿轮特征工具创建圆柱直齿轮。另外，要注意轴面环形沟槽的特征一般不用在旋转特征草图里绘制，而是直接使用环形沟槽工具快速创建。本项目技能导图如图 3-14 所示。

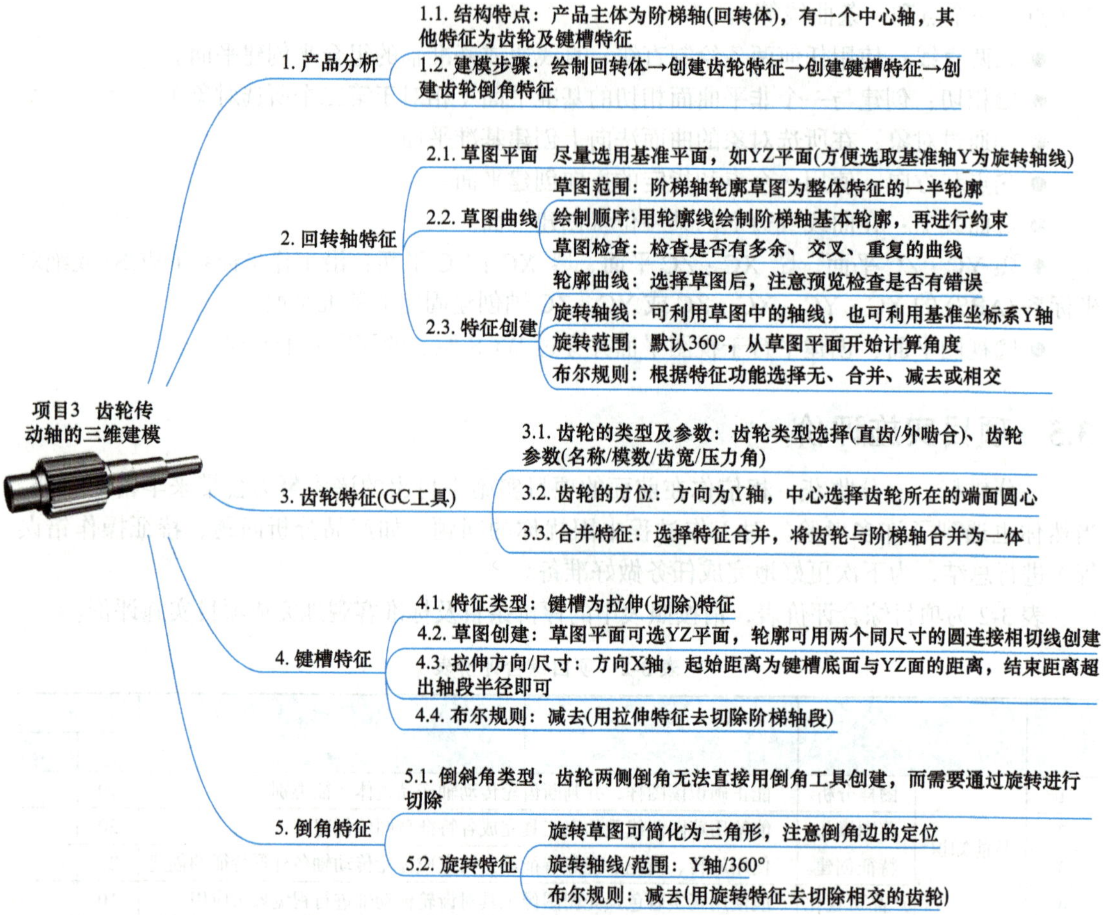

```
                        ┌ 1.1. 结构特点：产品主体为阶梯轴(回转体)，有一个中心轴，其
              1. 产品分析 ┤      他特征为齿轮及键槽特征
                        └ 1.2. 建模步骤：绘制回转体→创建齿轮特征→创建键槽特征→创
                               建齿轮倒角特征

                        ┌ 2.1. 草图平面  尽量选用基准平面，如YZ平面(方便选取基准轴Y为旋转轴线)
                        │              ┌ 草图范围：阶梯轴轮廓草图为整体特征的一半轮廓
              2. 回转轴特征┤ 2.2. 草图曲线┤ 绘制顺序:用轮廓线绘制阶梯轴基本轮廓，再进行约束
                        │              │ 草图检查：检查是否有多余、交叉、重复的曲线
                        │              └ 轮廓曲线：选择草图后，注意预览检查是否有错误
                        │              ┌ 旋转轴线：可利用草图中的轴线，也可利用基准坐标系Y轴
                        └ 2.3. 特征创建┤ 旋转范围：默认360°，从草图平面开始计算角度
                                       └ 布尔规则：根据特征功能选择无、合并、减去或相交

项目3 齿轮传
动轴的三维建模           ┌ 3.1. 齿轮的类型及参数：齿轮类型选择(直齿/外啮合)、齿轮
                        │                      参数(名称/模数/齿宽/压力角)
              3. 齿轮特征(GC工具)┤ 3.2. 齿轮的方位：方向为Y轴，中心选择齿轮所在的端面圆心
                        └ 3.3. 合并特征：选择特征合并，将齿轮与阶梯轴合并为一体

                        ┌ 4.1. 特征类型：键槽为拉伸(切除)特征
              4. 键槽特征┤ 4.2. 草图创建：草图平面可选YZ平面，轮廓可用两个同尺寸的圆连接相切线创建
                        │ 4.3. 拉伸方向/尺寸：方向X轴，起始距离为键槽底面与YZ面的距离，结束距离超
                        │                   出轴段半径即可
                        └ 4.4. 布尔规则：减去(用拉伸特征去切除阶梯轴段)

                        ┌ 5.1. 倒斜角类型：齿轮两侧倒角无法直接用倒角工具创建，而需要通过旋转进行
                        │                切除
              5. 倒角特征┤              ┌ 旋转草图可简化为三角形，注意倒角边的定位
                        └ 5.2. 旋转特征┤ 旋转轴线/范围：Y轴/360°
                                       └ 布尔规则：减去(用旋转特征去切除相交的齿轮)
```

图 3-14　项目技能导图

你的经验总结：

_____

_____

_____

_____

✍ 拓展任务

学无止境，挑战自我。请使用本项目所学知识和技能，完成以下拓展任务。

齿轮传动轴除了传动的常规功能，还可用于增压，例如齿轮泵。齿轮泵体内腔容纳一对齿轮，当驱动齿轮传动轴逆时针带动从动齿轮顺时针方向转动时，这对传动齿轮的啮合下腔空间压力降低而产生局部真空，低压油在大气压力作用下进入泵的吸油口。随着齿轮的转动，齿槽中的油不断被带至上边的压油口，把高压油压出，如图3-15和图3-16所示。

请结合本项目的技能经验，搜集相关资料，制定工作计划，创建齿轮泵驱动轴的三维模型，外形可参考图3-16中的产品样式和规格标准，并提交设计资料（包括三维模型、渲染效果图、设计说明等）。

项目 3 齿轮传动轴的三维建模

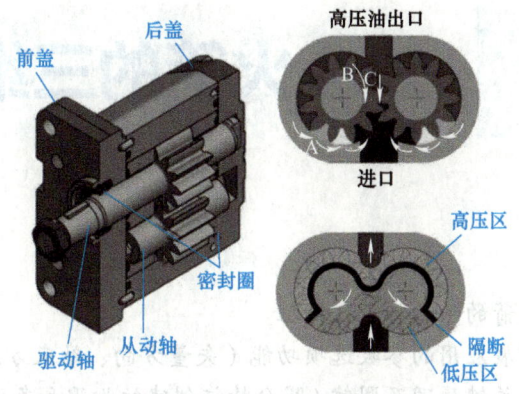

图 3-15 齿轮泵结构与工作原理

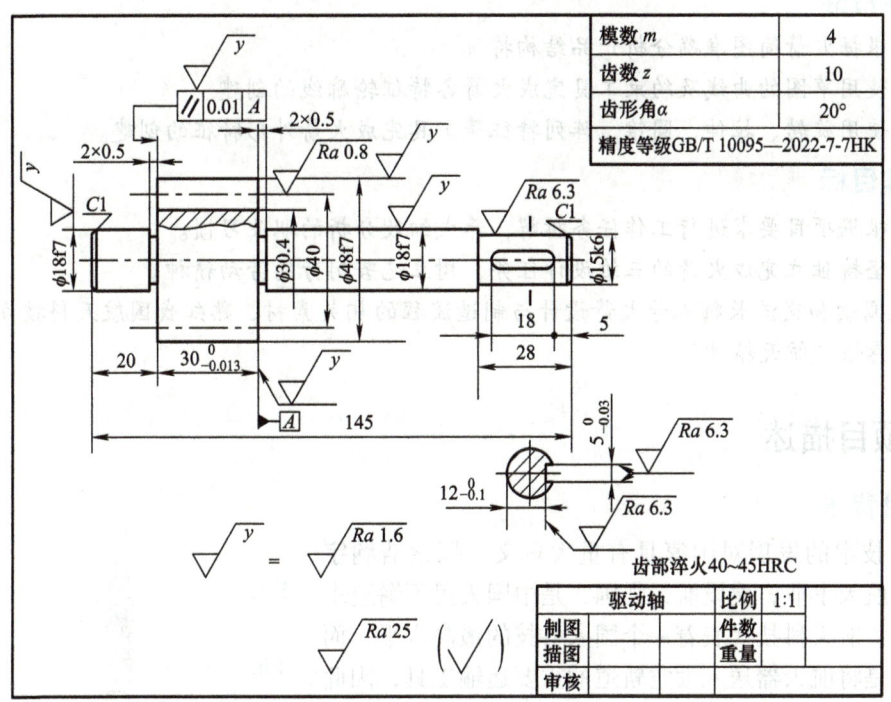

图 3-16 齿轮泵驱动轴二维图

项目 4　火箭的三维建模

📖 知识目标
1. 能描述长征五号火箭的结构特点及特征。
2. 能说出拉伸特征扩展应用的参数选项功能（矢量方向、结束方式）。
3. 能说明圆锥特征的关键原理及圆锥/圆台特征创建的步骤和条件。

🖱 技能目标
1. 能根据火箭简图准确分析产品结构特征。
2. 能使用草图的曲线及约束工具完成火箭各特征轮廓线的创建。
3. 能使用旋转、拉伸、圆锥、阵列特征等工具完成火箭外形特征的创建。

❋ 素养目标
1. 能根据项目要求进行工作任务拆解，养成细致分析的职业习惯。
2. 能坚持独立完成火箭的三维设计任务，树立吃苦耐劳的劳动精神。
3. 能阅读和交流长征五号火箭设计与制造流程的相关素材，熟知我国航天科技发展的伟大历程，感悟"航天精神"。

4.1　项目描述

📖 项目背景

航天技术的发展对国家具有重大意义。探索浩瀚宇宙，发展航天事业，建设航天强国，是中国人民不懈追求的航天梦。航天科技代表着一个国家科技的最高水平，而运载火箭是将航天器送入太空轨道的重要运输工具，因此火箭技术已经成为一个国家航天技术的重要基础。

1. 长征五号概况

长征五号（CZ-5）运载火箭，又称"大火箭""胖五"，作为我国运载火箭家族中的"巨无霸"，总长约57m，堪比20层楼高，起飞质量约870t，"腰围"也更大，芯级直径达5m，助推器直径和我国现役火箭箭体最大直径一样大，为3.35m。长征五号自2016年首次成功发射以来已经完成了多次重要的航天任务，如中国空间站实验舱、天问一号火星探测器、嫦娥五号月球探测器等运载任务，为我国航天事业做出了重要贡献。长征五号火箭基本结构如图4-1所示。

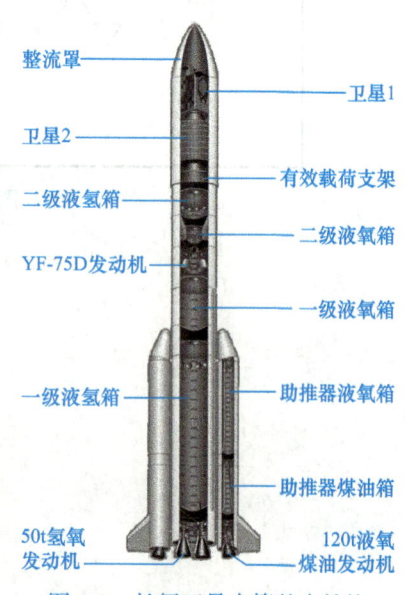

图 4-1　长征五号火箭基本结构

2. 研发历程

1986年，长征五号运载火箭开始前期论证和攻关；2000—2001年，大推力发动机开始立项研制；2006年，国家正式批准立项研制长征五号运载火箭。据不完全统计，长征五号研制期间，累计开展7000余次地面试验，其中包括火箭动力系统试车、模态试验、助推器分离、整流罩分离、发射场合练等多项大型地面试验，创下了我国液体运载火箭研制规模之最。长征五号全面突破了以12项重大关键技术为代表的247项关键技术，新技术比例几乎达到100%，核心技术全部实现国产化，代表着我国科技创新与工业制造的新成就。

3. 长征五号火箭结构特点

长征五号火箭整体为回转结构，采用模块化设计，火箭各组成部分对应不同的模块，由顶至下依次为卫星整流罩、子二级（上面级）、子一级、助推器。卫星整流罩为采用冯·卡门气动外形设计的12.267m长整流罩，芯一级对应5m直径火箭芯级模块，芯二级对应5m直径火箭上面级模块，3.35m直径助推器对应3.35m直径火箭助推级模块，2.25m直径助推器对应2.25m直径火箭助推级模块。

> **引导问题1：**
> 请结合项目背景，说说长征火箭所代表的我国航天精神是什么。

▣ 项目要求

1）仔细分析长征五号火箭的整体外形和细节轮廓特征。

2）根据每个特征的轮廓特点，选用合适的草图和特征工具，制定长征五号火箭外形的建模计划。

3）根据计划，独立完成火箭的三维建模，参见图4-2。

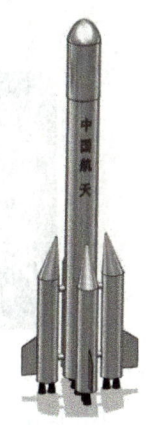

图4-2 火箭的三维模型

4.2 项目分析

> **引导问题2：**
> 通过对项目描述的分析，你认为该产品有哪些结构特征？对应的特征工具是什么？

根据以上分析,你认为该产品的建模需要哪些步骤?请把你的计划写出来。

_____

_____

_____

4.3 项目实施

4.3.1 工作任务拆解

长征五号火箭模型主要由火箭主体、助推器、连接柱、导流板、发动机等特征组成。建模时可按照从大到小、先主体特征再到其他特征的顺序,依次完成各特征的创建,注意重复的特征可充分利用阵列工具完成创建;logo 曲线可以通过直接投影曲线来创建。最后通过编辑真实着色,添加背景视图,增强产品可视化效果。整个项目的工作任务拆解如图 4-3 所示。

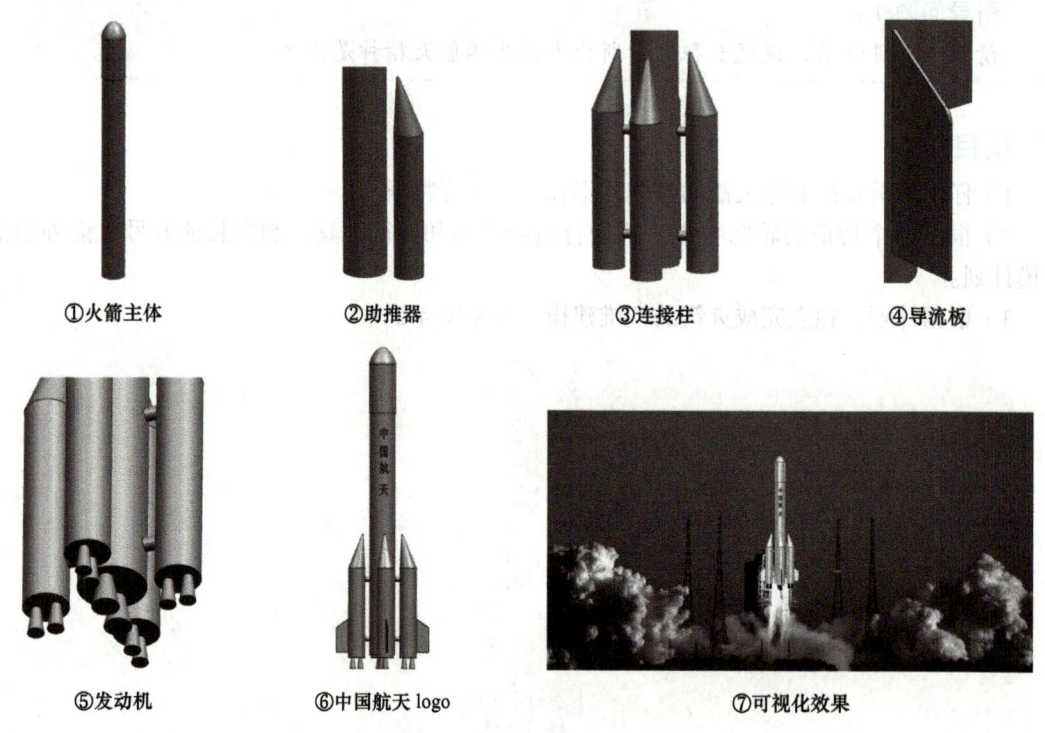

图 4-3　工作任务拆解

通过以上分析,本项目的工作内容主要包括特征建模(包含 logo 创建)及效果渲染两个部分。

4.3.2　特征建模

1. 火箭主体特征创建

建模思路:选择基准坐标系 XZ 平面,创建火箭主体特征的草图,可用轮廓线将整体轮廓绘制出来，再进行几何和尺寸约束；单击旋转特征工具 旋转，选择火箭主体特征的草图，指定旋转轴为 Z 轴，并设置角度为 360°，预览结果，如图 4-4 所示。

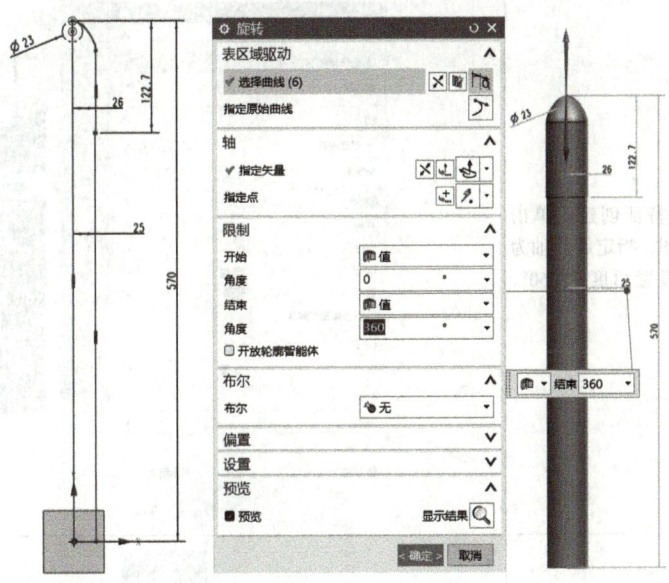

图 4-4 火箭主体特征创建

2. 助推器特征创建

建模思路：助推器不是单个回转特征，而是由圆柱主体与斜锥体组成，因此建模需要将两个特征分开创建，然后合并。

助推器特征创建见表 4-1。

表 4-1 助推器特征创建

步骤	图示
1）助推器主体草图创建：选择基准坐标系 XZ 平面，创建助推器主体特征的草图	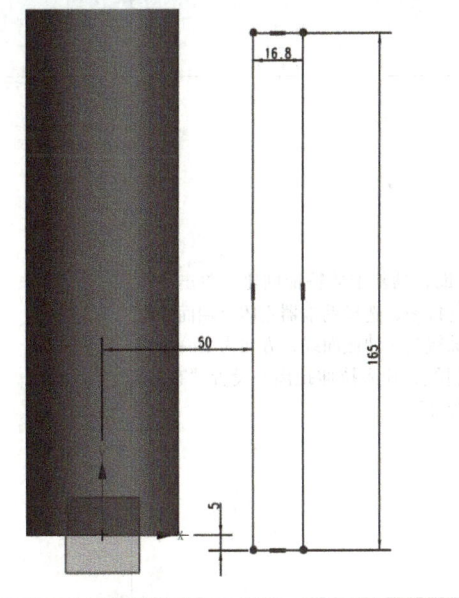

（续）

步骤	图示
2）助推器主体旋转特征创建：单击 旋转，选择上面的草图，指定旋转轴为长方形左侧竖线，并设置角度为360°，预览结果，确定	
3）助推器斜锥体草图创建：选择基准坐标系XZ平面，创建助推器斜锥体特征的草图，注意该草图不是用于旋转，而是作为锥面特征创建的参考方向	
4）助推器斜锥体特征创建：单击"拉伸" 按钮，选择助推器主体上端面的圆形轮廓线为拉伸截面线，方向为上一步的草图斜线，输入拉伸距离并设置"布尔"为"合并"	

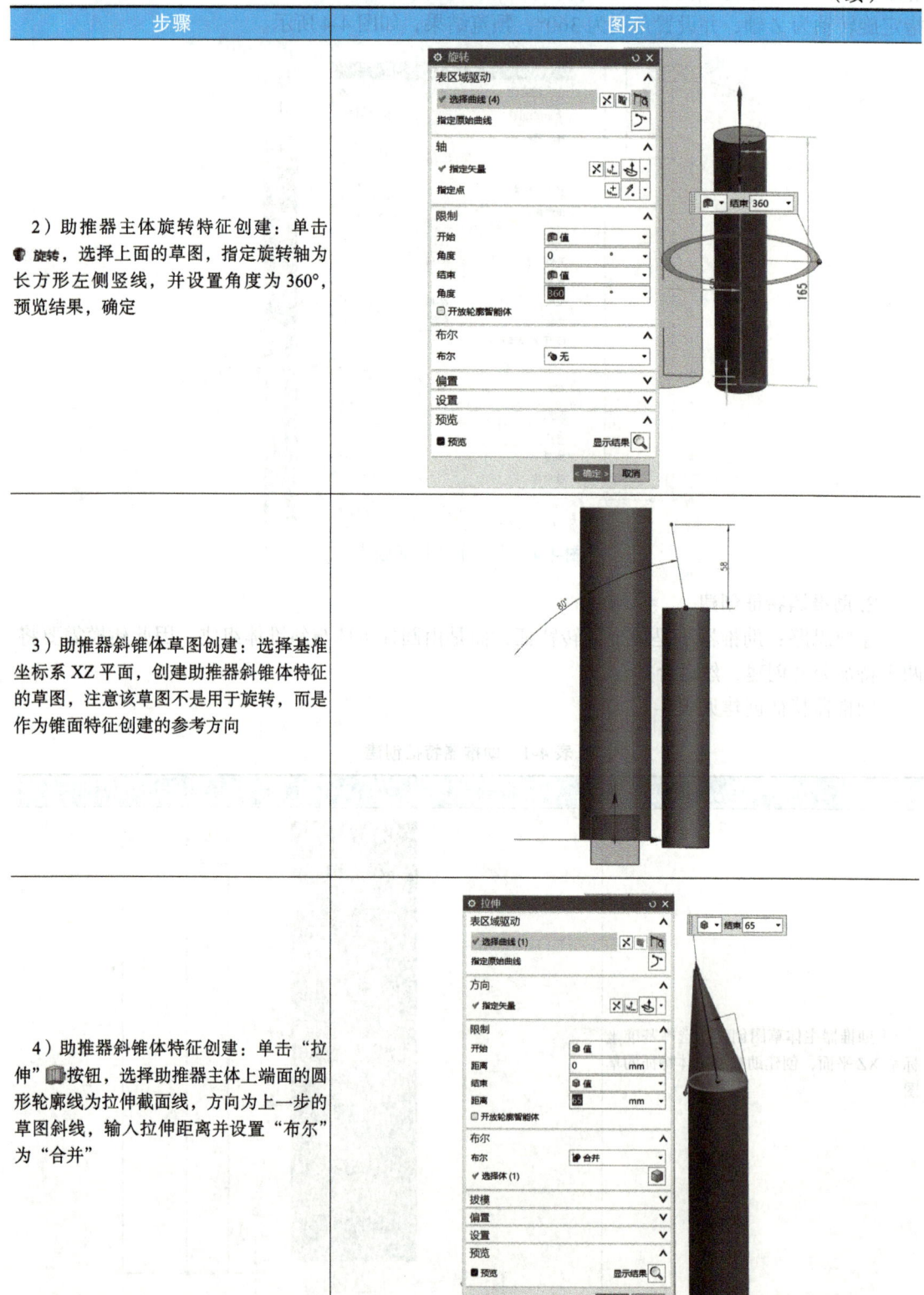

项目 4　火箭的三维建模　59

3. 连接柱特征创建

连接柱特征创建见表 4-2。

表 4-2　连接柱特征创建

步骤	图示
1）草图创建：在 YZ 平面上创建连接柱的草图轮廓	
2）特征创建：单击"拉伸" 按钮，选择上一步的草图，方向默认，设置拉伸结束方式为"直至延伸部分"，然后选择"布尔"为"合并"	
3）阵列特征：单击"阵列特征"图标 ，选择助推器和连接柱，"布局"为"圆形"，"旋转轴"为 Z 轴，"数量"和"跨角"分别为 4、360°	

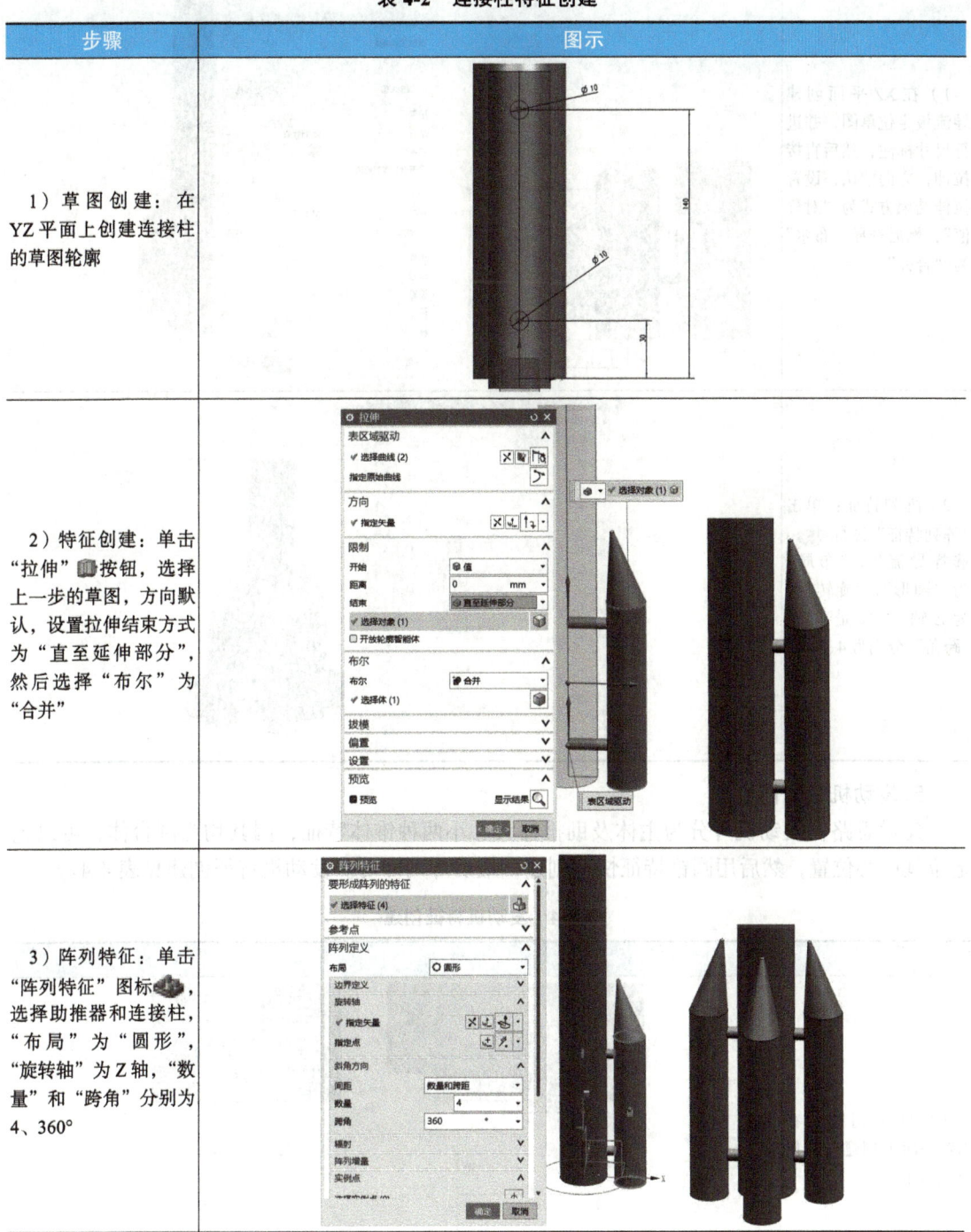

4. 导流板特征创建

导流板特征创建见表 4-3。

表 4-3 导流板特征创建

步骤	图示
1）在 XZ 平面创建导流板定位草图，并进行尺寸标注；然后直接拉伸，方向默认，设置拉伸结束方式为"对称值"，然后选择"布尔"为"合并"	
2）阵列特征：单击"阵列特征"图标，选择导流板，"布局"为"圆形"，"旋转轴"为 Z 轴，"数量"和"跨角"分别为 4、360°	

5. 发动机特征创建

建模思路：发动机可分为主体及助推器大、小两种锥体特征，因其均为圆台体，可以先定位其中心位置，然后用圆锥特征快速创建，最后阵列即可。发动机特征创建见表 4-4。

表 4-4 发动机特征创建

步骤	图示
1）草图创建：在 XZ 平面上创建发动机中心定位草图	

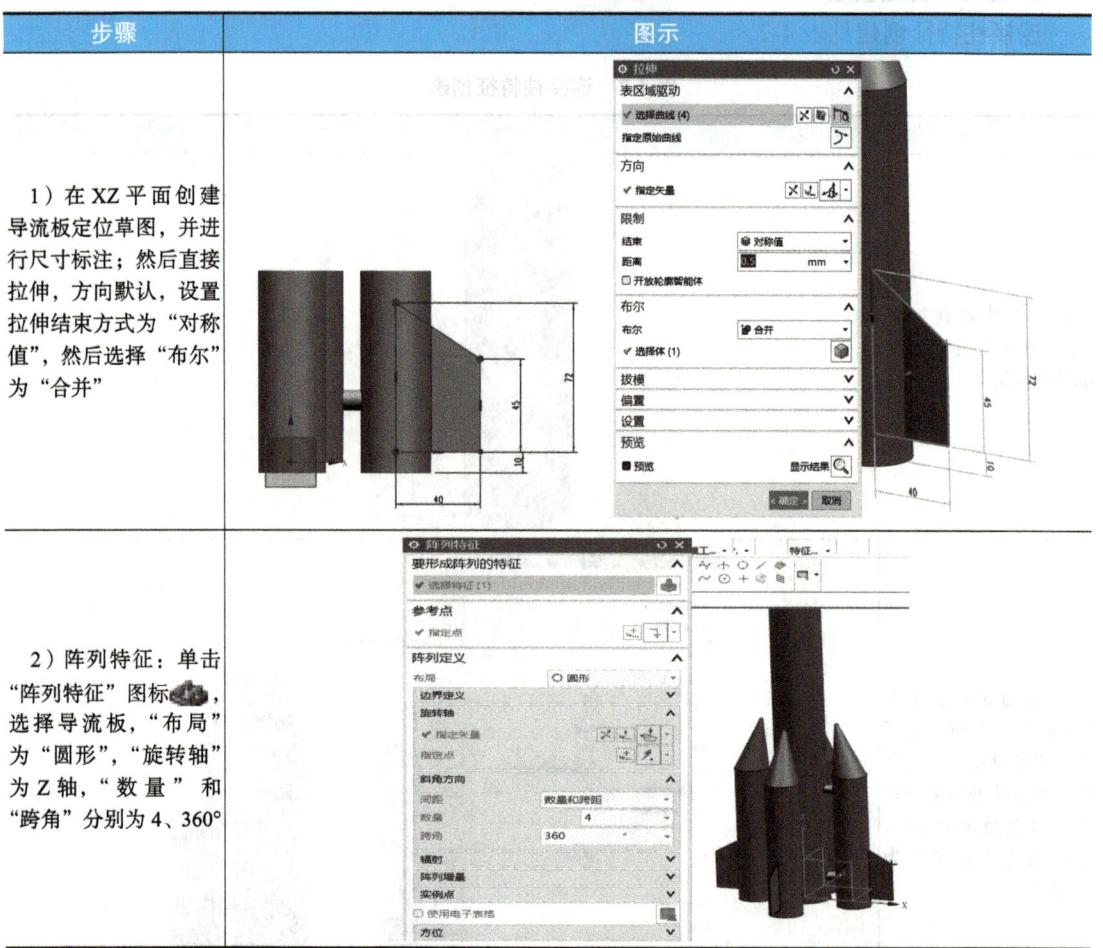

（续）

步骤	图示
2）创建大锥体特征：单击 圆锥，选择"类型"为"直径和高度"，选择火箭主体位置的轴线矢量和指定点，设置"底部直径""顶部直径""高度"分别为 10、20、25，"布尔"选择"合并"	
3）用同样的方法创建另一个锥体	
4）创建小锥体特征：单击 圆锥，选择"类型"为"直径和高度"，选择某一助推器主体位置的轴线矢量和指定点，设置"底部直径""顶部直径""高度"分别为 7、12、20，"布尔"选择"合并"。用同样的方法创建另一个锥体	
5）阵列特征：单击"阵列特征"图标 ，选择助推器主体下的两个锥体，"布局"为"圆形"，"旋转轴"为 Z 轴，"数量"和"跨角"分别为 4、360°	

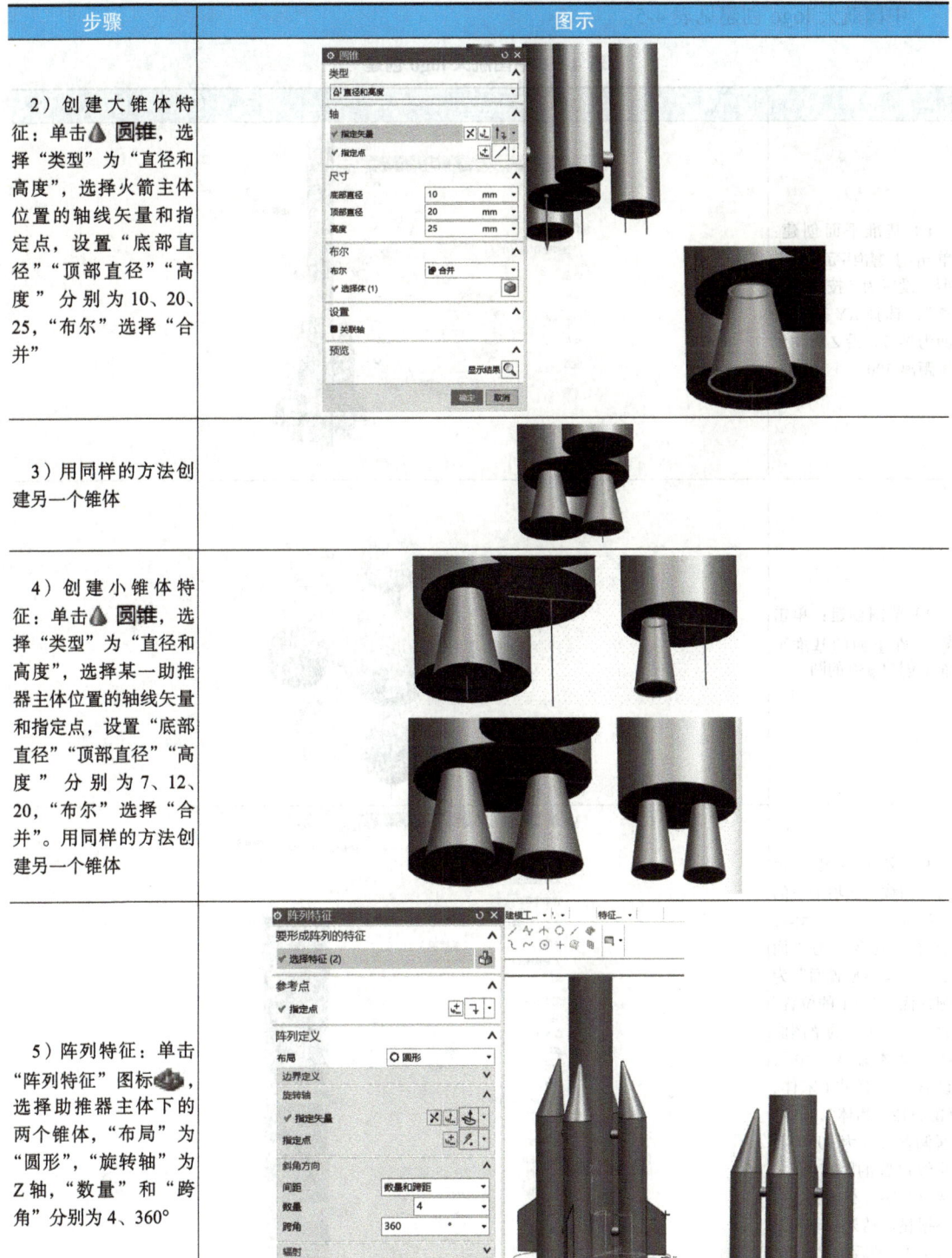

6. 中国航天 logo 创建

中国航天 logo 创建见表 4-5。

表 4-5 中国航天 logo 创建

步骤	图示
1）基准平面创建：单击 □ 基准平面，"类型"设置为"按某一距离"，选择 XY 基准平面为参考，沿 Z 方向偏置距离 300	
2）草图创建：单击 ☑，在上面的基准平面上创建 φ50 的圆	
3）文字创建：单击"曲线"选项卡下的"文本"工具 A 文本，选择"类型"为"面上"，"文本放置面"为圆柱面，"面上的位置"为上一步创建的草图曲线，文本输入"中"，设置文本样式（宋体、GB2312、粗体），文本框偏置尺寸为 100（与曲线位置的距离），并调整文字大小比例（可根据显示结果拉动调整箭头），最后在"设置"中勾选"连结曲线"和"投影曲线"	

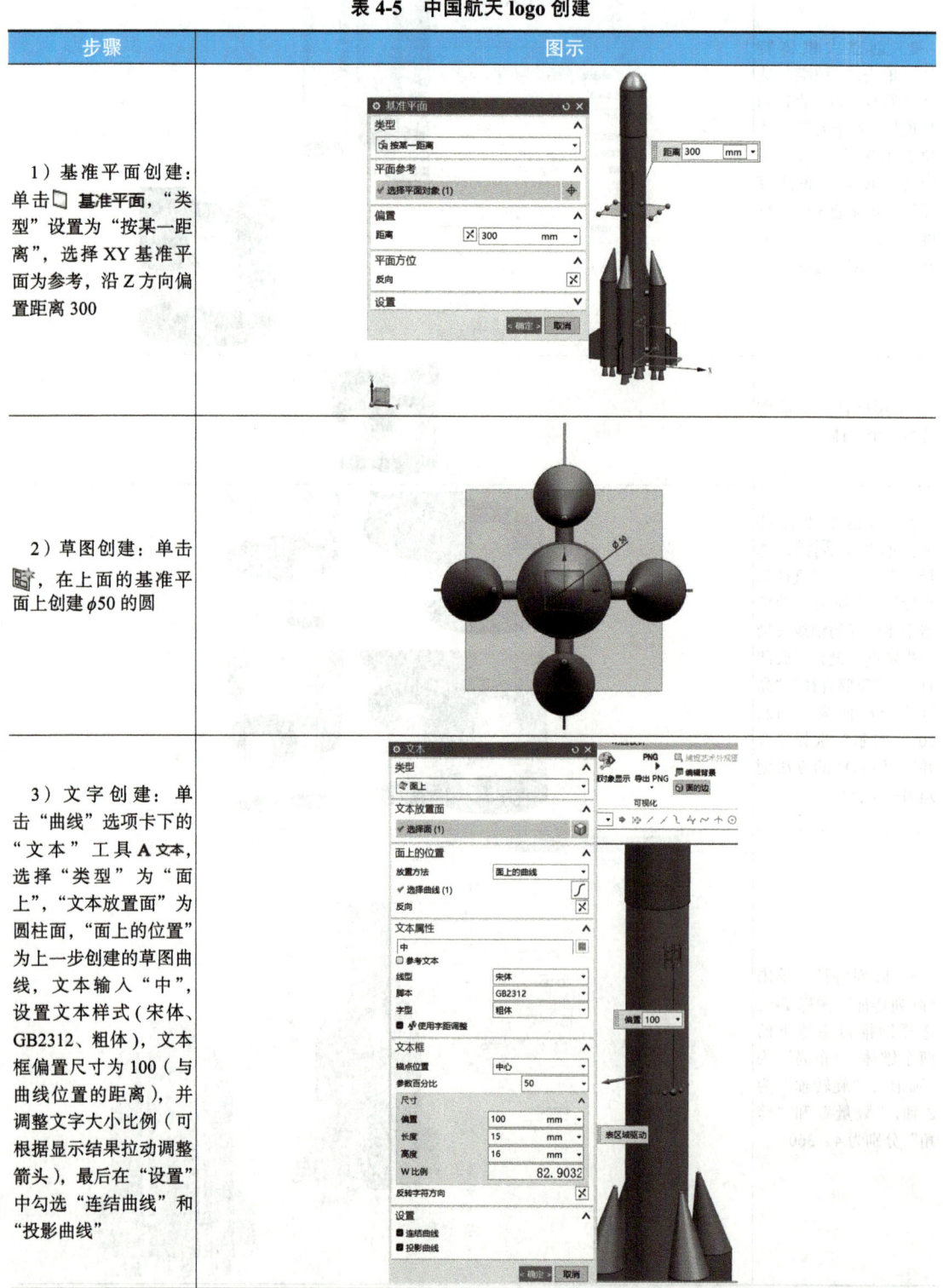

（续）

步骤	图示
4）使用同样的方法完成其他三个字的创建 注意：检查文字是否贴合曲面形状，如果文字是平的，那么原因在于文字曲线的设置选项没有勾选"投影曲线"	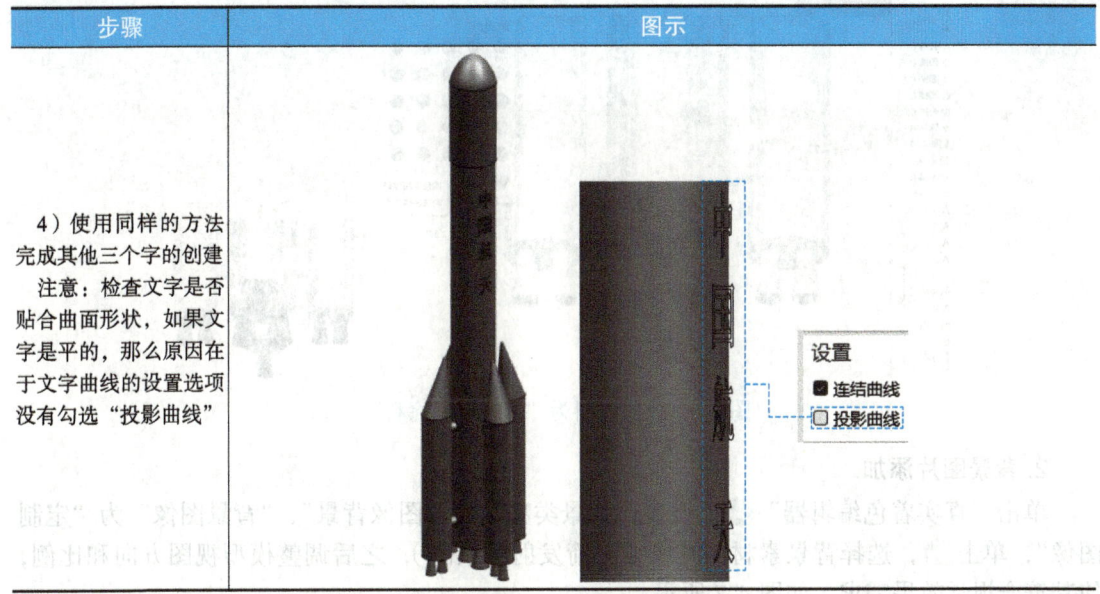

4.3.3 产品渲染

1. 材料设置

1）切换到"视图"选项卡，激活工具，选择全局材料为"白色亮泽塑料"，如图 4-5 所示。

火箭的产品渲染

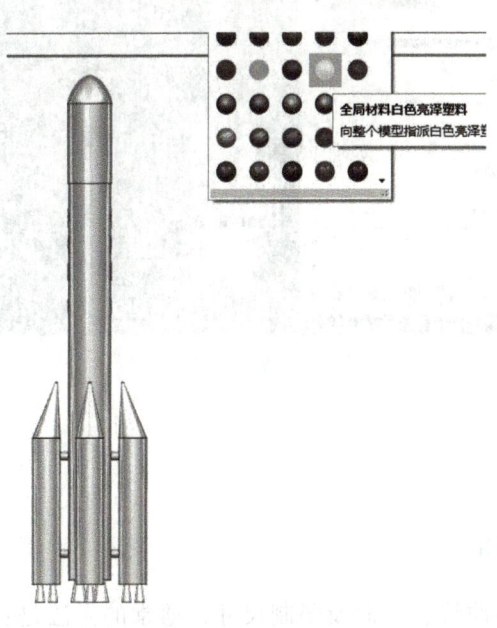

图 4-5 选择全局材料

2）切换过滤器类型为"面"，选择发动机锥面，设置材料为"黑色金属涂料"，如图 4-6 所示。

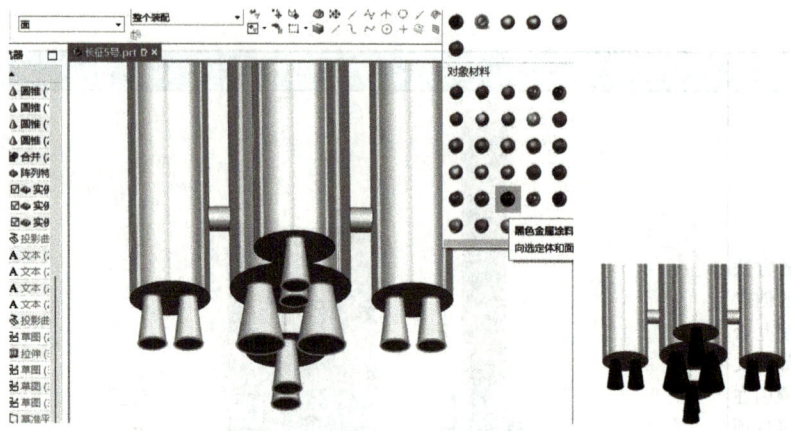

图 4-6 设置材料为"黑色金属涂料"

2. 背景图片添加

单击"真实着色编辑器" ![icon]，设置"背景类型"为"图像背景","背景图像"为"定制图像",单击 ![icon]，选择背景素材图片（如火箭发射场景图），之后调整模型视图方向和比例，使其符合视觉效果需求，如图 4-7 所示。

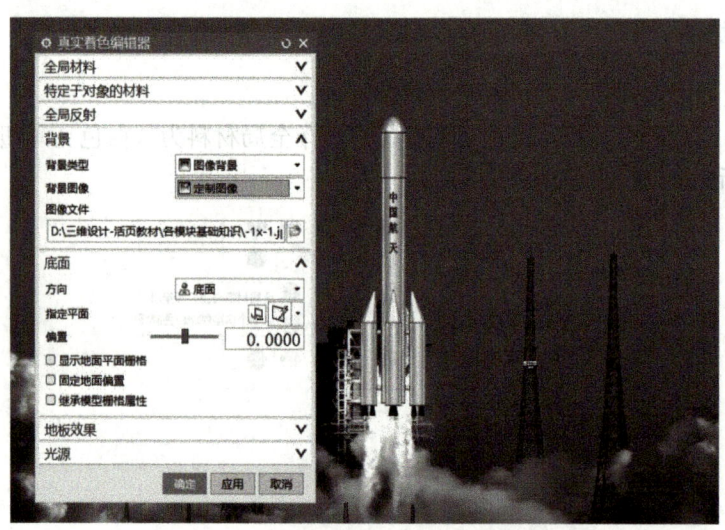

图 4-7 背景图片添加

4.4 知识链接

4.4.1 拉伸特征扩展应用

拉伸的三要素是驱动曲线、方向及限制尺寸，通常的做法是：绘制草图（驱动轮廓曲线）→自动判断方向（垂直于草图平面）→输入拉伸开始与结束距离。但对于图 4-8 右图虚线框中的特征则无法用该种方法直接创建，原因是拉伸方向不垂直于草图平面，拉伸尺寸无法计算。

项目 4 火箭的三维建模

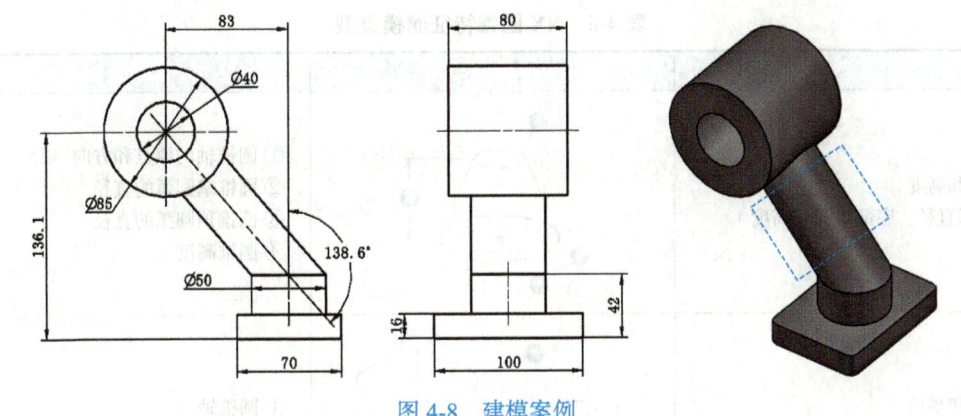

图 4-8 建模案例

为解决类似问题，需要进一步理解拉伸基本要素的含义。如图 4-9 所示：首先，轮廓曲线可以是曲线或区域，如果现有条件满足则可直接选取，而无须绘制草图；其次，拉伸方向除了默认的垂直于草图平面，也可通过矢量构造方式指定；最后，拉伸限制除了输入距离，还可以选择直至某个选定对象，这种选项适用于结束距离无法计算，但却有明确结束位置的拉伸特征。

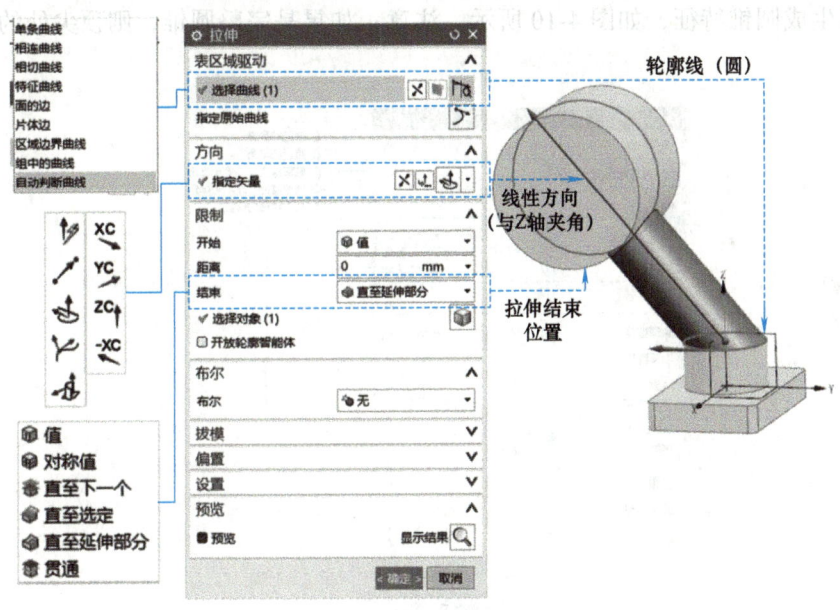

图 4-9 拉伸特征扩展应用

4.4.2 圆锥特征

与圆柱类似，圆锥是一种典型的旋转特征。以某个直角三角形的一个直角边所在直线为旋转轴，其余两边旋转 360° 而成的曲面所围成的几何体称作圆锥。旋转轴称作圆锥的轴。另一直角边旋转而成的曲面称作圆锥的底面。斜边旋转而成的曲面称作圆锥的侧面。NX 提供了参数化的圆锥特征建模工具，其类型主要有直径和高度、直径和半角，这些类型的选择主要根据图样上标注的尺寸或测量的方式，见表 4-6。

表 4-6 NX 圆锥特征建模类型

类型	建模图示	建模输入信息
直径和高度 （顶部直径、底部直径、高度）		①圆锥轴的原点和方向 ②圆锥基圆弧的直径 ③圆锥顶圆弧的直径 ④圆锥高度
直径和半角 （顶部直径或底部直径、高度、半角）		①圆锥轴 ②半角，指的是锥面轮廓和轴的夹角，其范围为 1°~89°

NX 圆锥工具 圆锥的一般使用步骤为：选择圆锥类型→指定矢量（圆锥旋转轴）→指定圆锥中心→输入所选圆锥类型的参数值→选择布尔规则（如果无相交特征则选择"无"）→预览确定后生成圆锥特征，如图 4-10 所示。注意：如果是完整圆锥，则顶尖处的圆弧直径为 0。

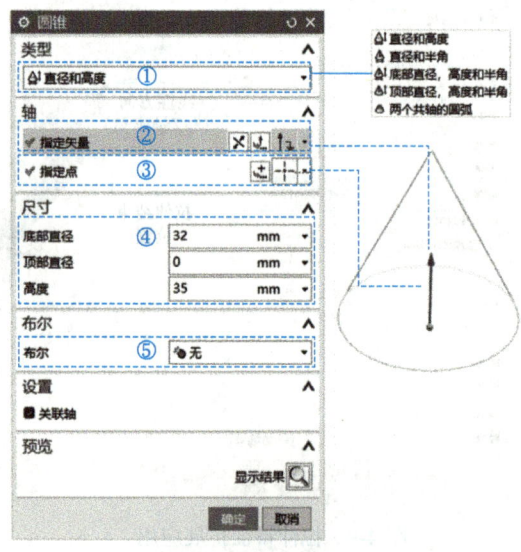

图 4-10 圆锥工具一般使用步骤

4.4.3 文字曲线

文字是一种功能丰富的意义符号，在工业产品设计中文字是常用的一类设计元素，其本质可以理解为一类曲线特征。通过三维软件的文字工具可以设计出不同样式的文本，并快速将其转换成单独的或模型内部的特征，从而增强产品的设计内涵。根据文字的几何特征和位置，文字特征可分为平面副文本、曲线上文本及面上文本，如图 4-11 所示。

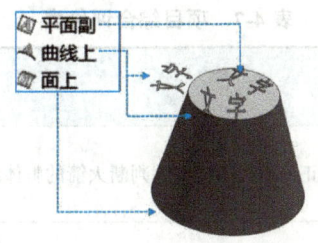

图 4-11 NX 文字类型

NX 文本特征工具的一般使用步骤为：指定文本创建类型→选择放置的面→指定文本放置位置→设置文本样式（字体样式）→调整文本位置大小→设置曲线连接方式及投影方式→预览并确定文字特征，如图 4-12 所示。

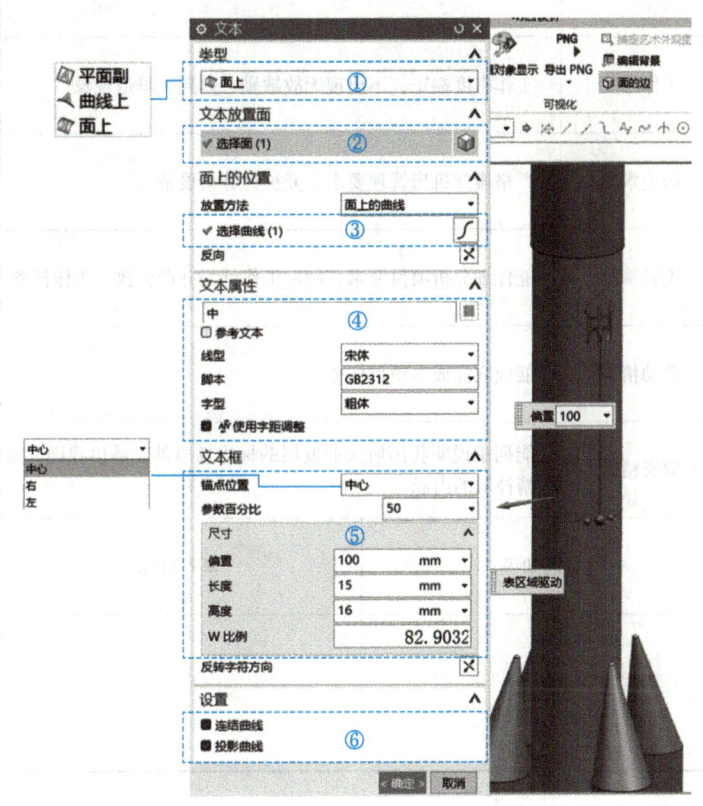

图 4-12 文本特征工具的一般使用步骤

4.5 项目实施评价

一分耕耘，一分收获，相信你在前面的工作实施中付出的诸多努力会带来丰富的收获，当然你也遇到了许多考验。对工作过程中困扰你的问题（如产品分析问题、特征操作错误等）进行总结，为下次更好地完成任务做好准备。

表 4-7 为项目综合评价表，请按照表中的评价条目及标准客观地完成项目实施评价。

表 4-7 项目综合评价表

序号	考核项目		考核内容	分值	
				配分	得分
1	技能知识	图样分析	能正确识读图样，并判断火箭的整体结构特点	10	
2		草图操作	能使用草图曲线及约束工具完成各特征草图的创建	10	
3		特征创建	能说明斜向拉伸及圆锥特征的关键原理，并正确使用旋转、拉伸、圆锥、阵列特征、文字等工具完成火箭各外形特征的创建	30	
4		产品可视化	能使用真实着色编辑器完成火箭的视觉效果应用	10	
5	素养目标	工作态度	工作态度端正，不出现无故缺勤、迟到、早退现象	5	
6		职业素质	严格遵守机房管理要求，爱护计算机设备	5	
7		工匠精神	能仔细分析项目要求，制定工作计划并严格执行工作任务	10	
8		劳动精神	能独立完成本项目任务	15	
9		航天精神	能列举说明我国航天业发展的标志性事件，感悟我国"航天精神"的内涵	5	
综合评价			技能知识	素养目标	综合得分

4.6 巩固与拓展

📝 项目总结

本项目建模任务的产品对象为火箭，其外形特征主要为回转结构，基本组成是火箭主体和助推器，因此建模思路是先通过旋转特征工具创建主体特征，然后利用拉伸工具创建助推器。另外，模型可视化效果除了添加整体的全局材料，还可以单独设置特征曲面的局部材料，最后可视化背景可使用自选图片进行定制，增强场景效果。本项目的技能导图如图 4-13 所示。

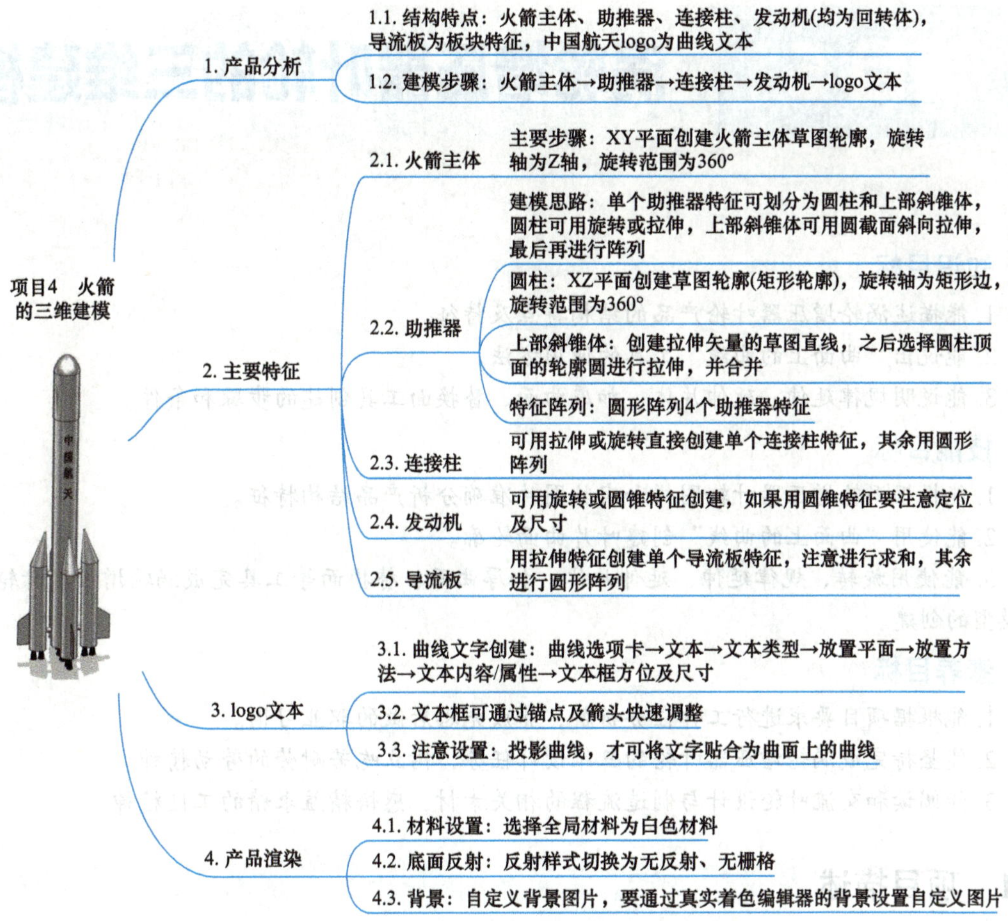

项目4 火箭的三维建模

```
项目4 火箭
的三维建模
├── 1. 产品分析
│   ├── 1.1. 结构特点：火箭主体、助推器、连接柱、发动机(均为回转体)，导流板为板块特征，中国航天logo为曲线文本
│   └── 1.2. 建模步骤：火箭主体→助推器→连接柱→发动机→logo文本
├── 2. 主要特征
│   ├── 2.1. 火箭主体
│   │     主要步骤：XY平面创建火箭主体草图轮廓，旋转轴为Z轴，旋转范围为360°
│   ├── 2.2. 助推器
│   │     建模思路：单个助推器特征可划分为圆柱和上部斜锥体，圆柱可用旋转或拉伸，上部斜锥体可用圆截面斜向拉伸，最后再进行阵列
│   │     圆柱：XZ平面创建草图轮廓(矩形轮廓)，旋转轴为矩形边，旋转范围为360°
│   │     上部斜锥体：创建拉伸矢量的草图直线，之后选择圆柱顶面的轮廓圆进行拉伸，并合并
│   │     特征阵列：圆形阵列4个助推器特征
│   ├── 2.3. 连接柱：可用拉伸或旋转直接创建单个连接柱特征，其余用圆形阵列
│   ├── 2.4. 发动机：可用旋转或圆锥特征创建，如果用圆锥特征要注意定位及尺寸
│   └── 2.5. 导流板：用拉伸特征创建单个导流板特征，注意进行求和，其余进行圆形阵列
├── 3. logo文本
│   ├── 3.1. 曲线文字创建：曲线选项卡→文本→文本类型→放置平面→放置方法→文本内容/属性→文本框方位及尺寸
│   ├── 3.2. 文本框可通过锚点及箭头快速调整
│   └── 3.3. 注意设置：投影曲线，才可将文字贴合为曲面上的曲线
└── 4. 产品渲染
    ├── 4.1. 材料设置：选择全局材料为白色材料
    ├── 4.2. 底面反射：反射样式切换为无反射、无栅格
    └── 4.3. 背景：自定义背景图片，要通过真实着色编辑器的背景设置自定义图片
```

图 4-13 项目技能导图

你的经验总结：

_____

_____

✎ 拓展任务

学无止境，挑战自我。请使用本项目所学知识和技能完成相关拓展任务。

我国火箭技术的发展，除了探索太空的"长征"系列运载火箭，另一个重要的领域便是卫国神器"东风"系列导弹，其发展、创新的艰难历程映照了我国的大国崛起之路。"东风"系列导弹是中国人民解放军火箭军的主要装备，该系列从近程到洲际弹道导弹，覆盖了不同的战略需求，它们在国防和战略威慑方面发挥着重要作用。

DF-15是我国自主研发的弹道导弹，采用固体燃料发动机，可携带常规弹头或核弹头。请结合本项目经验，搜集相关资料，制定工作计划，完成导弹的三维模型创建及可视化效果，外形可参考图4-14中的产品样式，提交的设计资料包括三维模型、渲染效果图、设计说明等。

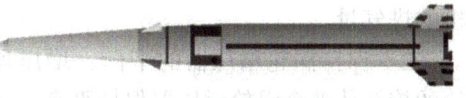

图 4-14 DF-15 简化模型

项目 5　涡轮增压器叶轮的三维建模

📖 知识目标
1. 能描述涡轮增压器叶轮产品的结构特点及特征。
2. 能说出"曲面上的曲线"工具的使用方法。
3. 能说明规律延伸、延伸片体、加厚曲面、替换面工具创建的步骤和条件。

🖱 技能目标
1. 能根据涡轮增压器叶轮图样和实物图片准确分析产品结构特征。
2. 能使用"曲面上的曲线"创建叶片曲面轮廓。
3. 能使用旋转、规律延伸、延伸片体、加厚曲面、替换面等工具完成涡轮增压器叶轮三维模型的创建。

✤ 素养目标
1. 能根据项目要求进行工作任务拆解，养成先思后做的职业习惯。
2. 能坚持完成涡轮增压器叶轮的三维设计任务，树立吃苦耐劳的劳动精神。
3. 能阅读和交流叶轮设计与制造流程的相关素材，感悟精益求精的工匠精神。

5.1　项目描述

📖 项目背景

涡轮增压器的起源可以追溯到 20 世纪初，当时瑞士工程师阿尔弗雷德·比希发明了一种利用排气能量驱动的涡轮。随着汽车工业的发展，涡轮增压技术逐渐应用于汽车发动机，以提高发动机的功率和转矩，同时节约汽油并减少碳排放。增压器叶轮作为涡轮增压器的核心部件之一，其性能结构随着实践经验的积累不断演进，促进了涡轮增压技术的不断进步。

1. 增压器叶轮的作用

如图 5-1 所示，涡轮增压器的主要作用是利用发动机排气时的能量，通过增压器叶轮将这部分能量转化为压缩空气的动力，从而提高发动机的进气量，使发动机在相同排量的情况下产生更大的功率。增压器叶轮在这一过程中起到了至关重要的作用。

2. 增压器叶轮的功能

增压器叶轮的主要功能有两个方面。

1）将排气能量转化为压缩空气的动力：当发动机工作时，排气气流通过增压器叶轮使叶轮旋转。叶轮的旋转带动压气机叶轮，将进入的空气压缩，增大空气密度，从而提高发动机的进气量。

2）保持涡轮增压器的平衡：增压器叶轮与压气机叶轮通过轴连接，形成一个整体。叶轮的旋转使整个涡轮增压器保持平衡，确保其在高速运转时的稳定性。

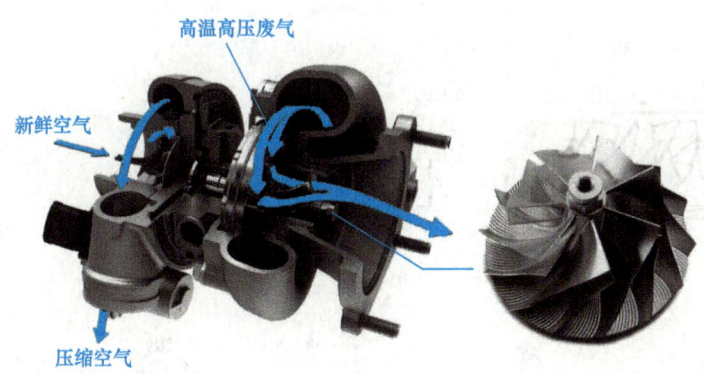

图 5-1 涡轮增压器

3. 增压器叶轮的结构特点

增压器叶轮的结构主要包括以下两个部分。

1）叶轮基轴：叶轮基轴是叶轮的基础结构，通常由高强度材料制成，以承受排气气流的高速冲击。

2）叶轮叶片：叶片是增压器叶轮的核心部分，其形状、数量和角度对叶轮的性能有很大影响。叶片的设计需要兼顾强度、重量和空气动力学性能，以实现最佳的能效转换。

4. 增压器叶轮对增压功能的影响

增压器叶轮对增压功能的影响主要体现在以下几个方面。

1）叶片数量：叶片数量直接影响到叶轮的增压效果。一般来说，叶片数量越多，叶轮的增压效果越好，能更有效地将排气能量转化为压缩空气的动力。

2）叶片角度：叶片的角度对叶轮的增压功能也有重要影响。适当的角度可以使排气气流在叶片间产生更大的压力差，从而提高叶轮的增压效果。

3）叶片形状：叶片的形状对空气动力学性能有很大影响。优化的叶片形状可以减少气流在叶片间的损失，提高叶轮的增压效果。

> **引导问题 1：**
> 通过对项目背景的分析，你认为增压器叶轮产品有哪些结构特征？

_____

_____

_____

项目要求

1）仔细分析涡轮增压器叶轮的整体外形和细节轮廓特征。

2）根据每个特征的轮廓特点，选用合适的草图和特征工具，制定涡轮增压器叶轮的建模计划。

3）根据计划，独立完成涡轮增压器叶轮的三维建模，参见图 5-2。

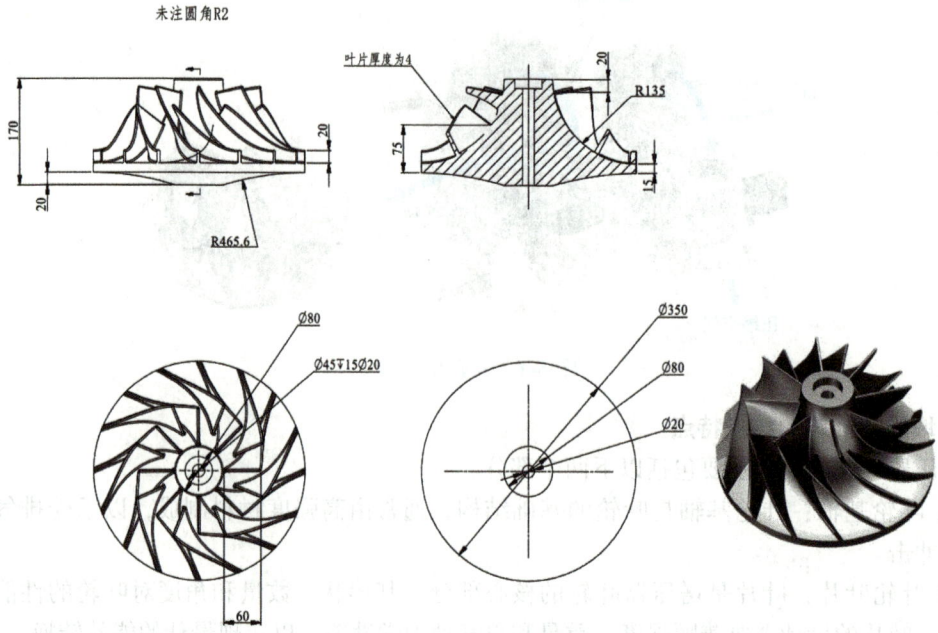

图 5-2　涡轮增压器叶轮参考外形

5.2　项目分析

引导问题 2：
通过对项目描述的分析，你认为该产品结构特征对应的特征工具是什么？

根据以上分析，你认为该产品的建模需要哪些步骤？请把你的计划写出来。

5.3　项目实施

5.3.1　工作任务拆解

涡轮增压器
叶轮特征建模

1）涡轮增压器叶轮产品主要由叶轮主体、大叶片、副叶片、孔、倒角等特征组成。

2）建模时可按照从大到小的顺序，依次完成各特征的创建，注意有重复的特征（如大小叶片）可充分利用阵列工具完成创建。

3）通过真实着色赋予叶轮金属材质。整个项目的工作任务拆解如图 5-3 所示。

项目 5 涡轮增压器叶轮的三维建模

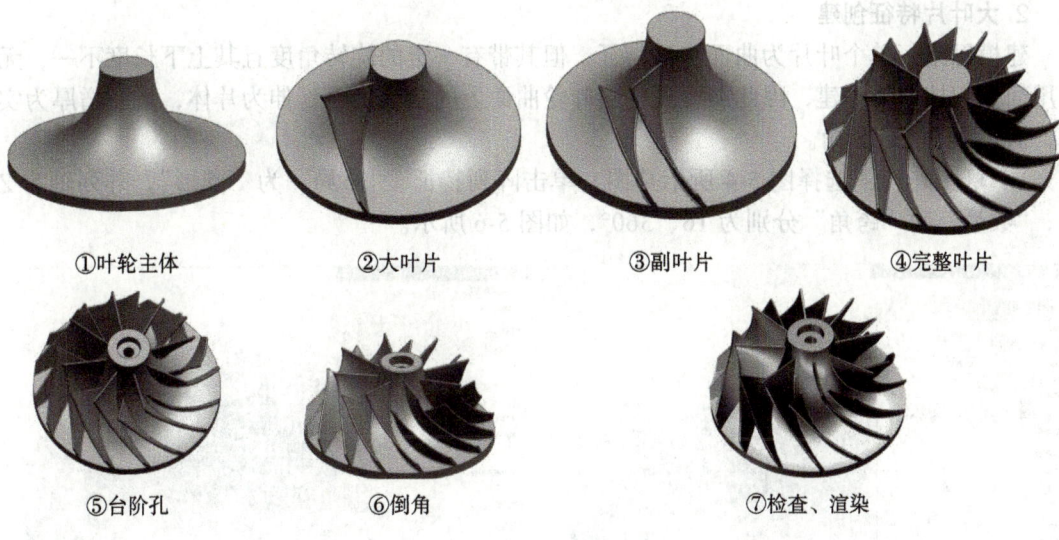

① 叶轮主体　② 大叶片　③ 副叶片　④ 完整叶片

⑤ 台阶孔　⑥ 倒角　⑦ 检查、渲染

图 5-3　工作任务拆解

通过以上分析，本项目的工作内容主要包括产品特征建模及产品渲染两个部分。

5.3.2　特征建模

1. 叶轮主体特征创建

建模思路：叶轮主体为回转特征，可直接用其轮廓草图旋转创建，要注意草图的轴线选择及尺寸约束。

1) 草图创建：单击"草图"按钮，选择基准坐标系 YZ 平面，创建叶轮主体的草图，注意添加两个用于定位大叶片和副叶片高度的点（尺寸 22 和 75），如图 5-4 所示。

2) 旋转特征：单击 旋转，选择上一步的草图，设置旋转轴为 Z 轴，并设置角度为 360°，将其旋转形成上法兰主体，即可获得叶轮主体特征，如图 5-5 所示。

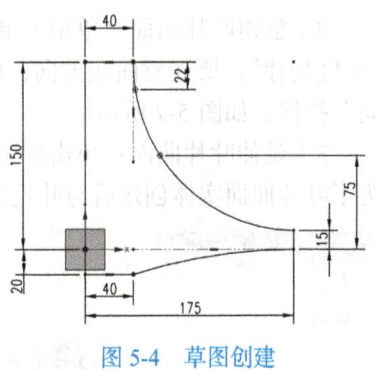

图 5-4　草图创建

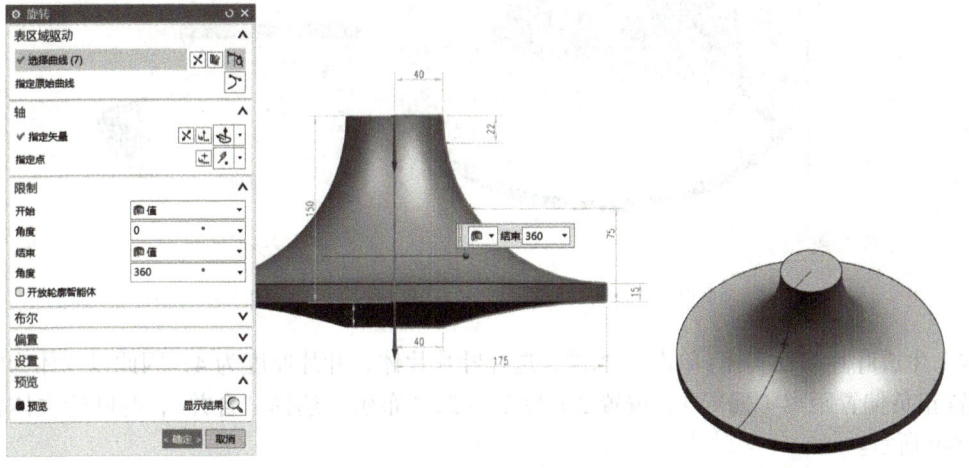

图 5-5　旋转特征

2. 大叶片特征创建

建模思路：单个叶片为曲面实体特征，但其带有一定的旋转角度且其上下长度不一，无法用简单扫掠特征创建，因此需要先构建叶轮曲面上的曲线，再延伸为片体，最后增厚为实体，对边缘进行倒圆角。

1）草图阵列：选择图 5-4 所示草图，单击阵列特征，"布局"为"圆形"，阵列轴为 Z 轴，"数量"和"跨角"分别为 16、360°，如图 5-6 所示。

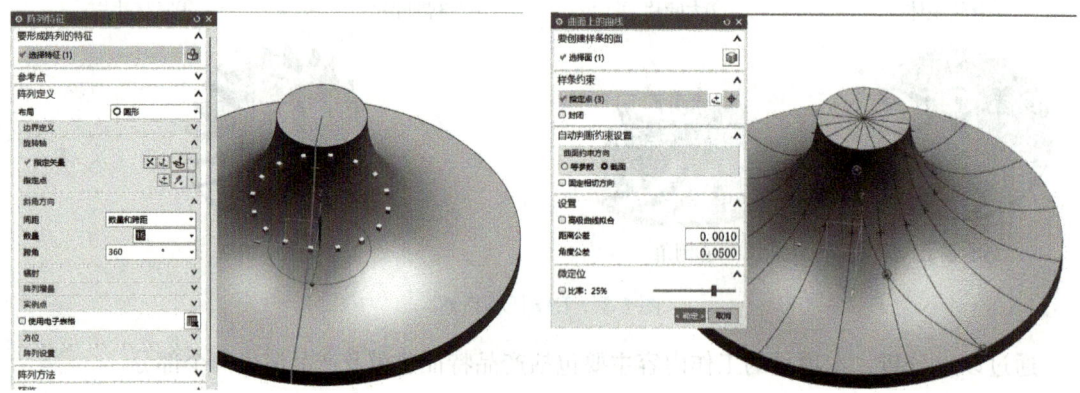

图 5-6　草图阵列

2）创建叶片曲面：单击 规律延伸，选择上一步的叶片曲线，分别设置"长度规律"和"角度规律"，要注意曲线方向，叶片上面长，下面短，如果生成的结果相反，则要单击"反向"按钮，如图 5-7 所示。

3）延伸叶片曲面：单击 延伸片体，选择曲面的两条边，设置偏置距离为 5，此设置是为了叶片曲面实体创建后与叶轮主体进行布尔运算，如图 5-8 所示。

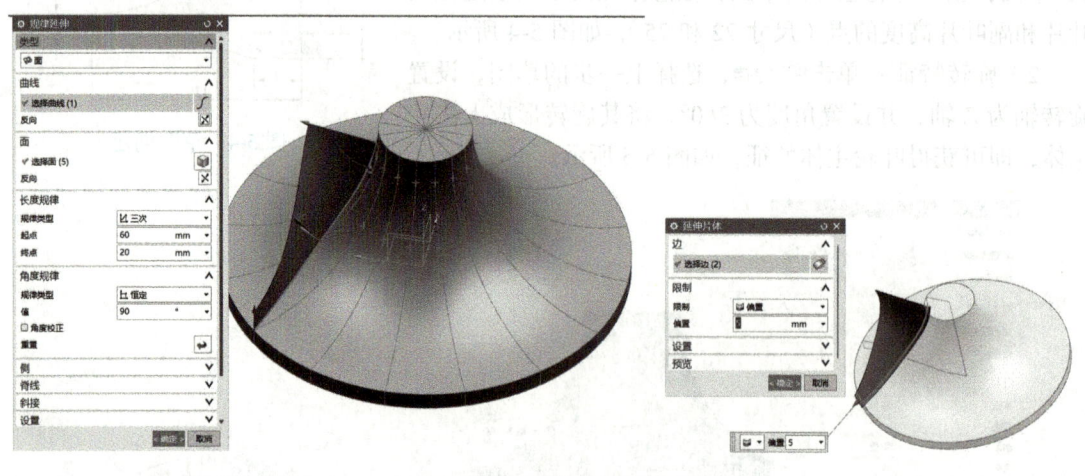

图 5-7　创建叶片曲面　　　　　　　　图 5-8　延伸叶片曲面

4）生成叶片曲面实体：单击 加厚，选择叶片片体，叶片厚度为 4，因此以片体为中心，可设置正负偏置距离（偏置1、偏置2）为 2、-2，"布尔"选择"合并"，与叶轮主体合并，如图 5-9 所示。

5）修剪叶片：叶片延伸之后会超过叶轮外缘，可拉伸切除其超出部分，也可利用替换面，将叶片超出部分替换成叶轮的圆柱面。先单击 替换面，"原始面"选择叶片突出部分，"替换面"选择圆柱面，预览确定即可，如图 5-10 所示。

6）叶片边缘倒圆角：单击 边倒圆，选择需要倒圆角的边，设置"半径 1"为 2。注意先进行叶片顶端边缘的倒圆角，再进行叶片与主体相交线处的倒圆角，如图 5-11 所示。

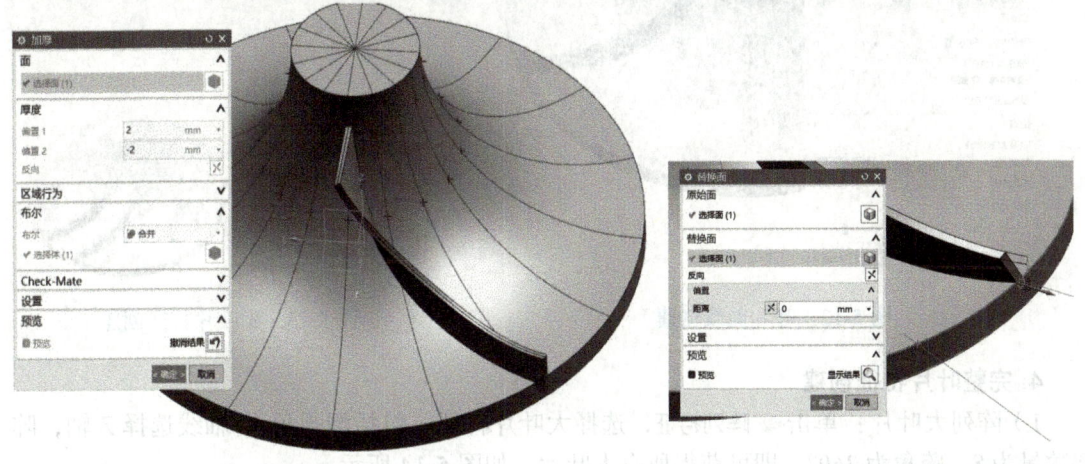

图 5-9 生成叶片曲面实体　　　　　　　　　　图 5-10 修剪叶片

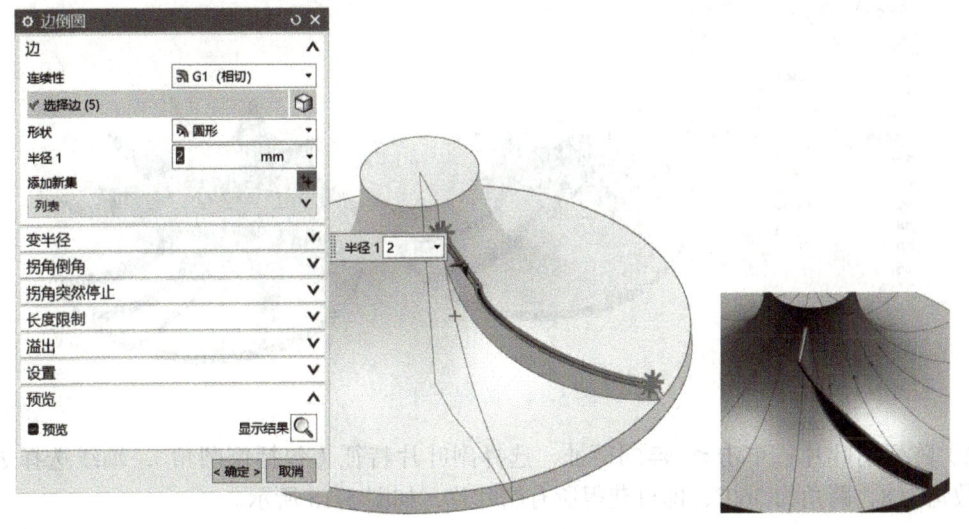

图 5-11 叶片边缘倒圆角

3. 副叶片特征创建

建模思路：该副叶片与大叶片特征相似，因此建模过程与大叶片基本相同，要注意其曲线的创建。

1）叶片曲线创建：单击 曲面上的曲线，第一点选择草图上的叶片顶点，第二点在相邻的草图线上，第三点是另一个草图线上的端点，如图 5-12 所示。

2）叶片实体特征创建：参照大叶片特征的创建步骤 2）~步骤 6），完成副叶片特征的创建，如图 5-13 所示。

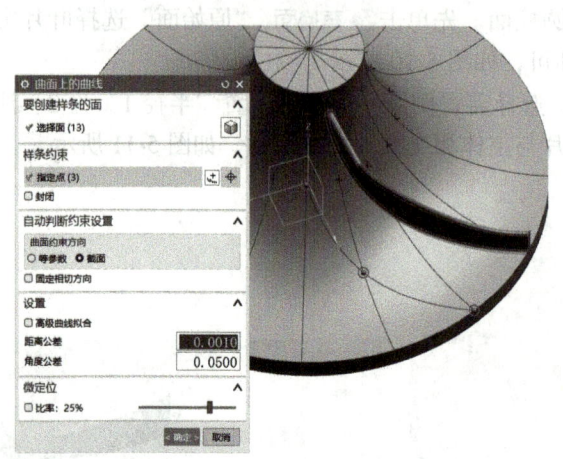
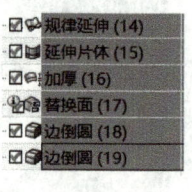
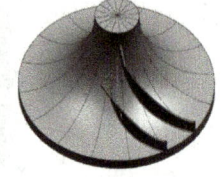

图 5-12　叶片曲线创建　　　　　　　图 5-13　副叶片特征创建

4. 完整叶片特征创建

1）阵列大叶片：单击 阵列特征，选择大叶片特征（包括倒圆角），轴线选择 Z 轴，阵列数量为 8，跨角为 360°，即可获得所有大叶片，如图 5-14 所示。

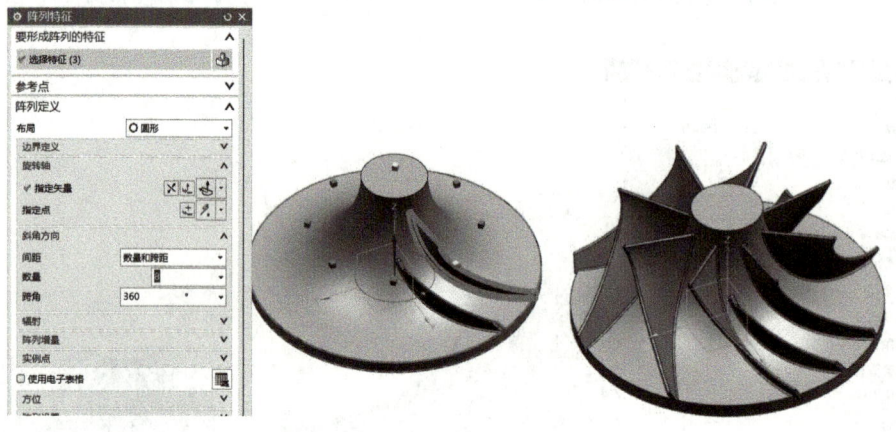

图 5-14　阵列大叶片

2）阵列副叶片：单击 阵列特征，选择副叶片特征（包括倒圆角），轴线选择 Z 轴，阵列数量为 8，跨角为 360°，即可获得所有副叶片，如图 5-15 所示。

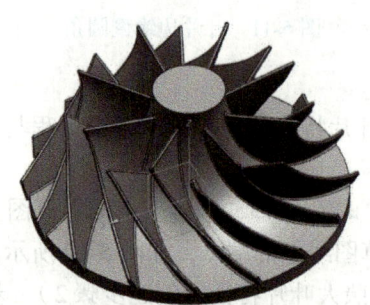

图 5-15　阵列副叶片

3）可以看到其他叶片边缘有突出的部分，原因是替换面无法阵列，所以要单独完成这些突出部分的处理，分别将其替换成叶轮外圆柱面，如图 5-16 所示。

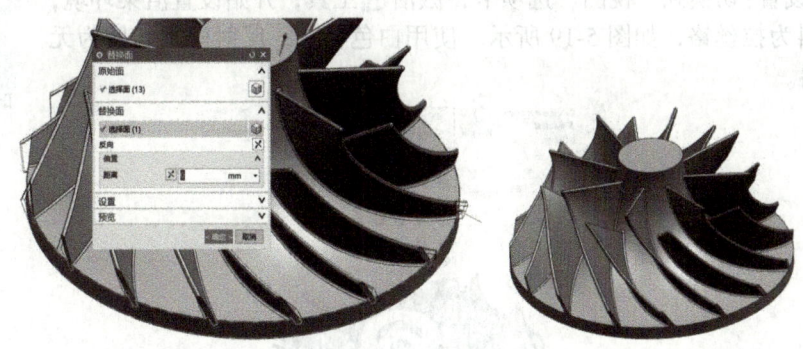

图 5-16　处理突出部分

5. 台阶孔特征创建

1）创建通孔：单击"孔"按钮，选择叶轮顶面的圆心，设置"类型"为"常规孔"，"成形"为"沉头"，尺寸："沉头直径"为 45，"沉头深度"为 15，"直径"为 20，"深度限制"为"贯通体"，如图 5-17 所示。

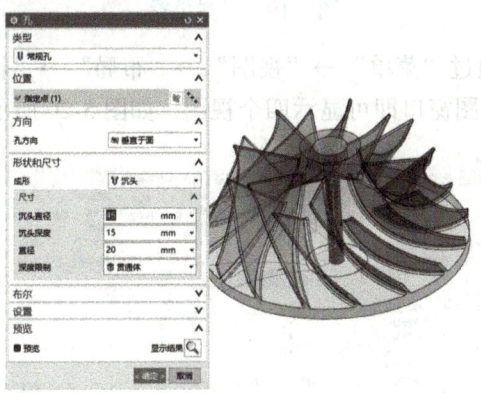

图 5-17　创建通孔

2）倒圆角：使用倒角工具，为叶轮顶面边缘倒圆角，"半径 1"为 2，如图 5-18 所示。

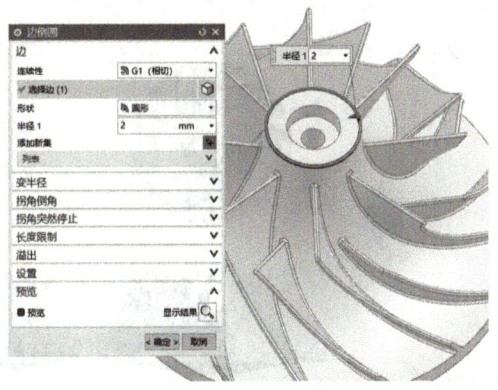

图 5-18　倒圆角

5.3.3 产品渲染

1）材料设置：切换到"视图"选项卡，激活工具，开始设置渲染环境，选择全局材料为拉丝铬，如图 5-19 所示。使用白色背景，反射样式切换为无反射、无栅格。

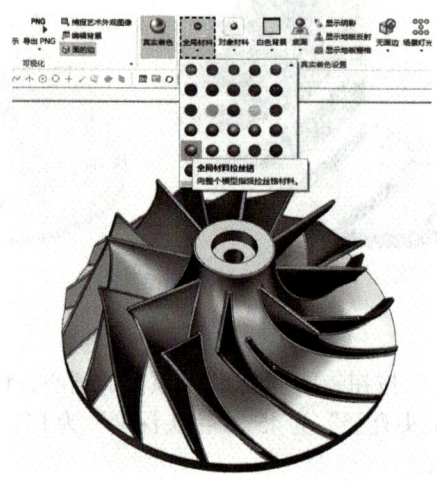

图 5-19　材料设置

2）多个视角展示：通过"菜单"→"视图"→"布局"→"新建"→"新建布局"（选择 2×2，4 视图布局），视图窗口即可显示四个视图，如图 5-20 所示。

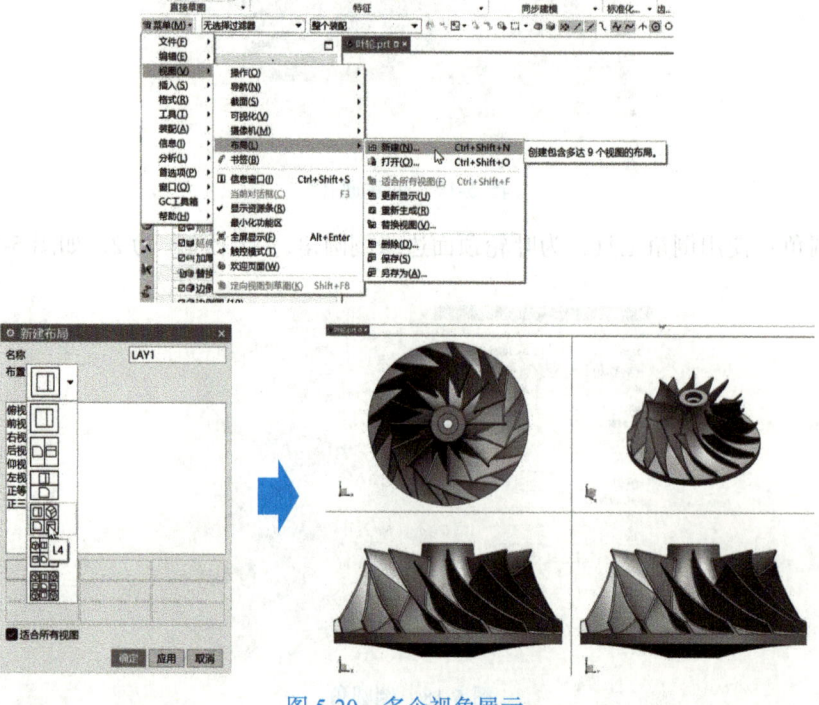

图 5-20　多个视角展示

如果其中视图需要调整，则可直接在该视图单击右键，通过快捷菜单调整视图的样式，如图 5-21 所示。调整后的四个视图如图 5-22 所示。

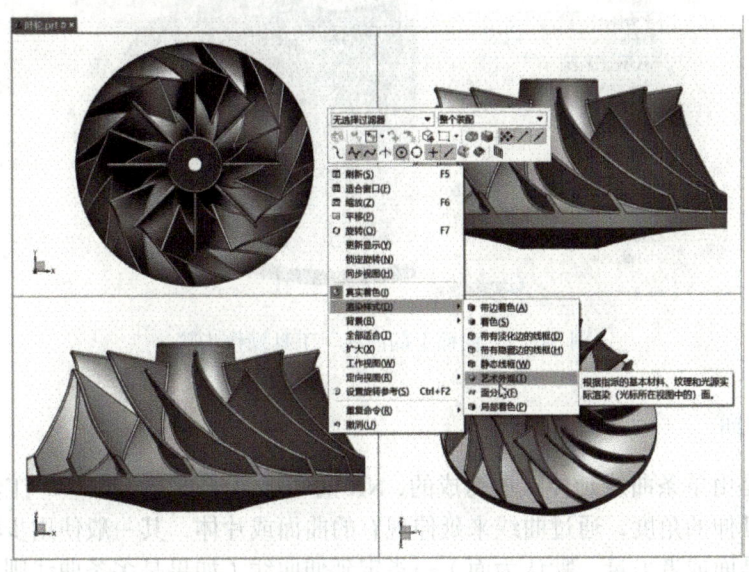

图 5-21 调整视图

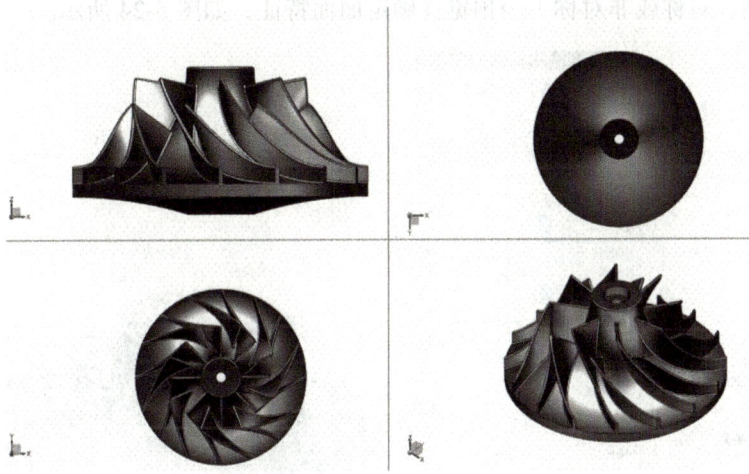

图 5-22 调整后的视图

5.4 知识链接

5.4.1 曲面上的曲线

在产品设计中很多曲面是由曲面上的曲线所生成的，因此需要在曲面上绘制曲线。NX 为用户提供了"曲面上的曲线"工具，可直接在一个或多个曲面上创建样条曲线。其使用步骤为：指定曲线所在的曲面→指定样条曲线上的点（样条曲线可以选择封闭）→设置约束方式（指定曲面约束方向，默认为截面）→预览并确定曲线特征，如图 5-23 所示。

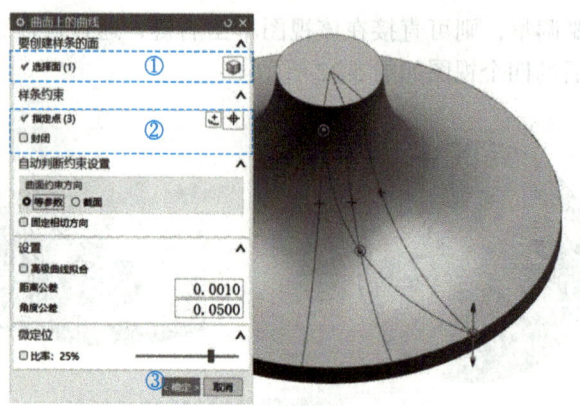

图 5-23 "曲面上的曲线"工具操作步骤

5.4.2 延伸曲面

有些曲面是由单条曲线延伸扩展而成的，NX 的"规律延伸" 规律延伸工具能根据不同的距离规律及延伸的角度，通过曲线来延伸现有的曲面或片体，其一般使用步骤为：选择延伸类型（可以是面或者矢量，默认为面）→指定延伸曲线（如果是多条曲线则必须相连）→指定延伸基准面→设置长度规律及对应的参数值→设置角度规律及对应的角度值→设置延伸侧（可以是单侧、对称或非对称）→预览并确定曲面特征，如图 5-24 所示。

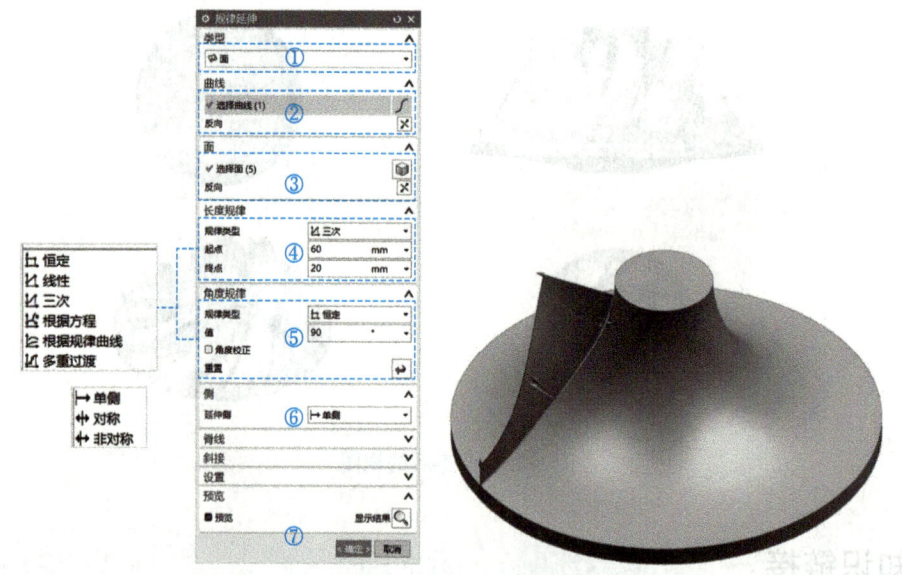

图 5-24 "规律延伸"工具一般使用步骤

5.4.3 加厚

当创建的曲面需要与实体进行布尔运算时，则需要将当前的曲面增厚，从而将其转变成为实体。NX 曲面加厚工具 加厚的一般使用步骤为：选择曲面→设置偏置数值（注意两侧方向相反，要输入正负值）→设置布尔运算方法→预览并确定，如图 5-25 所示。

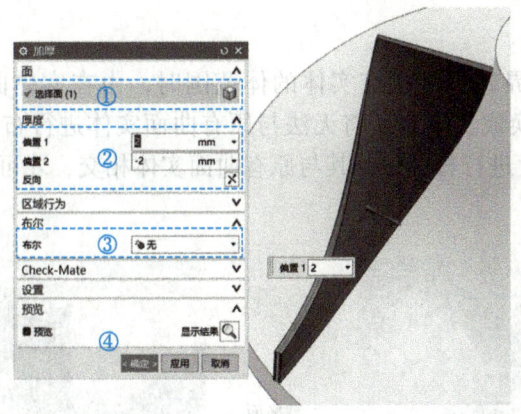

图 5-25 曲面加厚工具一般使用步骤

5.4.4 延伸片体

若曲面是由实体曲面上的曲线单侧延伸扩展而成的,那么将其转换成实体之后将无法与原有曲面实体进行布尔运算,而出现错误警报,因此需要将该曲面片进行延展,使其与原有曲面实体相交,才可进行后续布尔操作,如图 5-26 所示。

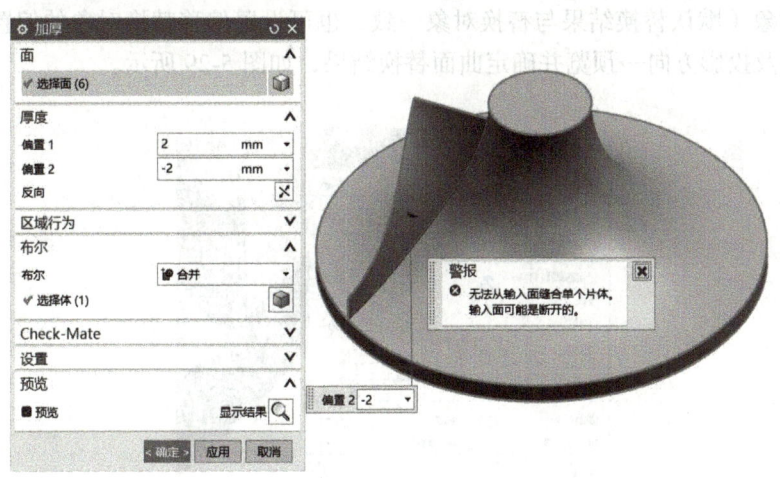

图 5-26 加厚布尔操作错误

NX 曲面延伸工具 延伸片体 的一般使用步骤为:选择曲面的边线→设置延伸距离数值(如果没有具体距离,则可根据终止位置选择直至某个选定对象)→设置曲面延伸形状、边延伸形状及片体延伸类型(默认为"延伸原片体",即扩展原有片体)→预览并确定曲面延伸特征,如图 5-27 所示。

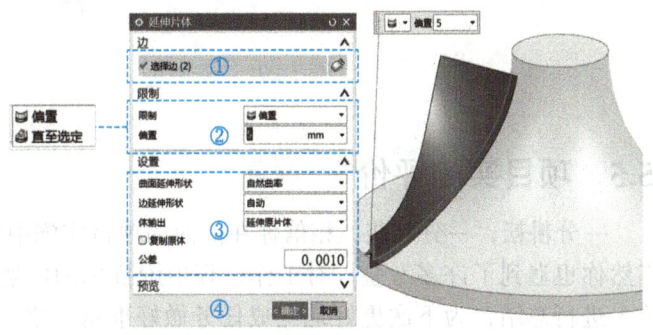

图 5-27 "延伸片体"工具一般使用步骤

5.4.5 替换面

当某个实体的面边界超出其相交实体的体范围时,由在实体曲面上的曲线单侧延伸扩展成面,那么将其转换成实体之后将无法与原有曲面实体进行布尔运算,而出现错误警报,因此需要将该曲面片进行替换,使其与原有曲面实体相交,才可进行后续布尔操作,如图 5-28 所示。

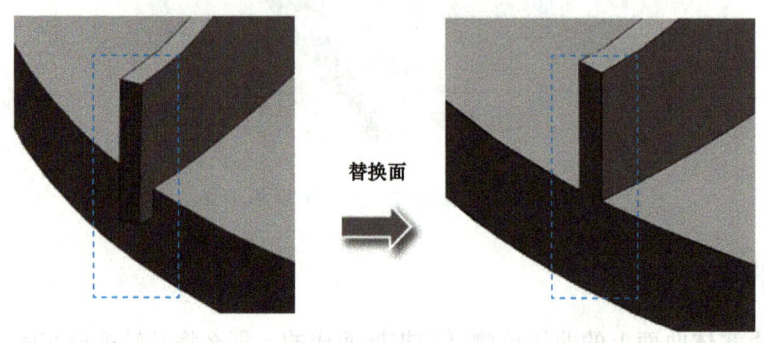

图 5-28　替换面案例

NX"替换面"工具 替换面 的一般使用步骤为:选择要被替换的面(可选多个面)→指定替换面对象(默认替换结果与替换对象一致,也可设置偏移替换对象的偏置距离)→设置延伸的类型及投影方向→预览并确定曲面替换结果,如图 5-29 所示。

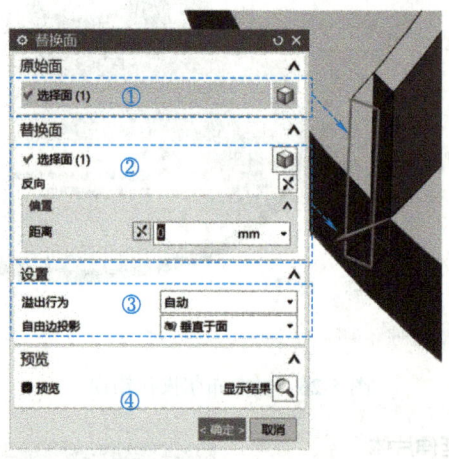

图 5-29　"替换面"工具的一般使用步骤

5.5　项目实施评价

一分耕耘,一分收获,相信你在前面的项目实施中付出的诸多努力会带来丰富的收获,当然你也遇到了许多考验。对工作过程中困扰你的问题(如产品分析问题、特征操作错误等)进行总结,为下次更好地完成任务做好准备。之后请根据表 5-1 中的评价条目及标准客观地对项目完成情况进行评价。

表 5-1　项目综合评价表

序号	考核项目		考核内容	分值	
				配分	得分
1	技能知识	图样分析	能正确识读图样，并判断涡轮增压器叶轮的产品结构特点及特征	10	
2		曲线操作	能说出"曲面上的曲线"工具的使用方法，并能创建叶片曲面特征构建所需的轮廓线	10	
3		特征创建	能说明规律延伸、延伸片体、加厚曲面、替换面工具的使用步骤和条件，并完成增压器叶轮外形特征的创建	30	
4		视觉效果	能根据产品特点，运用真实着色工具设置产品材料等视觉效果	10	
5	素养目标	工作态度	工作态度端正，不出现无故缺勤、迟到、早退现象	5	
6		职业素质	严格遵守机房管理要求，爱护计算机设备	5	
7		工匠精神	能仔细分析项目要求，制定工作计划，严格执行工作任务	10	
8		劳动精神	能独立完成本项目任务	10	
9		科技创新	能分享叶轮设计与制造流程的相关素材，感悟科创精神	10	
综合评价			技能知识	素养目标	综合得分

5.6　巩固与拓展

✎ 项目总结

叶轮叶片曲线和曲面构建是本项目的重点学习内容。单个叶片为曲面实体特征，但其带有一定的旋转角度且其上下长度不一，无法用简单扫掠特征创建，因此需要先构建叶轮曲面上的曲线，再延伸为片体，最后增厚为实体。

另外，要注意叶片实体的面边界超出其相交实体的体范围时，要利用替换面使叶片边界面与圆柱面一致。最后可通过视图布局创建多个视角的视图，充分展示所创建的产品。本项目的技能导图如图 5-30 所示。

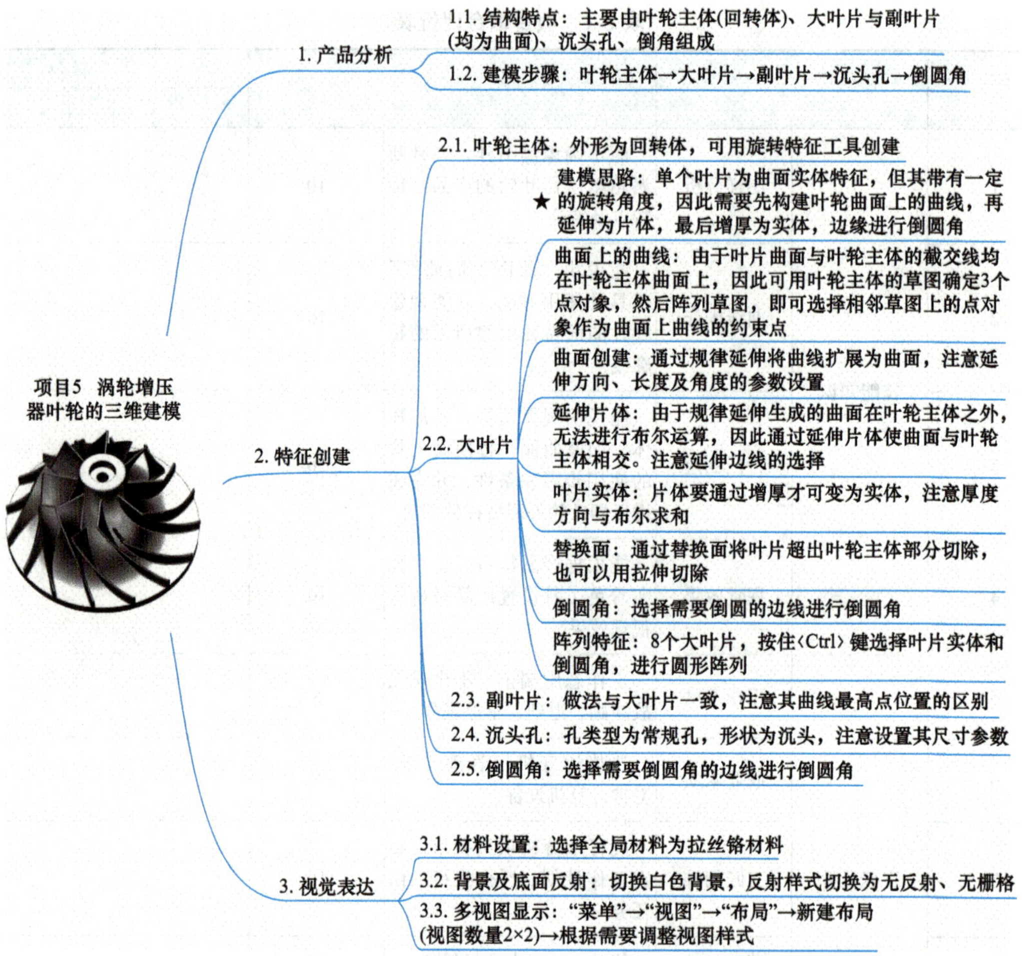

项目5 涡轮增压器叶轮的三维建模

- **1. 产品分析**
  - 1.1. 结构特点：主要由叶轮主体(回转体)、大叶片与副叶片(均为曲面)、沉头孔、倒角组成
  - 1.2. 建模步骤：叶轮主体→大叶片→副叶片→沉头孔→倒圆角

- **2. 特征创建**
  - 2.1. 叶轮主体：外形为回转体，可用旋转特征工具创建
  - 2.2. 大叶片
    - ★ 建模思路：单个叶片为曲面实体特征，但其带有一定的旋转角度，因此需要先构建叶轮曲面上的曲线，再延伸为片体，最后增厚为实体，边缘进行倒圆角
    - 曲面上的曲线：由于叶片曲面与叶轮主体的截交线均在叶轮主体曲面上，因此可用叶轮主体的草图确定3个点对象，然后阵列草图，即可选择相邻草图上的点对象作为曲面上曲线的约束点
    - 曲面创建：通过规律延伸将曲线扩展为曲面，注意延伸方向、长度及角度的参数设置
    - 延伸片体：由于规律延伸生成的曲面在叶轮主体之外，无法进行布尔运算，因此通过延伸片体使曲面与叶轮主体相交。注意延伸边线的选择
    - 叶片实体：片体要通过增厚才可变为实体，注意厚度方向与布尔求和
    - 替换面：通过替换面将叶片超出叶轮主体部分切除，也可以用拉伸切除
    - 倒圆角：选择需要倒圆的边线进行倒圆角
    - 阵列特征：8个大叶片，按住<Ctrl>键选择叶片实体和倒圆角，进行圆形阵列
  - 2.3. 副叶片：做法与大叶片一致，注意其曲线最高点位置的区别
  - 2.4. 沉头孔：孔类型为常规孔，形状为沉头，注意设置其尺寸参数
  - 2.5. 倒圆角：选择需要倒圆角的边线进行倒圆角

- **3. 视觉表达**
  - 3.1. 材料设置：选择全局材料为拉丝铬材料
  - 3.2. 背景及底面反射：切换白色背景，反射样式切换为无反射、无栅格
  - 3.3. 多视图显示："菜单"→"视图"→"布局"→新建布局(视图数量2×2)→根据需要调整视图样式

图 5-30　项目技能导图

你的经验总结：

✍ 拓展任务

学无止境，挑战自我。请使用本项目所学知识和技能，完成以下拓展任务。

如图 5-31 所示，吹风机是人们生活必备的小型电器，随着科技的进步，涡轮增压器叶轮的设计理念被引入到了高端吹风机中。吹风机叶轮的设计和材料选用不断优化，使其能够在不增加设备体积的情况下，大幅度提升风力和气流效率。这种叶轮的高效运转能够确保在短时间内将头发吹干，同时减少对头发的热损伤，另外，配备智能温控技术，可以根据不同发质调整风温，进一步保护头发健康，满足了消费者对快速、便捷及护发的多重需求。

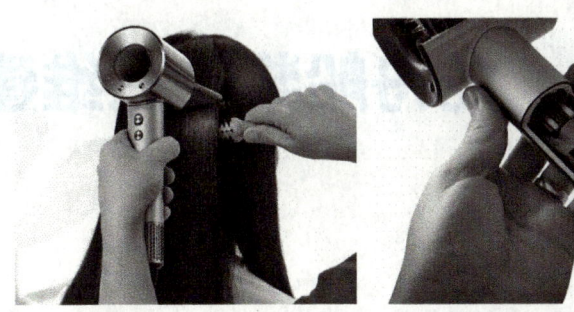

图 5-31 吹风机叶轮

请结合本项目的经验,制定工作计划,创建吹风机叶轮的三维模型,外形可参考图 5-32 中的产品样式和规格标准,并提交设计资料(包括三维模型、渲染效果图、设计说明等)。

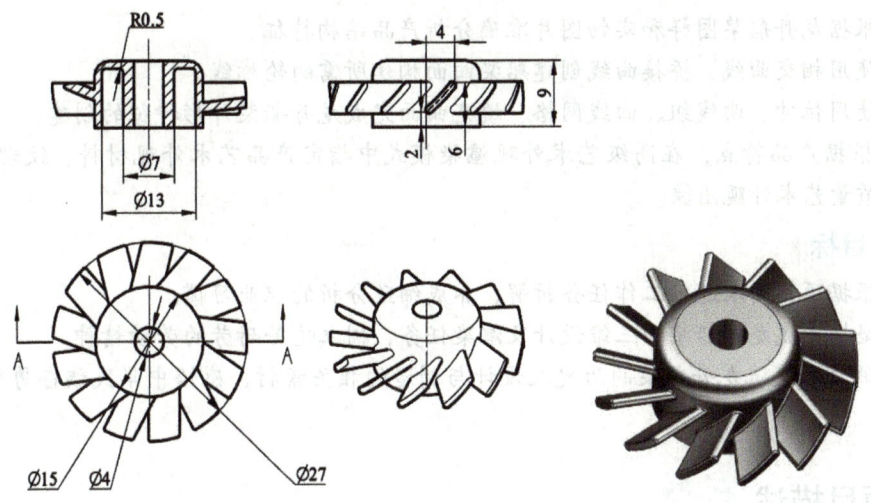

图 5-32 吹风机叶轮产品样式和规格标准

项目 6　龙舟船桨的三维建模

📖 知识目标

1. 能描述龙舟船桨产品结构特点及特征。
2. 能说出相交曲线、桥接曲线的功能及使用方法。
3. 能说明通过曲线组、曲线网格、填充曲面创建曲面的步骤和条件。
4. 能说明艺术外观任务的工作流程及常用渲染工具的使用方法。

🖱 技能目标

1. 能根据龙舟船桨图样和实物图片准确分析产品结构特征。
2. 能使用相交曲线、桥接曲线创建船桨曲面构建所需的轮廓线。
3. 能使用拉伸、曲线组、曲线网格、填充曲面完成龙舟船桨外形特征的创建。
4. 能根据产品特点,在高级艺术外观渲染模式中指定产品艺术外观材料、纹理、场景,并输出高质量艺术外观图像。

✤ 素养目标

1. 能根据项目要求进行工作任务拆解,养成细致分析的职业习惯。
2. 能坚持完成龙舟船桨的三维设计及渲染任务,树立吃苦耐劳的劳动精神。
3. 能阅读和交流龙舟船桨的历史及设计与制造的相关素材,感悟中华民族奋勇争先的优秀传统。

6.1　项目描述

📄 项目背景

龙舟作为我国传统的水上交通工具,最早可以追溯到春秋战国时期。随着时间的推移,龙舟逐渐从祭祀活动中脱离出来,成为一项独特的民俗节庆活动。划龙舟用的船桨在我国古代称为"楫",随着现代技术和先进材料的应用,我国龙舟船桨也经历了不断的改进和发展,从最初的简单木桨,到后来的多层桨叶形式,其设计越来越注重整体造型的美观舒适性与轻便坚固材料的选用,同时也追求更高的划水效率,如图 6-1 所示。

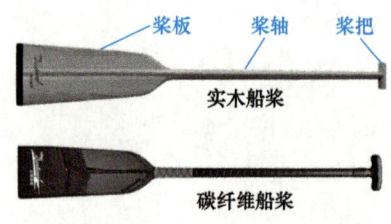

图 6-1　龙舟船桨

1. 龙舟船桨的结构功能

在龙舟比赛中，船桨的主要功能是将桨手的力量有效地传递给水，推动龙舟前进。为了实现这一目标，龙舟船桨的结构设计需要充分考虑流体动力学、材料科学和人体工程学等多方面因素。

首先，龙舟船桨的剖面形状通常采用翼型设计，这种设计有利于减小水阻，提高划水效率。同时，桨叶的长度、宽度和弯曲程度也会影响划水效果。一般来说，桨叶越长，划水面积越大，推动力越强；桨叶越宽，与水的接触面积越大，抓水效果越好；桨叶的弯曲程度则需要根据桨手的力量和技巧来调整，以达到最佳的划水效果。

其次，龙舟船桨的材料选择也十分重要。传统的龙舟船桨通常由木头制成，如杉木、香樟木等。这些木材具有轻便、坚固、耐腐蚀等特点，非常适合制作船桨。现代龙舟比赛中也有使用碳纤维等复合材料制成的船桨，这些材料具有更高的强度和刚度，有助于提高划水效率。

再者，龙舟船桨的握柄设计也需要考虑人体工程学原理。桨把握柄的形状、粗细和长度应该适合桨手的手形和握力，以便桨手能够舒适地握住桨柄，充分发挥力量。这就需要船桨在结构上具有一定的弹性，以便在划水过程中产生适当的弯曲，从而将桨手的力量有效地传递给水。

2. 龙舟船桨的意义

龙舟船桨的意义不仅在于它是龙舟前进的动力来源，更重要的是作为我国传统文化的重要象征。在端午节这个重要的民俗节日里，龙舟比赛（见图 6-2）成为人们欢聚一堂共同庆祝的盛大活动。龙舟船桨的设计和制作技艺凝聚了古代劳动人民的智慧和奋发向上的精神，展现了中华民族对美好生活的追求和向往。

图 6-2 龙舟比赛

> **引导问题 1：**
> 相信很多同学都体验过划龙舟，你认为划龙舟体现的是什么精神？

项目要求

1）仔细分析龙舟船桨的整体外形和细节轮廓特征。
2）根据每个特征的轮廓特点，选用合适的草图和特征工具，制定龙舟船桨的建模计划。
3）根据计划，独立完成龙舟船桨的三维建模，参见图 6-3。

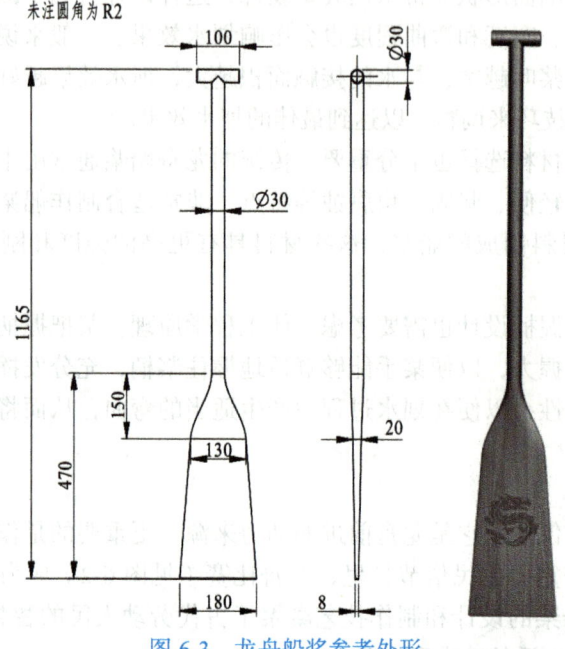

图 6-3　龙舟船桨参考外形

6.2　项目分析

> **引导问题 2：**
> 通过对项目描述的分析，你认为龙舟船桨有哪些结构特征？对应的特征工具是什么？

根据以上分析，你认为该产品的建模需要哪些步骤？请把你的计划写出来。

_____
_____
_____
_____

6.3　项目实施

6.3.1　工作任务拆解

龙舟船桨主要由桨把、桨轴、桨板、桨轴板过渡面等特征组成，其中，桨板、桨轴板过渡面均为曲面特征。建模时可按照从大到小的顺序，依次完成各特征的创建。注意在创建曲面前要分析曲面的特点和类型，再选择合适的曲面工具进行创建。最后通过外观渲染赋予船桨所需材质。龙舟船桨整个项目的工作任务拆解如图 6-4 所示。

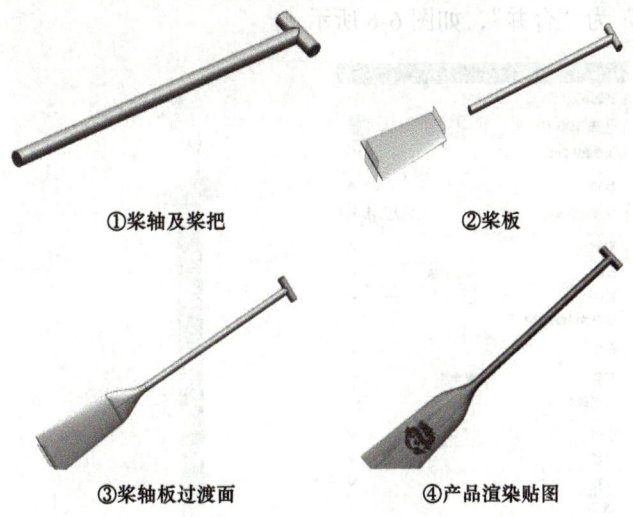

①桨轴及桨把　　　　②桨板

③桨轴板过渡面　　　　④产品渲染贴图

图 6-4　工作任务拆解

通过以上分析，本项目的工作内容主要包括特征建模、效果渲染（包含 logo 贴图）两个部分。

6.3.2　特征建模

1. 桨轴及桨把特征创建

建模思路：桨轴及桨把均为圆柱特征，可直接用圆形轮廓拉伸创建，要注意草图平面的位置选择。

1）桨轴特征：选择基准坐标系 XY 平面，创建桨轴特征的草图为 φ30 的圆，完成之后直接拉伸，设置方向为 Z 轴方向，拉伸尺寸为 680，如图 6-5 所示。

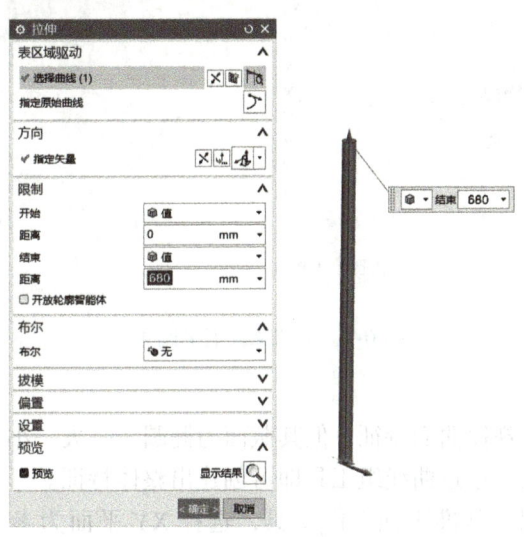

图 6-5　桨轴特征

2）桨把特征：选择基准坐标系 YZ 平面，创建桨把特征的草图为距离 XY 平面 680 的 ϕ30 圆，完成之后直接拉伸，设置方向为垂直于草图平面方向，拉伸尺寸为对称 50（总长 100），并设置"布尔"为"合并"，如图 6-6 所示。

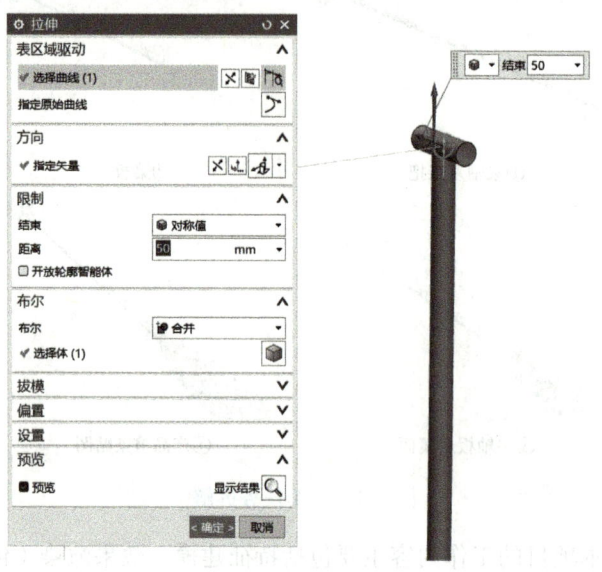

图 6-6　桨把特征

3）桨轴及桨把倒圆角：选择桨把边缘和桨轴及桨把交界线，设置圆角半径为 2，如图 6-7 所示。

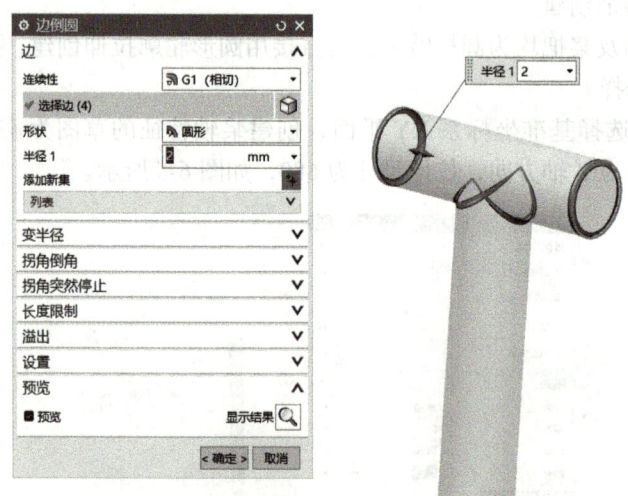

图 6-7　桨轴及桨把倒圆角

2. 桨板特征创建

建模思路：该桨板为规律曲面特征，但其截面为椭圆，一大一小，因此可以在桨板的上、下两端创建对应草图，然后通过曲线组工具即可创建出整体特征。

1）基准平面：使用"基准平面"工具，选择 XY 平面为参考，分别设置 Z 向距离为 –150、–470，用于桨板上端及下端截面草图的绘制，如图 6-8 所示。

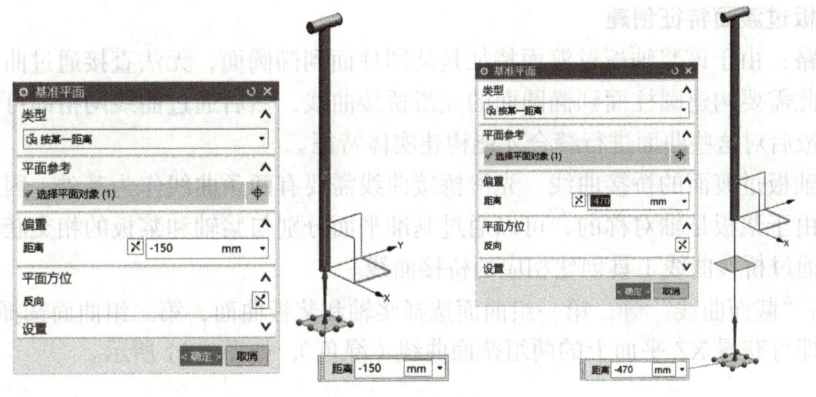

图 6-8　基准平面

2）桨板截面草图：在桨板上端的平面创建大半径为 10、小半径为 65 的椭圆；在桨板下端的平面创建大半径为 4、小半径为 90 的椭圆，完成草图，如图 6-9 所示。

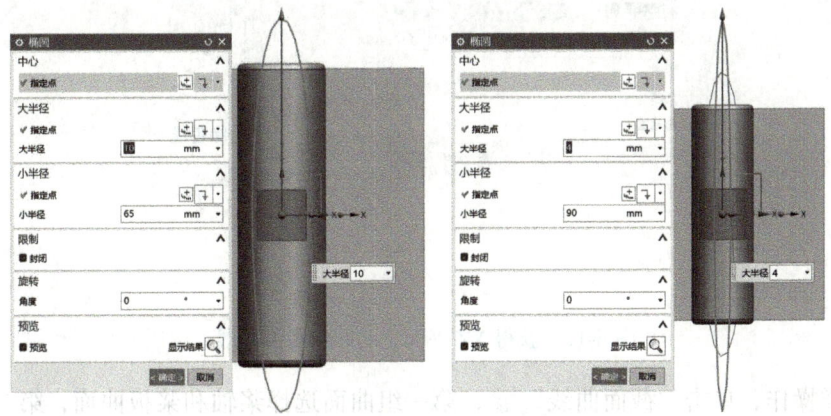

图 6-9　桨板截面草图

3）创建桨板特征：单击"通过曲线组"，分别选择上一步创建的两个椭圆为截面 1 曲线和截面 2 曲线，其他设置使用默认参数，如图 6-10 所示。

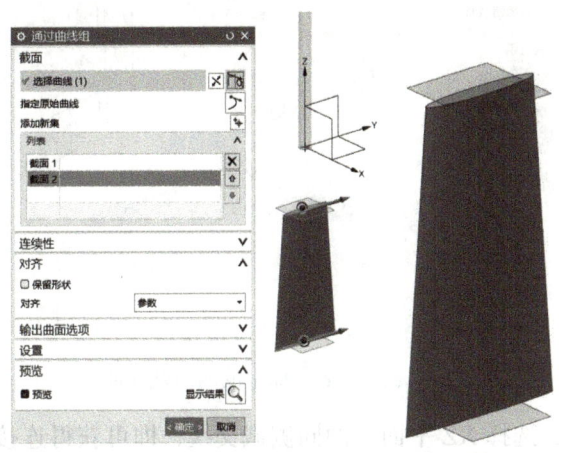

图 6-10　创建桨板特征

3. 桨轴板过渡面特征创建

建模思路：由于该桨轴板过渡面特征是从圆柱面到椭圆面，无法直接通过曲线组特征工具完成，因此需要构建圆柱面到椭圆面的光滑桥接曲线，然后通过曲线网格即可创建出整体曲面特征，最后对这些曲面进行缝合才能构建实体特征。

（1）桨轴板过渡面的桥接曲线 光滑桥接曲线需要有两条曲线作为基础，因此要先创建基础曲线。由于桨板是轴对称的，可以通过基准平面分别与桨轴和桨板的相交获得两组截面曲线，最后通过桥接曲线工具创建相应的桥接曲线。

1）单击"截面曲线" ，第一组曲面选择桨轴和桨板曲面，第二组曲面选择 XZ 基准平面，确定，即可获得 XZ 平面上的两组截面曲线（绿色），如图 6-11 所示。

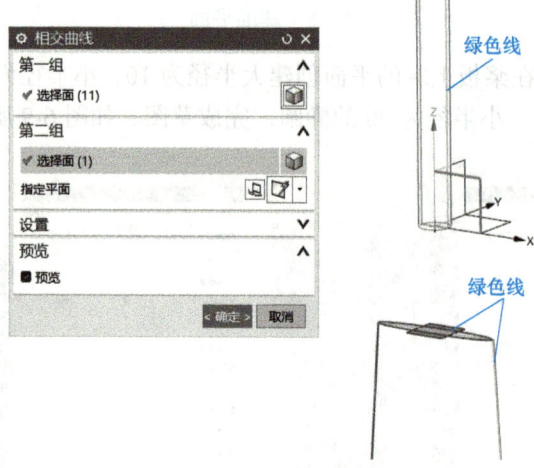

图 6-11 获得 XZ 平面上的两组截面曲线

2）同样操作，单击"截面曲线" ，第一组曲面选择桨轴和桨板曲面，第二组曲面选择 YZ 基准平面，确定，即可获得 YZ 平面上的两组截面曲线，如图 6-12 所示。

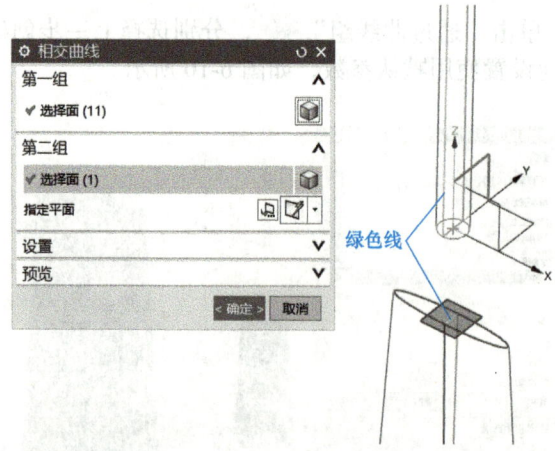

图 6-12 获得 YZ 平面上的两组截面曲线

3）单击 桥接曲线 ，选择 XZ 平面上的同侧截交线，即可获得连接桨轴和桨板同一平面的截面线的光滑桥接曲线，如图 6-13 所示。

4）按同样的方法，单击 桥接曲线，选择 YZ 平面上的同侧截交线，确定，获得另一桥接曲线如图 6-14 所示。

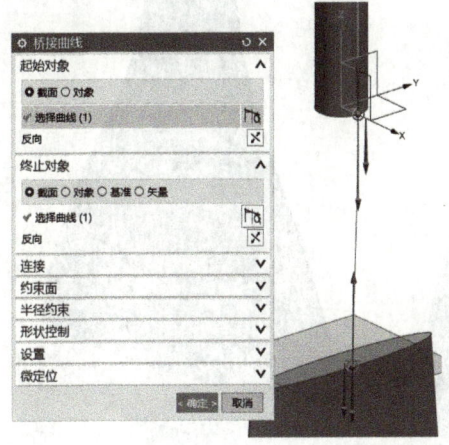
图 6-13　桥接曲线 1

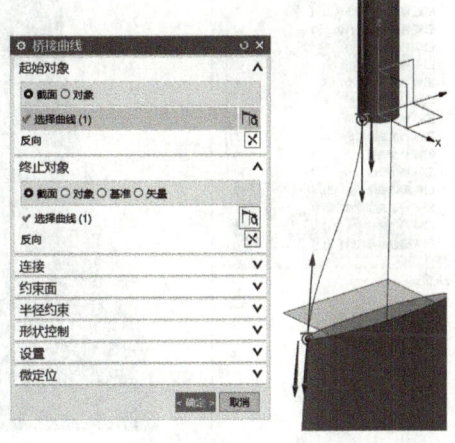
图 6-14　桥接曲线 2

5）接着再按照同样的步骤，创建其他两条桥接曲线，如图 6-15 所示。

（2）曲面构建

1）单击"曲线网格" ，"主曲线"分别选择桨轴和桨板同侧的上、下两条 1/4 弧线，"交叉曲线"为两条相邻的桥接曲线，并设置"连续性"为"第一主线串""G1（相切）"，与桨轴相切，"最后主线串""G1（相切）"，与桨板相切，如图 6-16 所示。

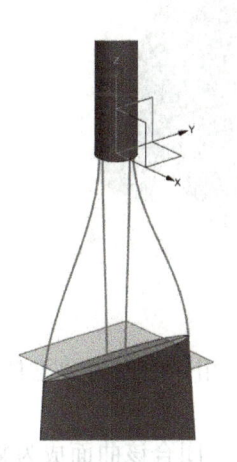
图 6-15　其他两条桥接曲线

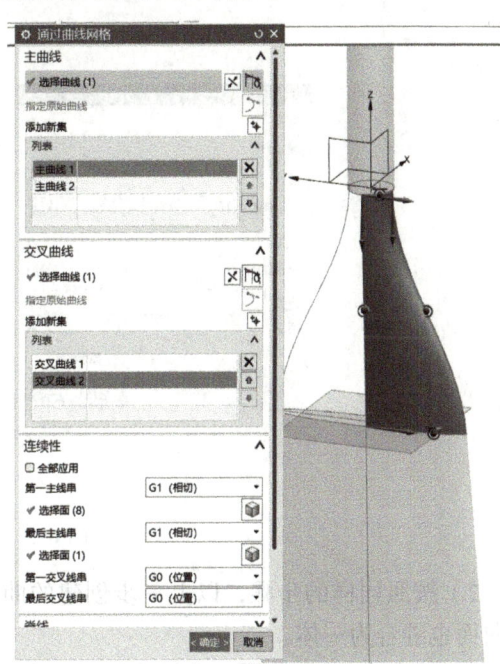
图 6-16　曲面构建 1

2）创建其他三个曲面，如图 6-17 所示。

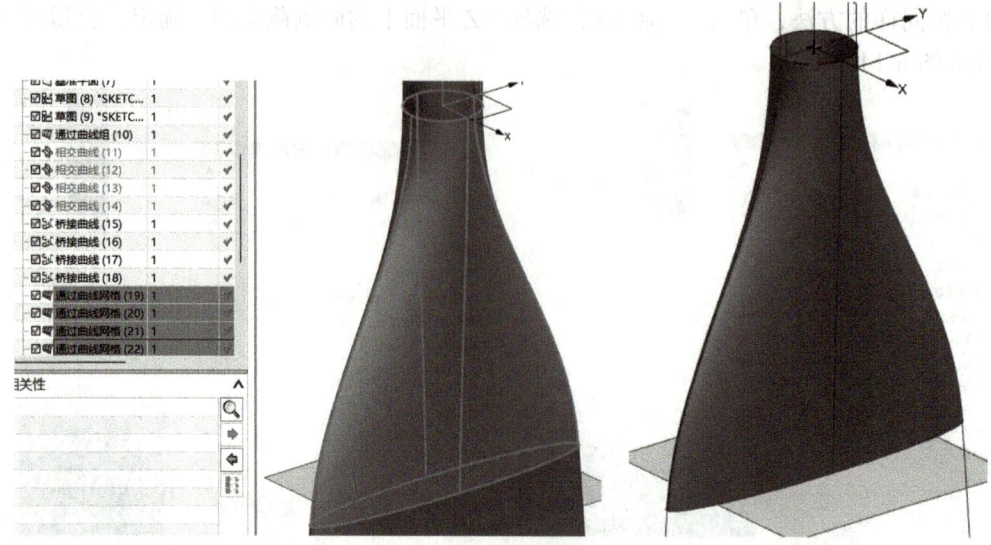

图 6-17　曲面构建 2

（3）桨轴板过渡面特征创建　由于上一步完成的只是曲面，不是实体，所以需要先将四个曲面缝合，再与桨轴和桨板上、下端面进行缝合才能构成实体。

1）单击 缝合，分别选择其中两个曲面为"目标"和"工具"，预览结果，没问题即可确定，如图 6-18 所示。可以通过选择曲面来检查是否形成一整体。

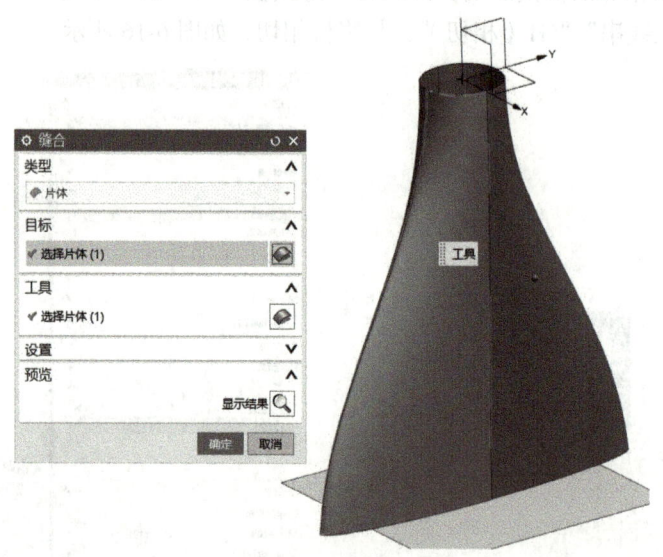

图 6-18　曲面缝合

2）按照同样的步骤，以上一步创建的曲面为"目标"，相邻曲面为"工具"，依次把其余曲面也缝合为一体。

3）单击 填充曲面，选择桨轴下端面的圆，进行填充，闭合该曲面成为桨轴板过渡面特征的上端面。按同样的方法，选择闭合桨板上端面的椭圆，进行填充，闭合该曲面成为桨轴板过渡面特征的下端面，如图 6-19 所示。

项目 6　龙舟船桨的三维建模

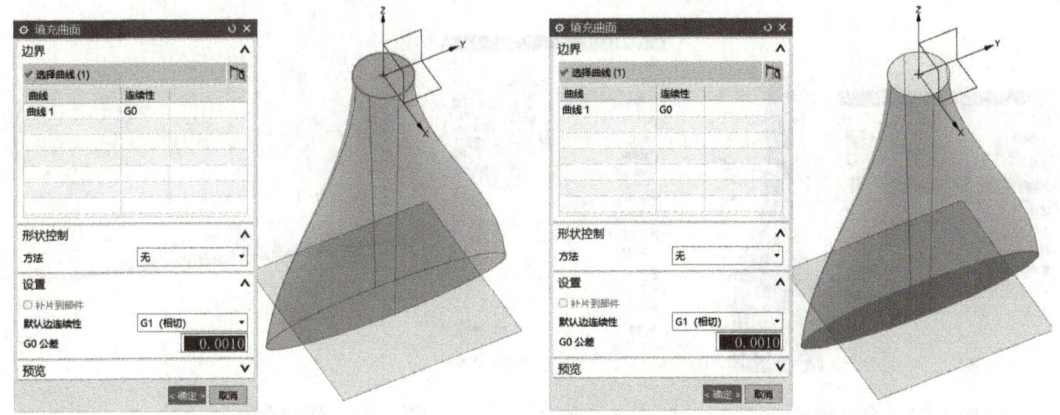

图 6-19　填充（闭合）曲面

4）单击 缝合，分别选择上面步骤中四个曲面缝合的过渡曲面和桨轴板过渡面特征的上端面进行缝合。完成之后，按照同样的方法，分别选择刚才缝合后的曲面和桨轴板过渡面特征的下端面进行缝合。最后的结果是实体特征，如图 6-20 所示。

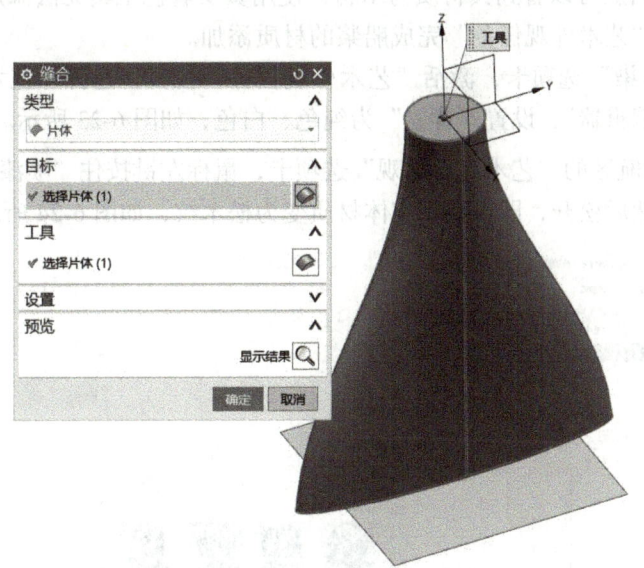

图 6-20　缝合曲面和上下端面

> **知识提点：**
> 如果缝合的曲面构成一个封闭空间，则软件会自动将这个空间转变成实体。可通过创建剪切截面视图来观察是否为实体特征。

（4）合并特征　选择 合并，"目标"选择桨轴，"工具"选择桨板和上步创建的实体，合并后再与桨轴合并，最终将过渡面特征与桨轴和桨板合并为一体，如图 6-21 所示。

（5）倒圆角　对桨板底部边缘倒圆角，设置半径为 0.2，如图 6-22 所示。

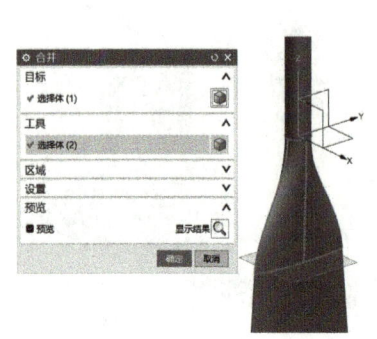
图 6-21 合并特征

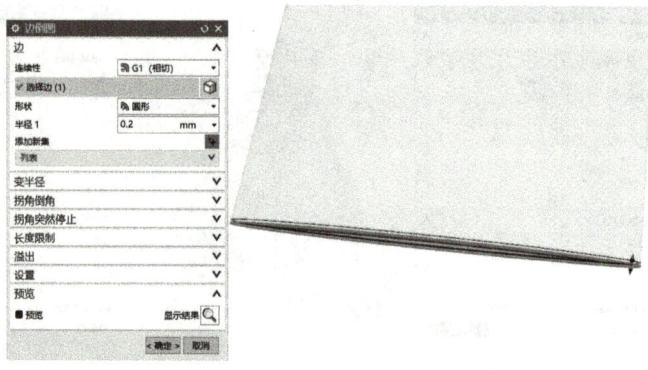
图 6-22 倒圆角

6.3.3 产品渲染

1. 材料设置

从划桨的产品图上可以看到其材质为木材，使用真实着色工具无法添加该材质，因此可通过"艺术外观任务"完成船桨的材质添加。

1) 切换到"渲染"选项卡，激活"艺术外观任务"工具，选择"艺术外观设置"→"场景编辑器"，设置"背景"为纯色、白色，如图 6-23 所示。

2) 单击打开导航区的"艺术材料外观"选项卡，鼠标左键按住"喷漆松木"图标，将其拖放到特征上，然后松开，即可看到实体材质变为松木纹，如图 6-24 所示。

龙舟船桨的产品渲染

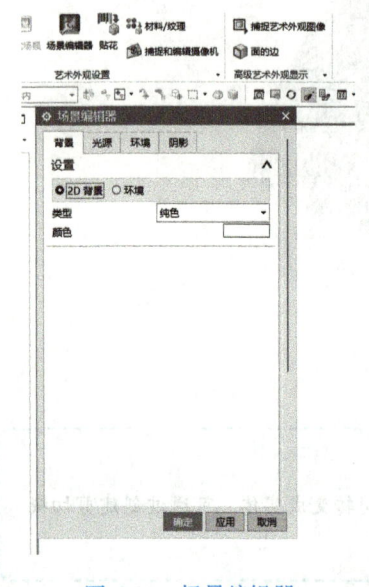
图 6-23 场景编辑器

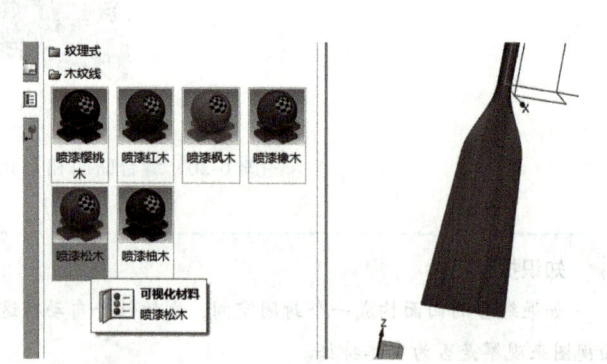
图 6-24 使用松木纹

2. 贴花图片添加

单击"贴花"图标，选择素材图片（龙图腾），对象选择桨板曲面，然后设置锚点位置和缩放比例，预览效果，如果位置和大小不符合要求，可调整相应参数，如图 6-25 所示。

项目 6　龙舟船桨的三维建模

图 6-25　贴花图片添加

3. 高质量渲染图片输出

单击 ![icon] 光线追踪艺术外观，会出现渲染窗口，不断迭代渲染时间。如果要输出高质量图片，可通过 ![icon] 捕捉艺术外观图像设置输出图片大小、质量和路径，保存渲染后的图片，如图 6-26 所示。

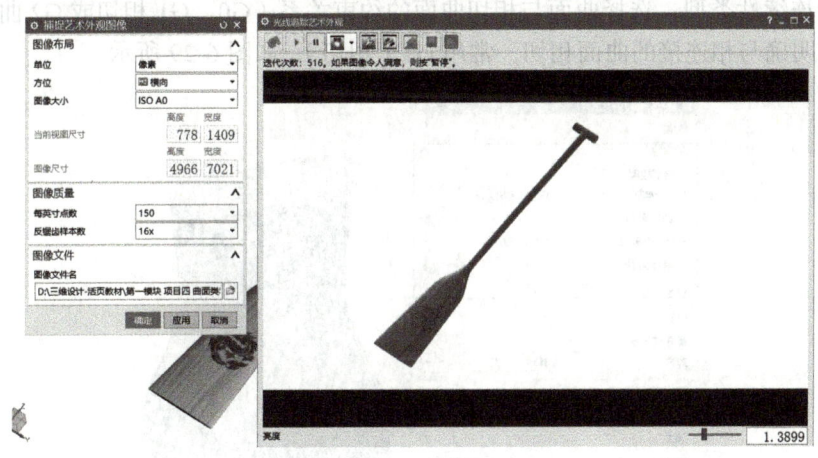

图 6-26　高质量渲染图片输出

6.4　知识链接

6.4.1　通过曲线组创建曲面

（1）曲线组曲面结构特点及曲面创建原理　如果曲面沿某个方向的不同位置截面轮廓相似，那么这个曲面就是典型的曲线组曲面，可以将其拆解成不同的曲线轮廓，再分别用这些曲线轮廓进行拟合。NX 软件"通过曲线组"工具的建模原理是通过多个截面创建实体或曲面，曲面形状会根据截面形状发生变化以穿过每个截面，最终构成完整曲面，如图 6-27 所示。

（2）通过曲线组创建曲面的操作步骤

"通过曲线组"工具的一般操作步骤如下。

1）截面线组添加：单击选取首个截面线作为"原始曲线"，其他截面线通过"添加新集"依次选择，如图 6-28 所示。

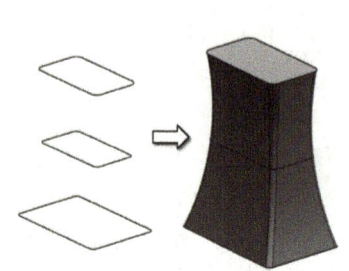

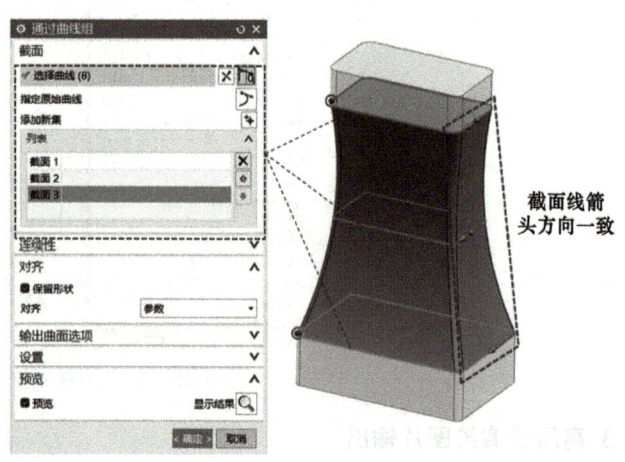

图 6-27　通过曲线组　　　　　　　图 6-28　选择截面曲线

2）设置连续性类型：选择曲面与相切曲面的约束关系（G0、G1 相切或 G2 曲率），默认为 G0，如果明确与相连接的曲面相切，常用 G1（相切），如图 6-29 所示。

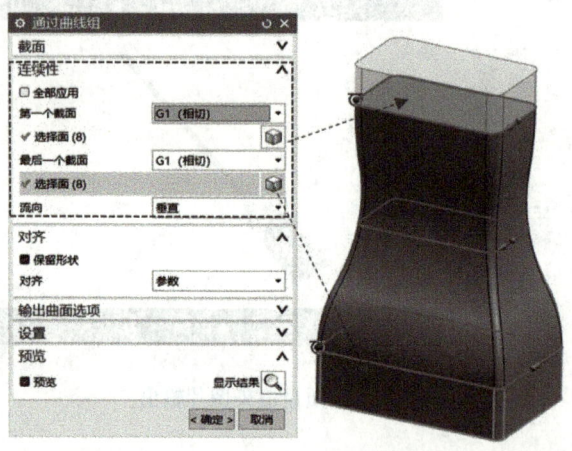

图 6-29　设置曲面约束方式

3）设置体类型：可以选择生成片体或实体。

> **知识提点：**
> 截面线均为封闭曲线，则默认生成实体，如果要生成片体则需更改"体类型"为"片体"，如图 6-30 所示。

项目6 龙舟船桨的三维建模

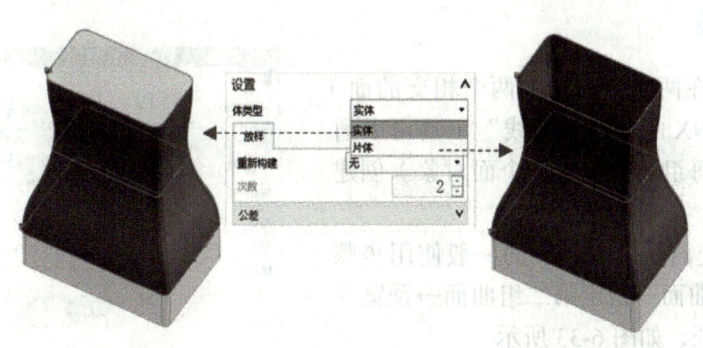

图 6-30 设置"体类型"

4）预览并确定生成曲面，如图 6-31 所示。

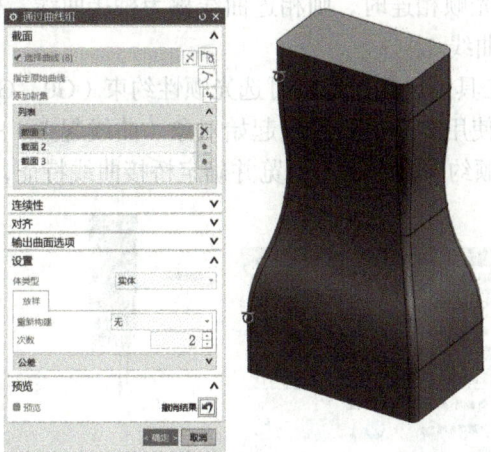

图 6-31 预览结果

> **知识提点：**
> 选取截面时需要注意选取截面线后显示的曲线方向，方向不对将导致模型错误，如图 6-32 所示。在实际操作时建议选取每组截面时的位置尽量相同。

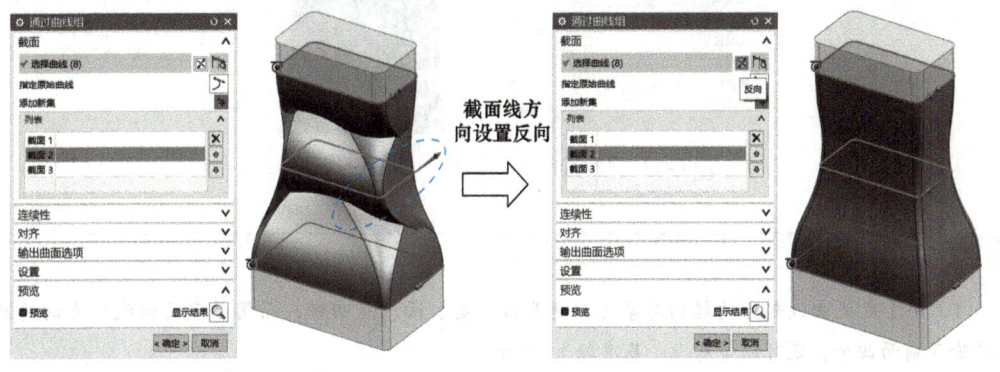

错误　　　　　　　　　　　　　　正确

图 6-32 截面线方向修改

6.4.2 相交曲线

相交曲线是在两组对象（如两个相交的面）相交处的曲线，NX 的"相交曲线"工具可以通过选择两组面（每组面可包含多个面对象）创建所需的相交曲线。

NX 的"相交曲线" 工具的一般使用步骤为：指定第一组曲面→指定第二组曲面→预览并确定相交曲线特征，如图 6-33 所示。

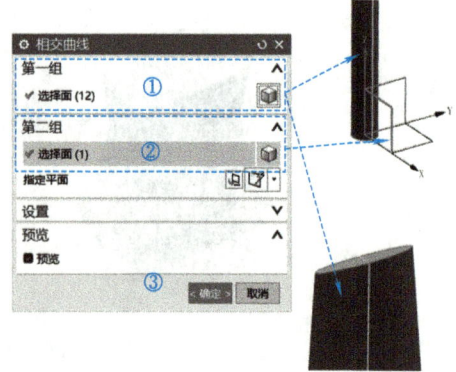

图 6-33 "相交曲线"工具一般使用步骤

6.4.3 桥接曲线

当两条空间曲线需要光顺相连时，则相连曲线称为桥接曲线。桥接曲线常在空间曲面构建时作为曲面的基本框架曲线。

NX 的"桥接曲线"工具可以创建通过可选光顺性约束（G0、G1 相切 或 G2 曲率）连接两个对象的曲线，其一般使用步骤为：指定起始对象（曲线起点）→指定终止对象（曲线终点）→设置连接方式（光顺约束类型）→预览并确定桥接曲线特征，如图 6-34 所示。

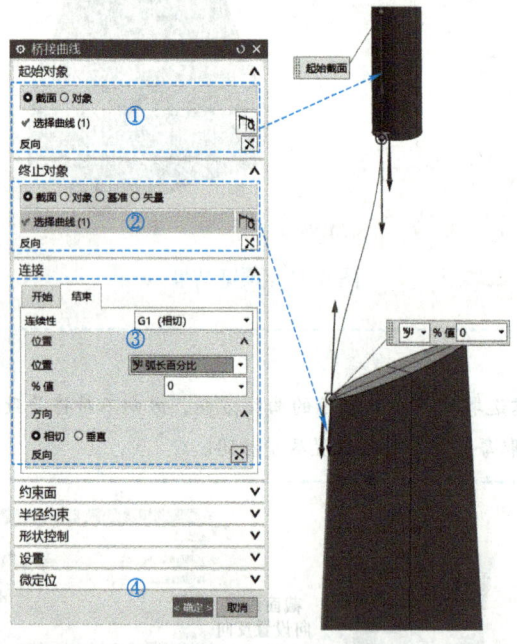

图 6-34 "桥接曲线"工具一般使用步骤

知识提点：

1）用于定义曲线起点的起始对象可以是曲线、边、面、点四种；而用于定义曲线终点的终止对象除了前面四个，还可以是基准（基准轴）、矢量。

2）连接方式默认是"G1（相切）"，"位置"默认是"弧长百分比"，可以调整"%值"，以获得不同的起始点。

6.4.4 曲线网格曲面

1)"通过曲线网格"工具创建曲面的原理。当空间曲面特征需要通过相邻的框线进行拟合时,可以使用"通过曲线网格"工具创建该曲面。NX 的"通过曲线网格"工具可通过一个方向的截面网格和另一方向的引导线创建曲面体,其中最终形状均会穿过曲线网格,如图 6-35 所示。

图 6-35 "通过曲线网格"创建曲面的原理

2)"通过曲线网格"工具的操作步骤。NX 的"通过曲线网格"工具的使用步骤为:指定主曲线组→指定交叉曲线组→设置连续性方式(指定光顺约束类型和对象)→预览并确定曲面特征,如图 6-36 所示。

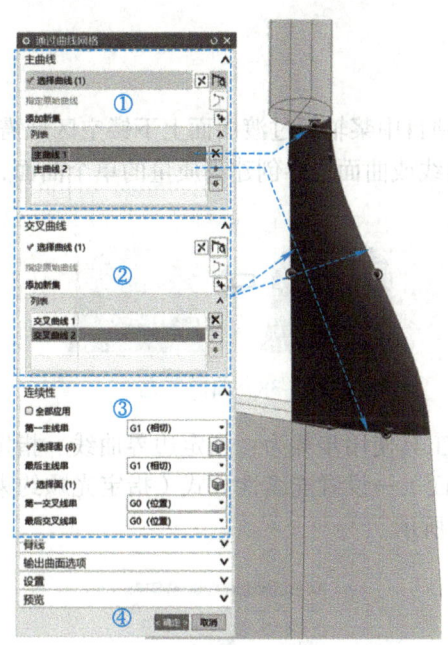

图 6-36 "通过曲线网格"工具的使用步骤

> **知识提点:**
> 选择曲线时,要判断被选中曲线的范围,默认曲线选择规则是"相连曲线"。如果相连曲线无法实现曲面创建,则曲线选择规则要切换为"单条曲线",且其右侧的"在相交处停止"按钮要激活,这样选择的曲线自动在相交处拆分为单条曲线,如图 6-37 所示。注意曲线高亮颜色的区别。

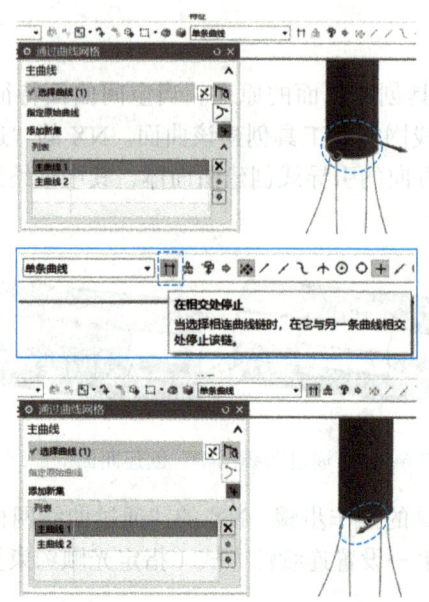

图 6-37 在相交处停止功能

6.4.5 曲面填充

曲面需要闭合时（如本项目中桨轴板过渡曲面上下镂空区域需要闭合），则可通过 NX 的"填充曲面"工具从现有的曲线或曲面边界创建高质量的单个曲面，如图 6-38 所示。

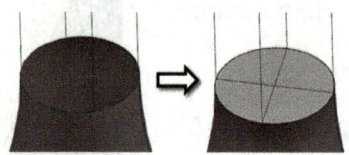

图 6-38 曲面填充

NX 的"填充曲面" 工具使用步骤为：指定边界曲线→指定形状控制方法（使用默认选项"无"则填充形状为平面）→设置连续性方式（指定光顺约束类型和对象）→预览并确定填充曲面特征，如图 6-39 所示。

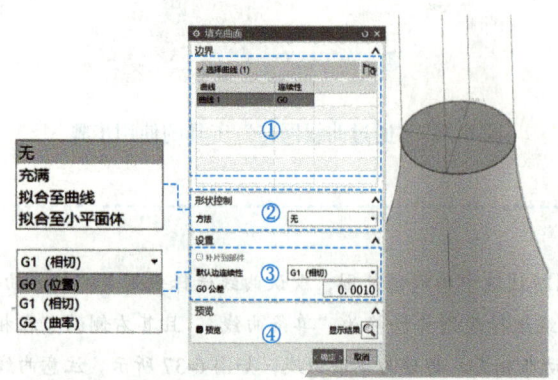

图 6-39 "填充曲面"工具使用步骤

6.4.6 曲面缝合

当某个曲面由多个单独的曲面组成时（如本项目中桨轴板过渡曲面由四个网格曲面及两个闭合平面组成），则必须将这些曲面合并才能成为实体。NX 提供的"缝合"工具可将两个或更多片体连接成单个新片体。如果这组片体包围了一定的体积（片体封闭），则创建一个实体。"缝合"工具使用步骤为：指定目标片体（单个）→指定工具片体（可以是多个）→预览并确定缝合曲面特征，如图 6-40 所示。

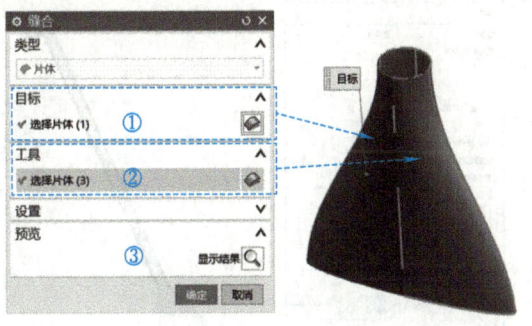

图 6-40 "缝合"工具使用步骤

6.4.7 艺术外观任务

产品建模完成之后，材质、灯光、场景等视觉效果的运用会更清晰地体现产品的功能特点，在面向客户时更能增强产品的说服力。与前面项目中使用的真实着色仅能提供有限的材质和灯光场景不同，NX 专门提供了渲染模块，通过高级艺术外观设计操作，为客户提供了最接近真实的产品渲染画面，并可使用实时的可编程着色器为产品的材料、纹理、打光、阴影和反射提供更多的实景显示效果，最后可通过静态高质量图像生成最终效果图。NX 可通过使用"艺术外观任务" 环境以及"光线追踪艺术外观" 渲染模式和"高级艺术外观" 显示模式，实现产品模型的逼真视觉效果。

NX 的真实渲染工作流程包括：激活 高级艺术外观→进入"艺术外观任务"环境→指定产品艺术外观材料 →指定产品纹理贴花 →设置系统场景 →观察产品视觉效果，确认符合要求后输出艺术外观图像 。

注意："高级艺术外观"渲染模式要保持激活才能看到实时渲染效果。

1）产品艺术外观材料：可根据产品特点，在系统材料库中选择不同的材料类型，在操作时用鼠标左键按住材料图标拖放到产品上后松开左键即可看到材质效果，如图 6-41 所示。

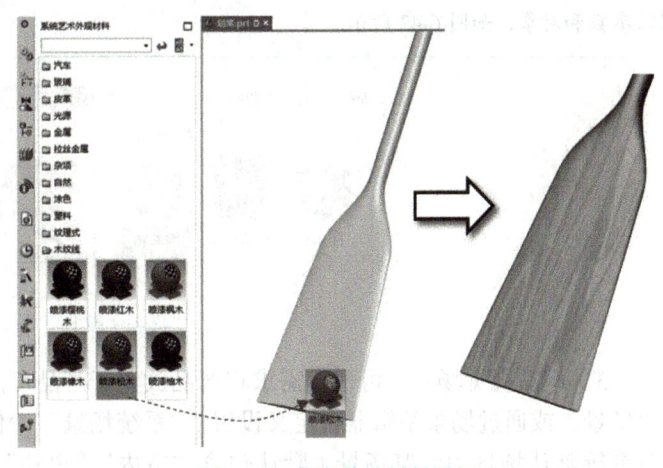

图 6-41 艺术外观材料设置

2）产品纹理贴花：可根据需求为产品的不同表面赋予不同纹理或贴花（如商品 logo、标识图片等）。使用步骤为：输入贴花名称（默认为 new1）→指定贴花图片大小和图片文件（可以通过"选择图像文件" 加载自定义的图片）→指定贴花对象（选取面对象）→指定贴花在面对象上的位置与方位（可通过锚点类型、矢量及旋转角度进行细节调整）→设置缩放方法和比例→确定并检查贴花效果，如图 6-42 所示。

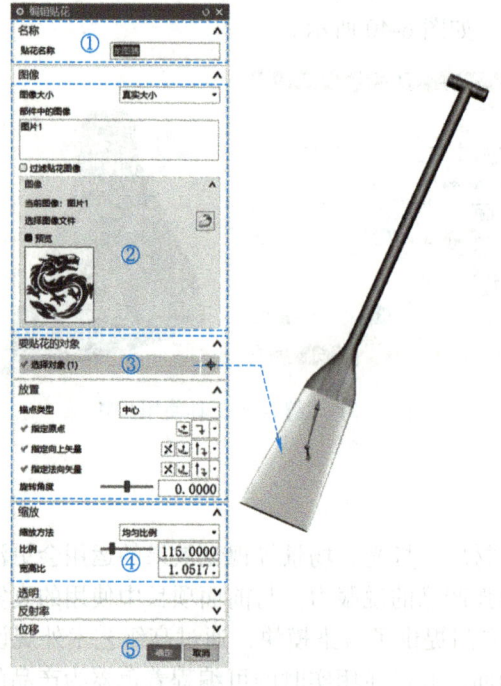

图 6-42 贴花设置

> **知识提点：**
> 在贴花操作过程中，可在导航器中切换到"部件中的艺术外观材料"窗口查看已经添加的材料和纹理。如果发现贴花效果不符合要求，可以通过"材料/纹理"编辑器选择对应的贴花重新调整参数和对象，如图 6-43 所示。

图 6-43 "材料/纹理"编辑器

3）产品视觉场景：可根据需求将产品放置于产品可能的使用场景，使用系统自带的可视化场景，或通过场景编辑器自定义设置。"系统场景" 使用步骤为：单击"系统场景" →在系统默认场景中浏览场景（默认包含"室内""户外"及"艺术外观"三种类型）→单击所需的场景进行预览→检查场景效果，如图 6-44 所示。

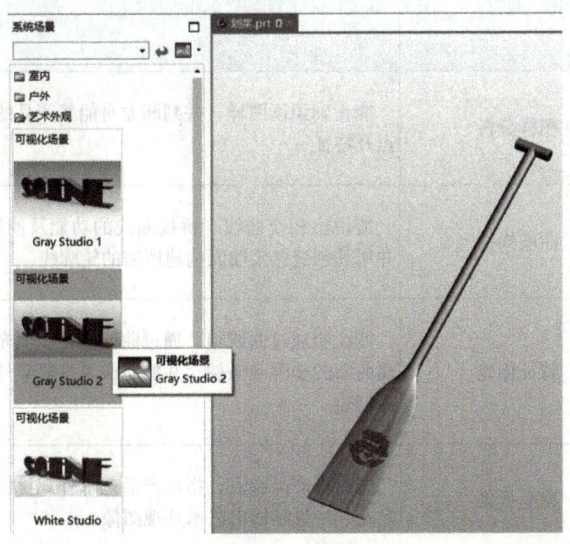

图 6-44　场景设置

4）输出艺术外观图像：可将完成视觉效果设计的产品输出为高质量、高分辨率的静态图像。NX 输出艺术外观图像的操作步骤为：单击"捕捉艺术外观图像"→设置输出图像布局（可根据需求设置输出图像的单位、方位、大小）→设置图像质量数值→选择图像文件（默认图像文件为 tif 格式），检查效果后确定，如图 6-45 所示。

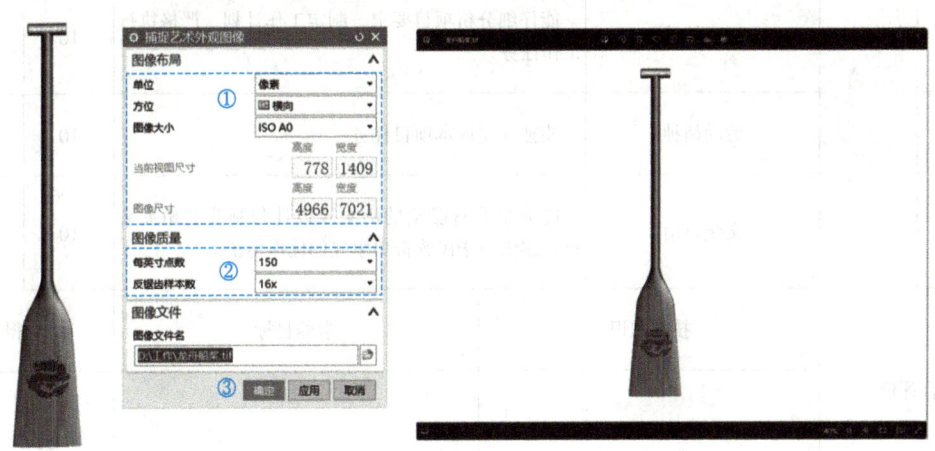

图 6-45　输出艺术外观图像

6.5　项目实施评价

一分耕耘，一分收获，相信你在前面的项目实施中付出的诸多努力会带来丰富的收获，当然你也遇到了许多考验。对工作过程中困扰你的问题（如产品分析问题、特征操作错误等）进行总结，为下次更好地完成任务做好准备。之后请根据表 6-1 中的评价条目及标准客观地对项目完成情况进行评价。

表 6-1 项目综合评价表

序号	考核项目		考核内容	分值	
				配分	得分
1	技能知识	图样分析	能正确识读图样,并判断龙舟船桨产品的结构特点及特征	10	
2		曲线操作	能说出相交曲线、桥接曲线的功能及使用方法,并用其创建船桨曲面构建所需的轮廓线	10	
3		特征创建	能说明通过曲线组、通过曲线网格、填充曲面创建曲面的步骤和条件,并能完成龙舟船桨外形特征的创建	30	
4		视觉效果	能根据产品特点,指定产品艺术外观材料、纹理贴花、场景并输出艺术外观图像	10	
5	素养目标	工作态度	工作态度端正,不出现无故缺勤、迟到、早退现象	5	
6		职业素质	严格遵守机房管理要求,爱护计算机设备	5	
7		工匠精神	能仔细分析项目要求,制定工作计划,严格执行工作任务	10	
8		劳动精神	能独立完成本项目任务	10	
9		文化自信	能分享龙舟船桨的历史及设计与制造的相关素材,感悟中华民族奋勇争先的优秀传统	10	
综合评价		技能知识	素养目标	综合得分	

6.6 巩固与拓展

✎ 项目总结

曲面构建是本项目的重点学习内容。本项目建模任务的产品对象为龙舟船桨,其外形为圆柱(桨把、桨轴)和曲面特征(桨板、桨轴板过渡面特征)的组合结构。在创建曲面特征时要注意分析产品外形特点,判断相对应的曲面特征工具,构建曲面所需的条件(如曲线组），再按照曲面特征工具创建步骤选择正确的曲线对象进行构建。

另外，模型渲染通过高级艺术外观设置渲染背景、材料，还可以通过纹理设置自定义的 logo 图片，最后可利用艺术外观图像输出高质量渲染图像。本项目的技能导图如图 6-46 所示。

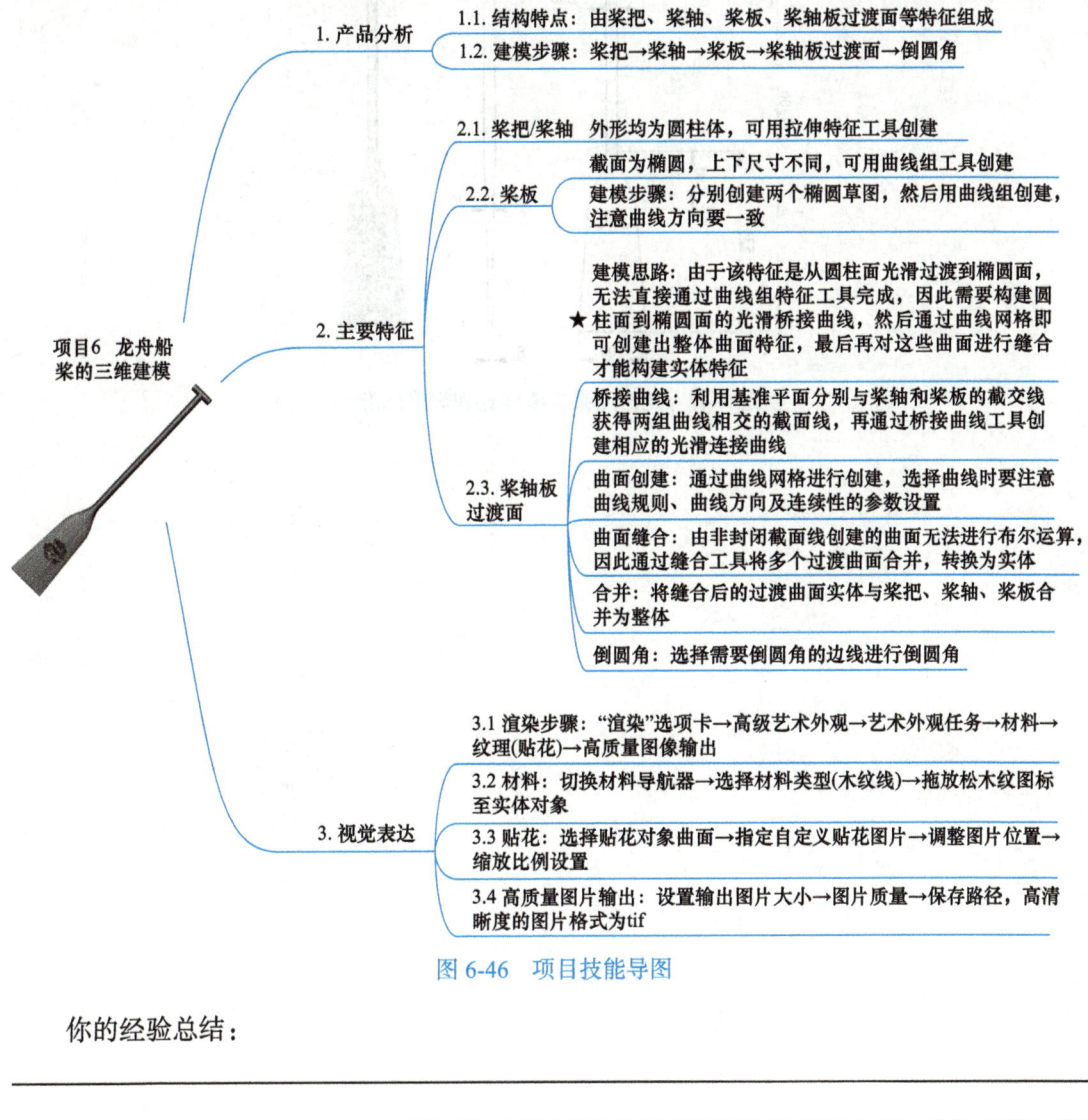

图 6-46　项目技能导图

你的经验总结：

_____
_____
_____

✍ 拓展任务

学无止境，挑战自我。请使用本项目所学知识和技能完成以下拓展任务。

由于每个人的身形不同，龙舟船桨的尺寸要根据使用者量身定制。请结合本项目的经验，制定工作计划，创建对应的龙舟船桨三维模型，外形可参考图 6-47 中的产品样式和规格标准，提交的设计资料包括三维模型、渲染效果图、设计说明等。

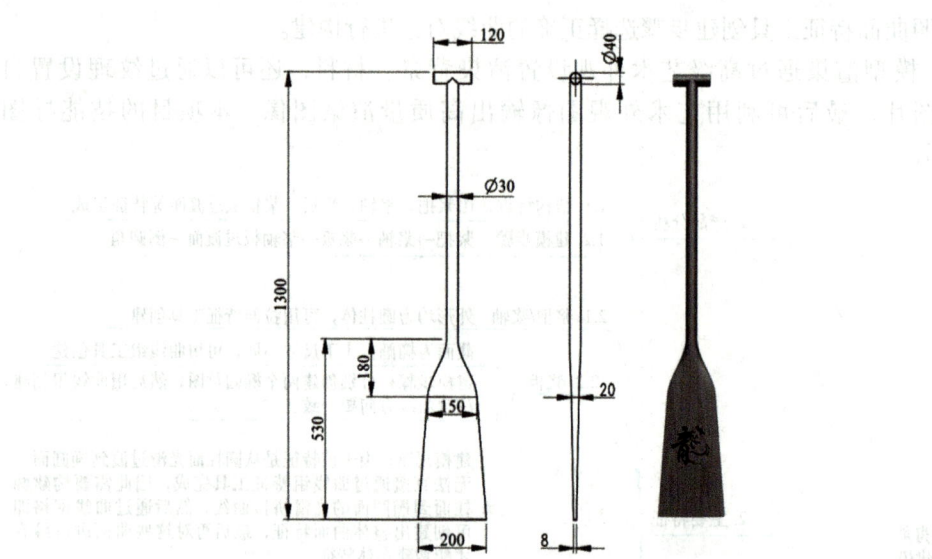

图 6-47 龙舟船桨参考样式和规格标准

模块二

典型工业产品的三维建模与装配

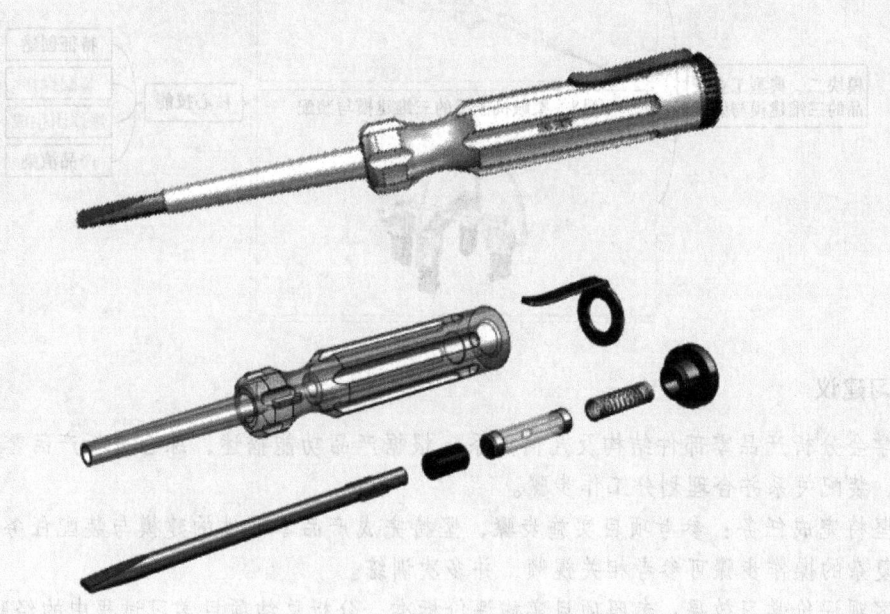

内容概述

相信大家通过模块一的学习已经熟悉零件三维建模的主要流程：分析产品结构→创建基本特征→创建其他附加特征→组合特征→检查完成。我们可以发现，尽管有些工业产品看起来相当复杂，但只要能合理地对产品进行分解，确定产品结构的基体特征，判断哪些是主体特征，哪些是附加特征，在建模时从基本特征入手，利用草图或曲线工具构建特征轮廓曲线，再用拉伸、旋转、曲面工具创建主体特征，最后完成细节部分，如孔、凸台、凹槽、圆角、斜角等，这样主次分明，化复杂为简单，问题就迎刃而解了。

模块一的项目对象均为单个零件，而大多数工业产品是多个零部件的组合，零部件之间的外形结构和功能相互关联，需要从全局视角去理解各零部件的结构和几何位置关系，熟练运用建模工具创建零部件，并进行装配以验证整个产品的功能。为此，本模块将会通过两个典型工业产品建模与装配项目的学习帮助大家进一步强化和拓展三维建模技能，并能使用装配工具完成产品整体装配与爆炸图生成。

思维导图

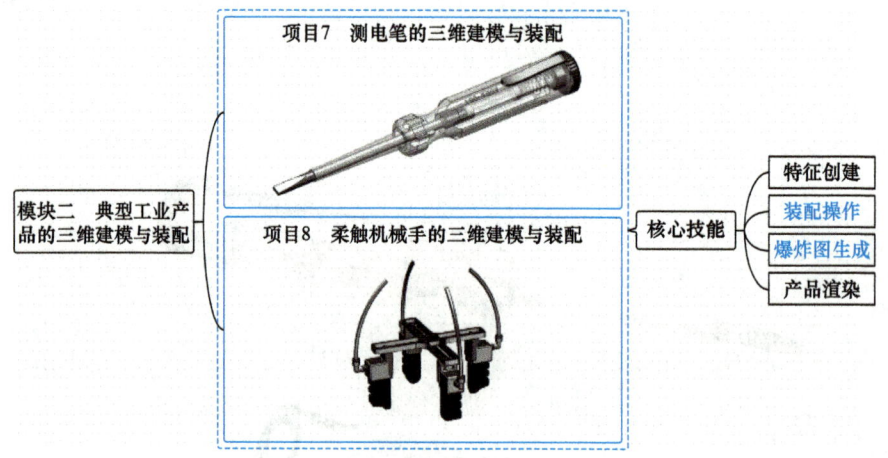

学习建议

1. 学会分析产品零部件结构及几何关系：根据产品功能描述，综合分析产品零部件的结构特点、装配关系并合理划分工作步骤。

2. 坚持完成任务：参考项目实施步骤，坚持完成产品零部件的建模与装配任务，如果遇到较为复杂的操作步骤可参考相关视频，并多次训练。

3. 客观评价学习效果：参照项目实施评价标准，分析总结项目学习过程中的经验和问题，并充分利用项目资源进行巩固提升。

4. 坚持理实一体：强化理解项目知识链接中与核心技能密切相关的知识要点，并将其应用于项目相关的拓展任务。

项目 7　测电笔的三维建模与装配

📖 知识目标
1. 会描述测电笔各零部件的结构特点及特征类型。
2. 能说出三维装配的基本工作流程。
3. 能说明组件添加、装配约束和爆炸图生成工具的功能和操作步骤。

🖱 技能目标
1. 能根据测电笔图样和实物准确分析产品结构特征。
2. 能使用拉伸、旋转、阵列等特征工具完成测电笔各零部件的创建。
3. 能使用组件添加及装配约束完成测电笔的整体装配。
4. 能使用编辑爆炸及追踪线工具完成测电笔爆炸图的创建。

❋ 素养目标
1. 能根据项目要求进行工作任务拆解，养成细致分析的职业习惯。
2. 能合作完成测电笔的三维设计与装配任务，培养团结协作的团队精神。
3. 能阅读和交流测电笔设计与制造的相关素材，感悟精益求精的工匠精神。

7.1　项目描述

📖 项目背景

测电笔，也称为电压检测笔或电压试针，如图 7-1 所示，是一种便携式电压检测工具，广泛应用于电气工程领域。它起源于 19 世纪末，最初由简单的金属探头和绝缘手柄组成，经过技术革新，现已发展到具有多种功能和外观设计。

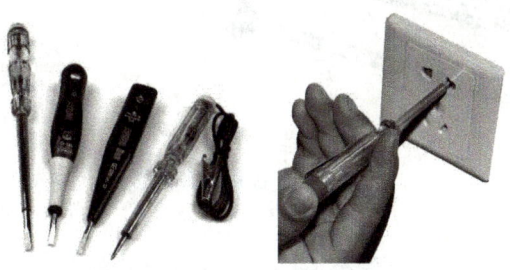

图 7-1　测电笔类型及功能

测电笔的功能为：检测电路是否带电，判断通电状态，测量电压值范围，辅助定位故障点及判断电线极性。

不同的测电笔产品根据不同的应用需求有各自的功能特点。

1）普通测电笔：功能简单，仅检测交流电。

2）数字测电笔：显示电压值，检测交流电和直流电。

3）非接触式测电笔：感应电磁场，检测高压电路，更加安全。

4）多用途测电笔：集成了电压、电流、电阻检测功能。

低压测电笔主要由以下几个部分构成。

1）可触摸金属端：由导电金属制成，如铜或铝，用于检测电压。

2）绝缘手柄：绝缘材料，如塑料或橡胶，保护使用者安全。

3）指示器：显示工作状态，普通测电笔使用氖管，数字测电笔使用 LCD。

4）接触端：由钢材制作，用于直接接触带电部分，常用于锁紧螺钉。

某款测电笔的具体结构如图 7-2 所示。

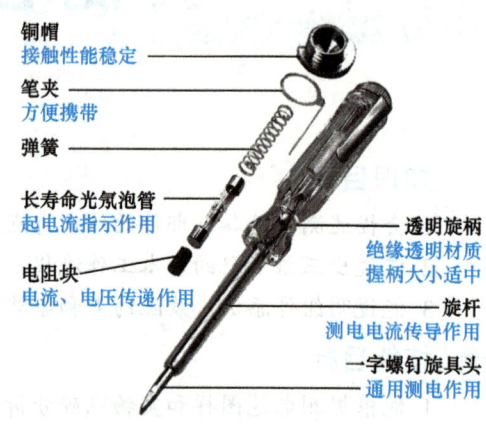

图 7-2　低压测电笔结构组成

> 引导问题 1：
> 通过对项目背景的分析，你认为该产品由哪些零部件构成？每个零部件的结构特征及相互之间的几何约束关系是什么？

▫ 项目要求

1）仔细分析测电笔各零部件的整体外形和细节轮廓特征。

2）根据每个特征的轮廓特点，选用合适的草图和特征工具，制定测电笔的零部件建模和组件装配工作计划。

3）根据计划，可独立或团队协作完成测电笔的零部件建模和装配，测电笔三维模型参见图 7-3。

图 7-3　测电笔三维模型

7.2　项目分析

> 引导问题 2：
> 根据图 7-3 所示测电笔爆炸图判断，测电笔各零部件的特征对应的建模工具是什么？各零部件的装配顺序是什么？

根据以上分析，你认为该产品的零部件建模与装配需要哪些步骤？请把你的计划写出来。

_____

_____

_____

7.3 项目实施

7.3.1 工作任务拆解

该测电笔主要由螺钉旋具头、手柄、电阻、氖管、铜帽、弹簧、笔夹共计 7 个零部件组成。建模时可按照从简单到复杂的顺序，依次完成零部件创建。在完成所有零部件建模之后再进行装配，并制作爆炸图。最后通过艺术外观任务对产品整体进行渲染，赋予产品材质。工作任务拆解如图 7-4 所示。

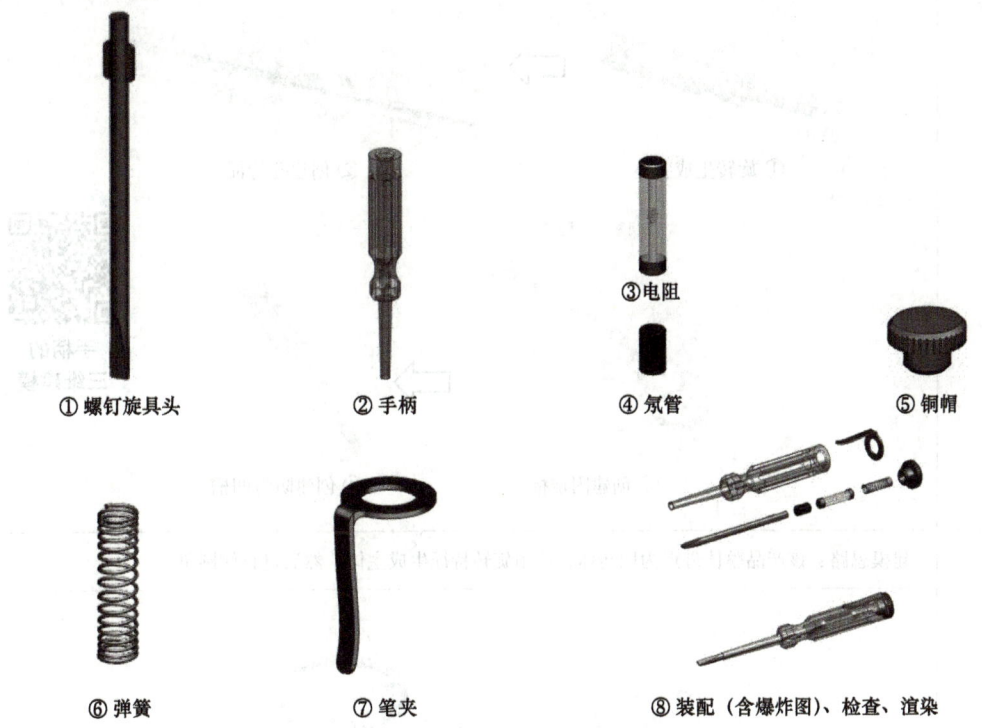

图 7-4　工作任务拆解

通过以上分析，本项目的工作内容主要包括零部件建模、产品装配（含渲染）两个部分。

7.3.2 零部件建模

零部件建模见表 7-1。

表 7-1 零部件建模

零部件	建模过程
螺钉旋具头	建模思路：该零件整体为圆柱体，一端为一字切除特征，另一端为块状的固定板，因此可先用拉伸工具（或旋转）创建整体圆柱体，再用拉伸工具分别创建一字切除特征和螺钉旋具头固定板 ① 拉伸生成主体　　② 创建螺钉旋具头固定板 一字螺钉旋具的三维建模
手柄	建模思路：该产品整体外形为回转体，内部为组合孔与螺钉旋具头固定槽，因此可先用旋转工具创建整体外形，再用孔工具创建组合孔，接着用拉伸工具创建螺钉旋具头固定槽，最后手柄表面的防滑凹槽再用旋转工具切除 ① 旋转生成主体　　② 创建孔特征 ③ 创建固定槽　　④ 创建防滑凹槽 手柄的三维建模
电阻	建模思路：该产品整体外形为回转体，使用旋转特征生成主体，然后进行倒圆角 ① 旋转生成主体　　② 边倒圆角

（续）

零部件	建模过程
氖管	建模思路：该产品整体外形为圆柱体，内空区域抽壳，内部导电体为两个金属薄片，因此可先用拉伸（或旋转）工具创建整体外形，再创建内部金属薄片，最后用平面对外圆进行分割 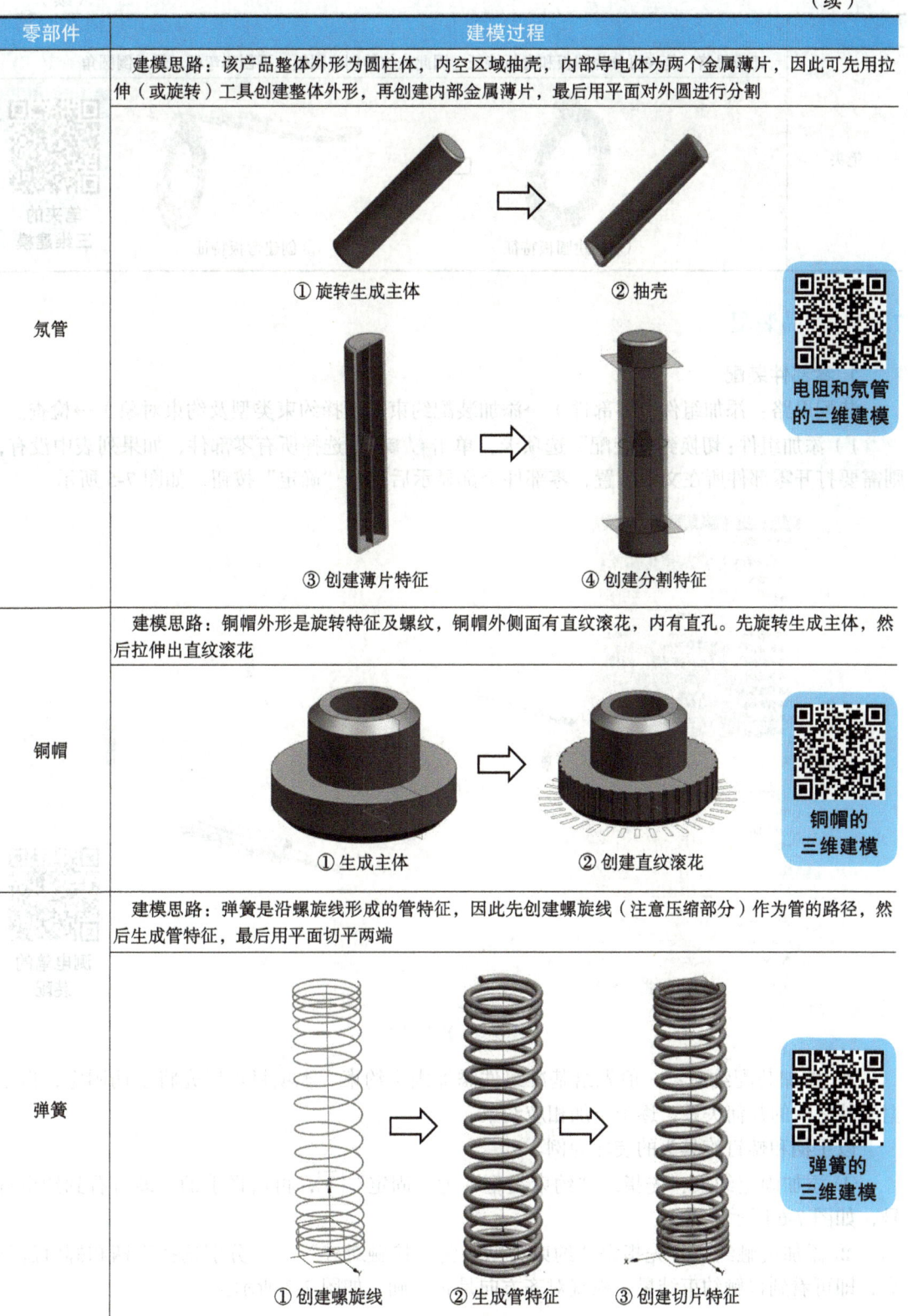
铜帽	建模思路：铜帽外形是旋转特征及螺纹，铜帽外侧面有直纹滚花，内有直孔。先旋转生成主体，然后拉伸出直纹滚花
弹簧	建模思路：弹簧是沿螺旋线形成的管特征，因此先创建螺旋线（注意压缩部分）作为管的路径，然后生成管特征，最后用平面切平两端

（续）

零部件	建模过程
笔夹	建模思路：笔夹可分为圆板和弯板特征，因此先拉伸创建圆板，再创建弯板，最后倒圆角 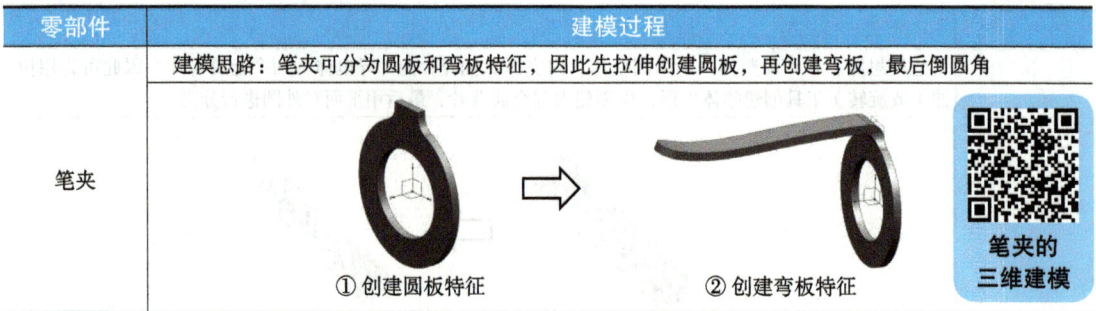 ①创建圆板特征　　　　②创建弯板特征　　　笔夹的三维建模

7.3.3 产品装配

1. 零部件装配

装配思路：添加组件（零部件）→添加装配约束（选择约束类型及约束对象）→检查。

1）添加组件：切换到"装配"选项卡，单击 添加，选择所有零部件，如果列表中没有，则需要打开零部件所在文件位置，零部件全部显示后单击"确定"按钮，如图 7-5 所示。

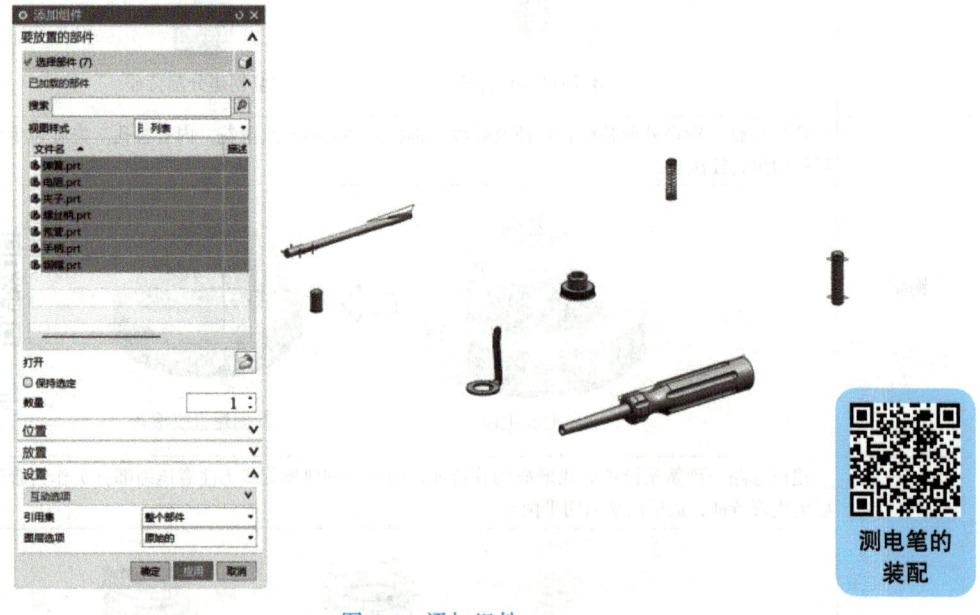

图 7-5　添加组件

2）添加装配约束：一般先给基准组件添加固定约束。本项目可以先将手柄固定，再根据组件之间的几何关系，逐个添加相应约束。

以手柄和螺钉旋具头的装配为例。

① 添加固定约束：先指定"约束类型"为"固定" ，再选择手柄，即可看到约束符号，如图 7-6 所示。

② 添加接触约束：先指定"约束类型"为"接触对齐" ，分别选择手柄和螺钉旋具头，即可看到接触约束结果，检查对齐方向是否正确，如图 7-7 所示。

项目 7 测电笔的三维建模与装配

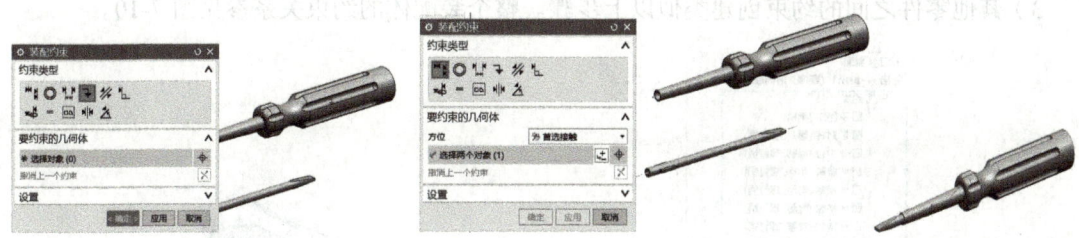

图 7-6 添加固定约束　　　　　　图 7-7 添加接触约束

③ 添加对称约束：先指定"约束类型"为"中心" ⫲，"子类型"为"2 对 2"；之后分别选择手柄固定槽和螺钉旋具头固定板的两组对应侧面，即可看到对齐结果，如图 7-8 所示。

图 7-8 添加对称约束

使用技巧：

在零部件内部装配时出现无法选取内部约束对象的情况时，可通过"视图"选项卡中的"剪切截面"工具创建剖切视图，方便观察内部结构或选取对象，如图 7-9 所示。

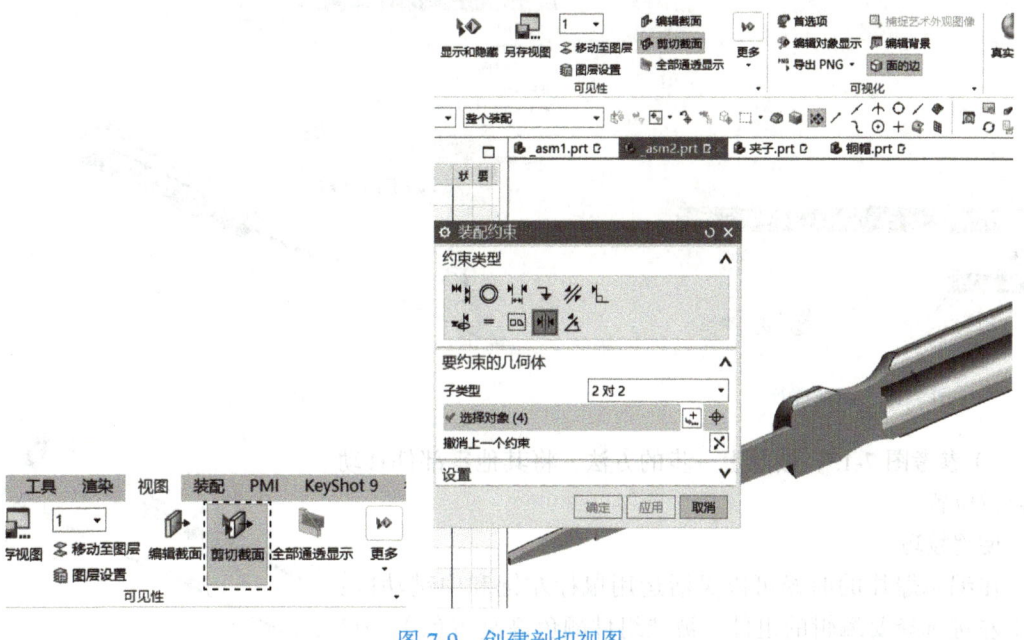

图 7-9 创建剖切视图

3）其他零件之间的约束创建类似以上步骤。整个装配体的约束关系参见图7-10。

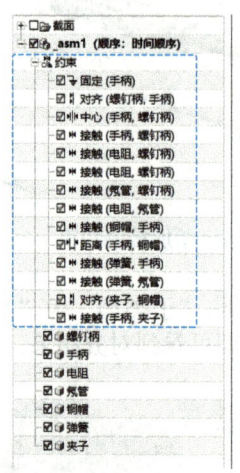
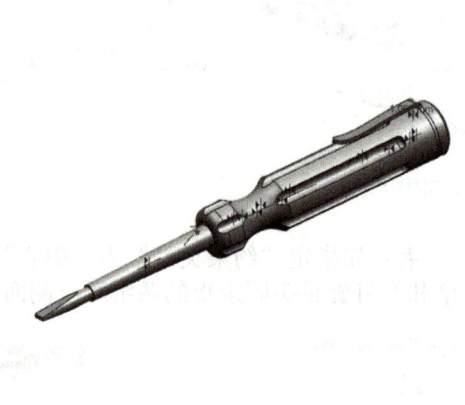

图7-10　全部约束

使用技巧：

如果创建约束时发现方向相反，可单击 ⊠ 进行反向。

2. 生成爆炸图

爆炸图制作思路：新建爆炸→编辑爆炸（移动组件到合适位置）→创建追踪线（装配指引线）→检查。

1）单击 新建爆炸，输入爆炸图名称，如图7-11所示。

2）单击 编辑爆炸，选择要爆炸分离的零部件，然后通过动态坐标系移动零部件到合适位置，如图7-12所示。

图7-11　新建爆炸

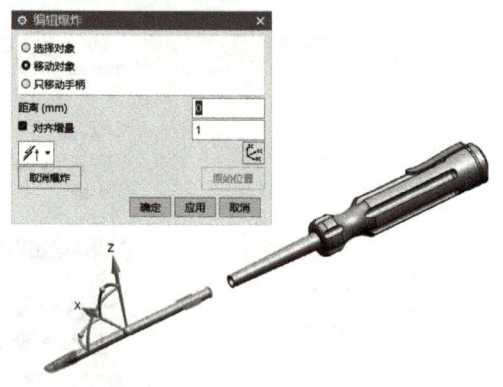

图7-12　编辑爆炸

3）参考图7-13，按照上一步的方法，将其他零部件移动到合适位置。

使用技巧：

在编辑爆炸的时候可以灵活运用鼠标左键和中键功能：单击左键选择要编辑的组件（被选组件颜色高亮黄色）→单击中键确定（出现动态坐标系）→按住左键拖动组件到合适

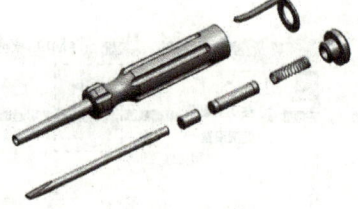

图7-13　移动其他零部件

位置→单击中键确定→在空白处单击左键（被选组件恢复原来颜色）。以上过程中"编辑爆炸"对话框不会关闭，可以按照同样步骤连续操作其他组件。

4）创建追踪线（零件装配指引线）：单击 ♪ 追踪线，选择起始点为螺钉柄端面圆心，终止点为手柄端面圆心，即可看到追踪线，可通过单击"备选解" 获得不同的追踪线形状，如图 7-14 所示。

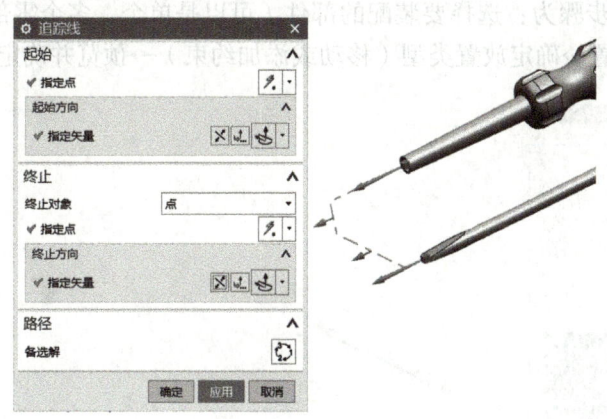

图 7-14　创建追踪线

5）按照上一步的方法，为其他零件创建追踪线。追踪线的样式（如线型、颜色、粗细等）可以修改。

3. 产品渲染

着色渲染：切换到"视图"选项卡，激活"真实着色" 工具，开始设置渲染。选择全局材料为钢，切换"过滤器"为"实体"，分别设置各组件的对象材料，如手柄为透明玻璃、螺钉旋具头为钢、电阻为黑色金属涂料、铜帽为黄铜、弹簧和笔夹均为钢。氖管涉及多种材料，先切换"过滤器"为"面"，然后选择两端的曲面材料为金、中部的圆柱面为透明玻璃、内部导丝薄片为铜，如图 7-15 所示。

图 7-15　产品渲染

7.4　知识链接

7.4.1　装配流程及操作

常见产品装配过程类似于乐高玩具拼装，先明确装配零部件清单，然后根据零部件之间的几何位置关系，进行两两配对组合。实际工作中，装配顺序有严格的要求，否则有些零部件可能无法装配,而由于三维软件是数字化的虚拟空间,用户可以根据需要选择装配顺序,充分利用装配工具提高装配效率,并且通过装配爆炸图增强产品视觉效果。

NX 的装配流程:创建装配空间(新建装配文件)→添加组件 (或新建组件)→添加约束→编辑组件→制作装配爆炸图。

1. 添加组件

添加组件的基本步骤为:选择要装配的部件(可以是单个、多个零部件或子装配体)→指定组件初始放置位置→确定放置类型(移动或添加约束)→预览并确定,如图 7-16 所示。

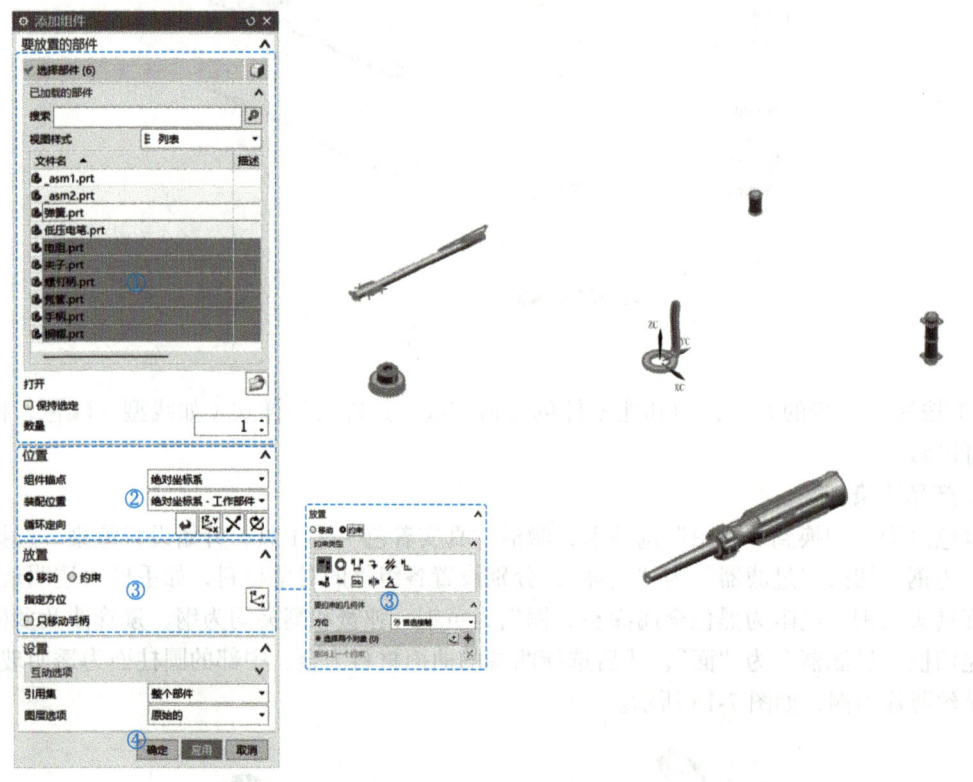

图 7-16 添加组件基本步骤

> **知识提点:**
> 1)默认装配列表是当前已打开的文件,可以直接选择列表中的零部件进行组件添加。如果列表中没有需要的零部件,则需要通过打开文件找到零部件所在位置,然后进行添加。另外,对于多个同样的零部件可以在"数量"栏中输入添加数量。
> 2)放置方式可根据需要选择"移动"或"约束",如果零部件较少或约束简单,可直接进行约束。

2. 添加约束

零部件之间的装配主要通过几何约束来确定相互之间的位置关系,本项目中测电笔手柄和螺钉柄轴线重合的接触关系如图 7-17 所示。NX 提供的装配约束工具可定义组件在装配中的位置，用户可指定具体约束类型进行装配。

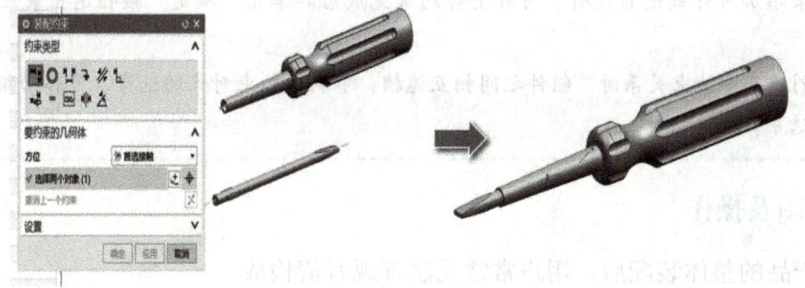

图 7-17　手柄和螺钉柄轴线接触约束

NX 常用的约束类型如下。

（1）接触对齐　接触对齐是最为常用的约束类型，可用于重合、相切等约束关系。选择"接触对齐"后，"方位"栏出现"首选接触""接触""对齐"和"自动判断中心 / 轴"选项。

- 首选接触：此选项为默认选项，选择该选项时两个组件共面且法线方向相反。
- 接触：选择该方式时，指定的两个相配合的对象会接触 (贴合) 在一起。对于平面，两个平面贴合且默认法向相反，用户可以单击"反向"进行方向设置。对于圆柱面，两个圆柱面以相切的形式接触。
- 接触：选择该方式时，指定的两个对象，包括两个面或两条边会对齐，对于平面，两个平面会共面且法向相同。
- 自动判断中心/轴：选择两个圆柱面，可以实现两个圆柱面的中心线对齐。

（2）同心约束　同心约束可约束两个组件的圆形边或椭圆形边，以使其中心重合，并使边所在平面共面。

（3）距离约束　用于指定两个对象间的最小距离。距离可以是正值也可以是负值。

（4）固定约束　固定约束将组件固定在其当前位置。此约束常用于装配体的基准部件，以确保组件停留在适当位置后根据它来约束其他组件。

（5）平行约束　用于约束两个对象的方向矢量彼此平行。

（6）垂直约束　用于约束两个对象的方向矢量彼此垂直。

（7）中心约束　用于约束两个对象的中心，使其中心对齐。当选择中心约束时，可选择以下几种子类型。

- "1 对 2"：将相配组件中的一个对象定位到基础组件中两个对象的中心上，当选择该项时，允许在基础组件上选择第二个对象。
- "2 对 1"：将相配组件中的两个对象定位到基础组件中一个对象上，并与其对称。选择该选项时，允许在相配组件上选择第二个配对对象。
- "2 对 2"：将相配组件中的两个对象定位到基础组件中两个对象处并形成对称布置。

（8）角度约束　用于在两个对象间定义角度，确定相配合组件的正确方位。角度约束可以在两个具有方向矢量的对象间产生，角度是两个方向矢量的夹角，逆时针方向为正。角度约束有两种类型：平面角度和三维角度。平面角度约束需要一根转轴，两个对象的方向矢量与其垂直。

> **知识提点：**
> 1）约束添加可连续进行操作，可在全部约束完成后再单击"确定"按钮退出装配约束设置窗口。
> 2）当创建某个约束关系时，组件之间相互遮挡，不利于约束对象的选择，可移动组件直至约束对象方便选中。

7.4.2 爆炸图及操作

当完成产品的整体装配后，用户常常无法直观看清构成该产品的组件数量及组件装配关系，特别是有内部装配的产品。三维软件利用其数字化模型的优势，可将各组件拆分开来，又可通过指引线指明组件之间的装配关系。

NX 的爆炸图工具可创建一个视图，在该视图中，选中的组件或子装配相互分离开来，以便用于图样或图解。此工具以可见形式在爆炸图中对组件进行变换，并且不会更改组件的实际装配位置，如图 7-18 所示。

注意：爆炸图是一种产品零部件分解的状态视图，并非零部件原有装配关系的去除，因此可以随时切换回装配完成的状态。

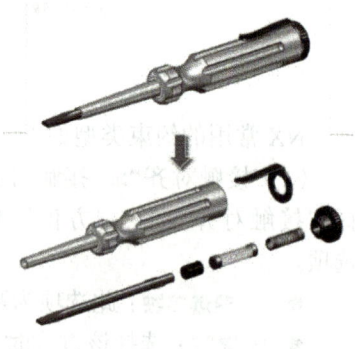

图 7-18　爆炸图

NX 的爆炸图创建流程是：新建爆炸→组件分离（可通过自动爆炸或编辑爆炸实现，常用后者）→添加追踪线→完成爆炸图。

（1）新建爆炸　设置爆炸图名称，默认为 Explosion+ 序号，用户可通过下拉列表框切换为无爆炸图（原有装配状态）或其他爆炸图，如图 7-19 所示。

（2）编辑爆炸　使用"编辑爆炸"命令可重定位爆炸图中选定的一个或多个组件。主要操作步骤是：激活"编辑爆炸"，选中组件对象→调整组件位置→确定，如图 7-20 所示。

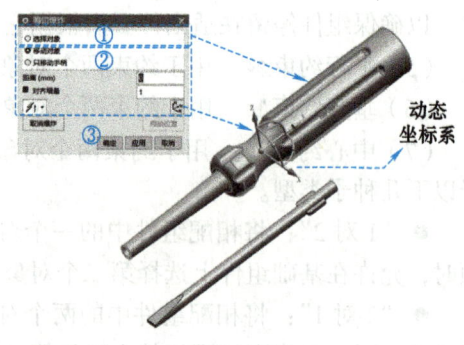

 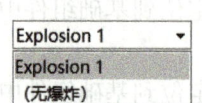

图 7-19　新建爆炸及视图切换　　　　　图 7-20　编辑爆炸

> **知识提点：**
> 编辑爆炸在调整时可通过动态坐标系进行 X、Y、Z 三个轴向的线性移动或旋转，也可用按住鼠标左键将对象拖动到所需位置。

（3）追踪线 ♪ 追踪线工具可用于创建一些线条来描绘爆炸组件在装配或拆卸过程中遵循的路径，其操作步骤为：激活"追踪线" ♪ ，选中起始点对象→选中终止点对象→调整追踪线形状（可通过"备选解" ⟲ 切换可能的追踪线形状）→确定，如图 7-21 所示。

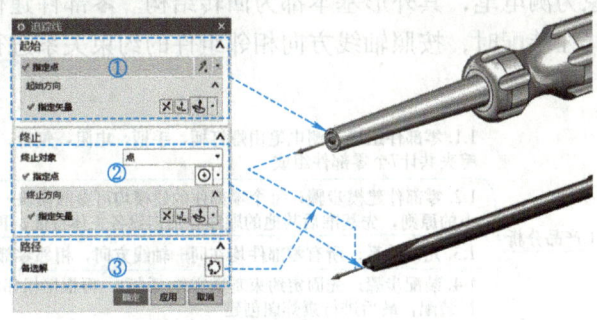

图 7-21 追踪线操作

7.5 项目实施评价

一分耕耘，一分收获，相信你在前面的项目实施中付出的诸多努力会带来丰富的收获，当然你也遇到了许多考验。请完成右侧二维码中的任务报告书以呈现你的工作成果，并对工作过程中困扰你的问题（如产品分析问题、特征操作错误、装配错误等）进行总结，为下次更好地完成任务做好准备。之后请根据表 7-2 中的评价条目及标准客观地对项目完成情况进行评价。

表 7-2 项目综合评价表

序号	考核项目		考核内容	分值	
				配分	得分
1	技能知识	图样分析	能正确识读图样，并结合实物判断测电笔各零部件的结构特点及特征类型	5	
2		零部件建模	能使用拉伸、旋转、阵列特征等工具完成测电笔各零部件的创建	30	
3		产品装配	能使用组件添加及装配约束完成测电笔的整体装配，并进行真实着色渲染	20	
4		爆炸图	能使用编辑爆炸及追踪线工具完成测电笔爆炸图的创建	10	
5	素养目标	工作态度	工作态度端正，不出现无故缺勤、迟到、早退现象	5	
6		职业素质	严格遵守机房管理要求，爱护计算机设备	5	
7		合作精神	能根据项目进行团队分工，相互协作、相互帮助，完成产品的建模与装配	10	
8		劳动精神	能坚持完成自己所承担的工作任务	10	
9		工匠精神	能阅读并分享测电笔发展、设计与制造的相关素材，感悟精益求精的工匠精神	5	
综合评价			技能知识	素养目标	综合得分

7.6 巩固与拓展

✏ 项目总结

本项目的产品对象为测电笔,其外形基本都为回转结构。零部件建模可先创建其主要特征,再创建其他特征;在装配时,按照轴线方向相邻组件的约束关系进行装配。项目技能导图如图7-22所示。

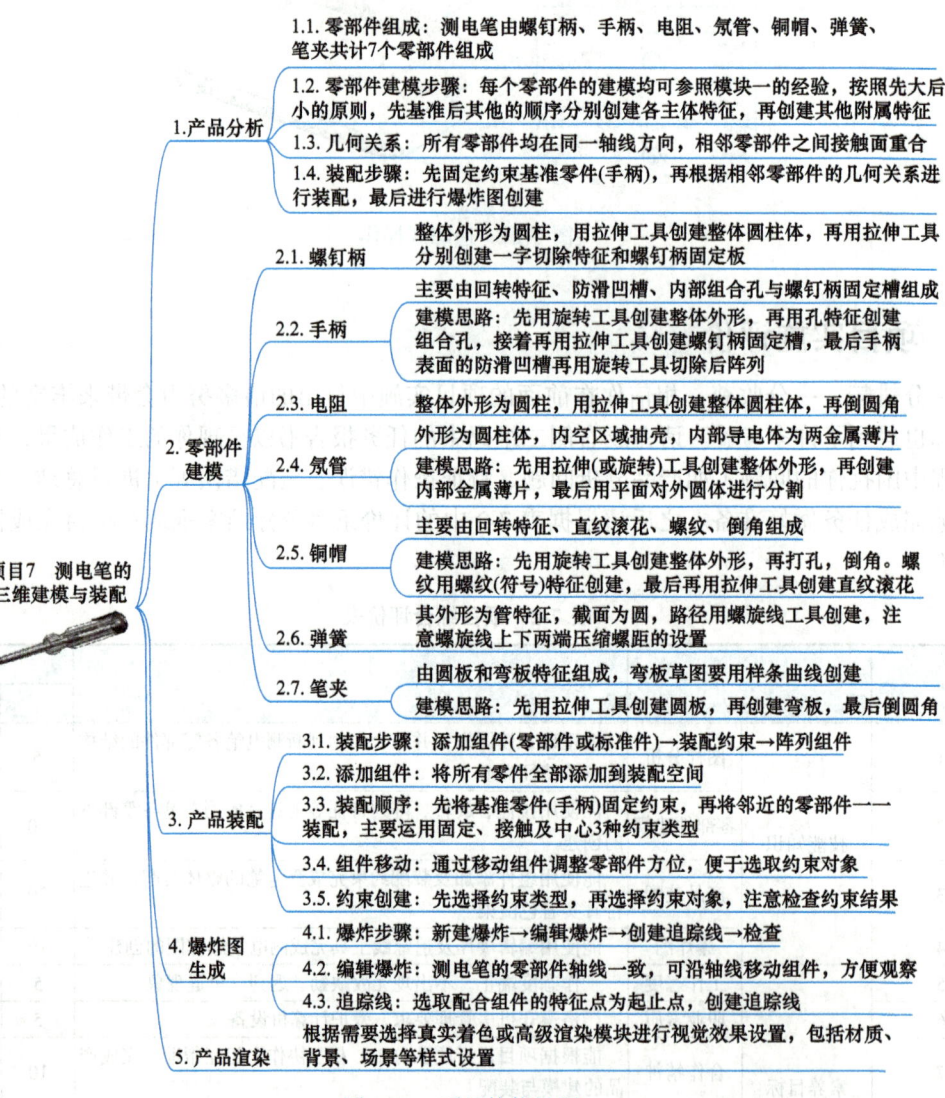

图 7-22 项目技能导图

✏ 拓展任务

学无止境,挑战自我。请使用本项目所学知识和技能,完成以下拓展任务。

本项目的测电笔结构设计来源于常用的一字螺钉柄测电笔,相信大家已经非常熟悉这款产品的功能与结构。请结合本项目经验,参照图7-23所示的产品资料(鼓励自选一款一字螺钉旋具,自测尺寸),制定工作计划,完成一字螺钉旋具的零部件三维建模、组件装配和渲染，并提交设计资料（包括三维模型、装配体、渲染效果图、设计说明等）。

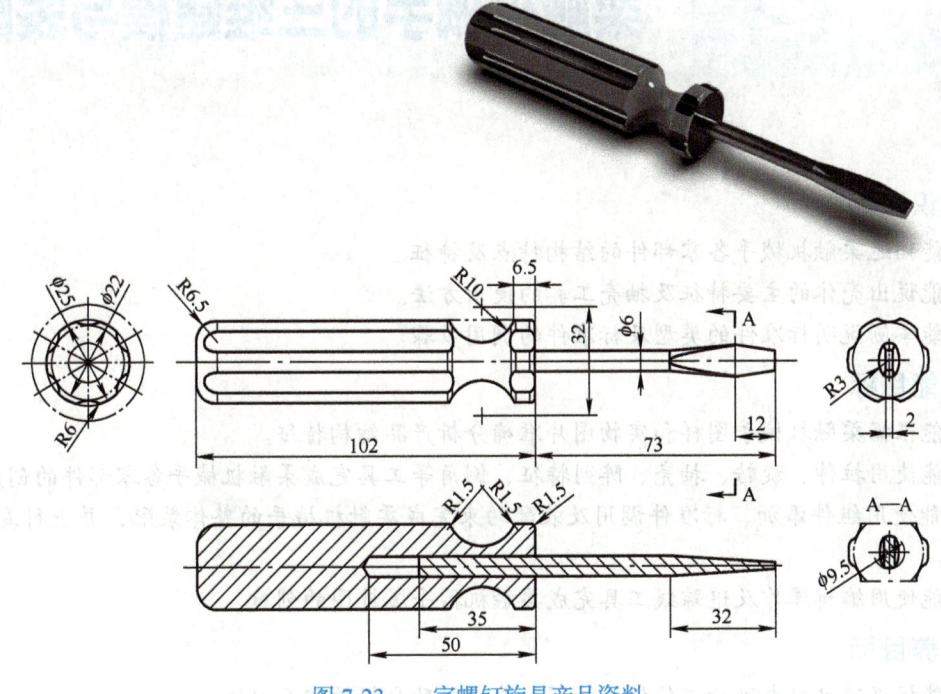

图 7-23 一字螺钉旋具产品资料

项目 8　柔触机械手的三维建模与装配

📖 知识目标
1. 能描述柔触机械手各零部件的结构特点及特征。
2. 能说出壳体的主要特征及抽壳工具的使用方法。
3. 能举例说明标准件的类型及标准件的调用步骤。

🖱 技能目标
1. 能根据柔触机械手图样和实物图片准确分析产品结构特征。
2. 能使用拉伸、旋转、抽壳、阵列特征、倒角等工具完成柔触机械手各零部件的创建。
3. 能使用组件添加、标准件调用及装配约束完成柔触机械手的整体装配，并进行真实着色渲染。
4. 能使用编辑爆炸及追踪线工具完成柔触机械手爆炸图的创建。

✿ 素养目标
1. 能根据项目要求进行工作任务拆解，养成细致分析的职业习惯。
2. 能协作完成柔触机械手的三维建模与装配任务，树立团结协作的合作精神。
3. 能阅读和交流柔触机械手设计与制造的相关素材，感悟精益求精的工匠精神。

8.1　项目描述

📖 项目背景

柔触机械手是一种具有柔软触感和高效抓取功能的机械手。传统机械手在处理易碎、变形或不规则形状的物体时无法满足需求，因此人们开始思考如何为机械手赋予更加智能和灵活的触觉。随着传感器技术、材料科学和控制算法的不断进步，柔触机械手逐渐崭露头角。近年来，人工智能和深度学习的兴起更是为柔触机械手的发展提供了强大的推动力，使其在医疗、制造、服务机器人等领域得到了广泛应用，如图 8-1 所示。

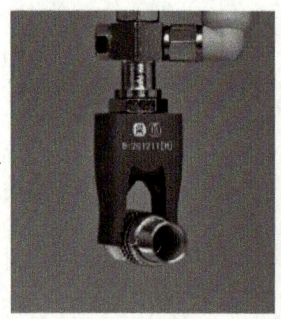

图 8-1　柔触机械手应用场景

1. 柔触机械手的特点

柔触机械手的出现不仅是技术上的一次飞跃,更是对传统机器人设计的一场革命。其具有以下特点。

1)精细操作能力:柔触机械手能够模拟人手的触觉,实现更加精细的物体操作,从而拓展了机器人应用的范围。

2)安全性提升:柔软的触觉传感器能够降低机器人与环境或人类之间的碰撞风险,使得机器人更适用于与人类共同工作的场景。

3)适应复杂环境:柔触机械手适应性强,能够在复杂、不确定的环境中灵活运动,为应对多变的任务提供了解决方案。

2. 柔触机械手指的结构特点与抓取功能

柔触机械手可抓取物体,如图8-2所示。柔触机械手的关键组成部分之一就是柔软触觉手指。这些手指通常具有以下结构特点。

图 8-2 柔触机械手抓取动作

1)柔软材料选择:手指采用柔软的材料,如硅胶或弹性聚合物等可变形材料,使柔触机械手能够实现对不规则形状物体的高效抓取。

2)传感器布置:触觉传感器被精确布置在手指表面,以实现全方位的触觉感知,类似于人手的皮肤感知能力。

3)可变形结构:柔触机械手指通常具有可变形的结构,可以根据抓取物体的形状和特性组合调整手指形态,提高抓取的适应性。

> **引导问题 1:**
> 通过对项目背景的分析,你认为该产品有哪些零部件?每个零部件的结构特征及相互之间的几何约束关系是什么?

项目要求

1)仔细分析四指柔触机械手的整体外形、零部件细节轮廓特征及零部件之间的几何位置关系。

2)根据柔触机械手的特点,制定柔触机械手的建模及装配计划。

3)根据计划,团队成员协作完成柔触机械手的零部件建模、装配及渲染工作,参见图8-3。

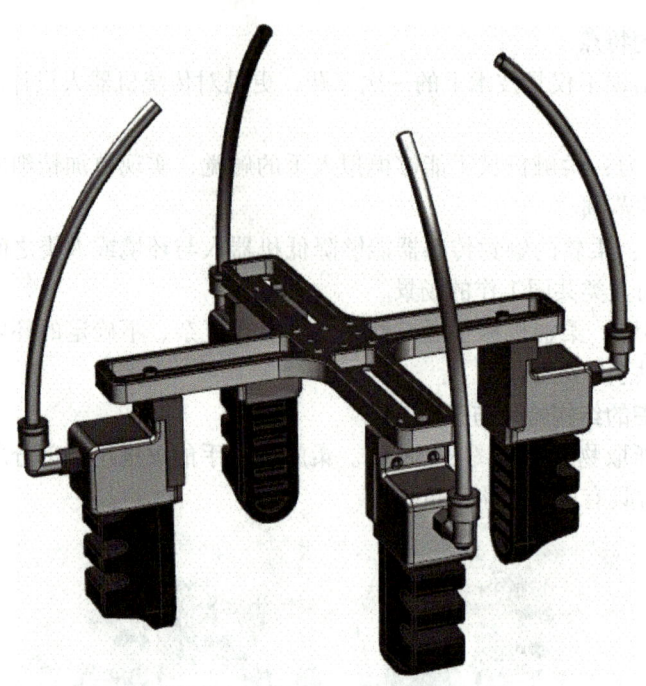

图 8-3　柔触机械手三维模型

8.2　项目分析

> 引导问题 2：
> 根据图 8-3 所示四指柔触机械手装配图，你认为该产品零部件特征对应的建模工具是什么？各部件的装配关系是什么？

根据以上分析，你认为该产品的三维建模与装配需要哪些步骤？请把你的计划写出来。

_____

_____

_____

8.3　项目实施

8.3.1　工作任务拆解

　　该四指柔触机械手主要由滑移架及 4 个一样的柔指组件构成，而柔指组件由手指、气管弯头、气盖、连接板、气管、M3 螺栓（内六角）及 M3 螺钉（一字埋头）等零部件组成，其中螺栓及螺钉为标准件不需要建模。建模时可按照从简单到复杂的顺序，依次完成各零部件的创建。在完成各零部件的建模之后，可先装配滑移架及一个柔指组件，其他 3 个柔指组件进行阵列即可，并制作爆炸图。最后通过艺术外观任务对产品整体进行渲染，赋予产品材质。工作任务拆解如图 8-4 所示。

项目 8　柔触机械手的三维建模与装配

图 8-4　工作任务拆解

通过以上分析，本项目的工作内容主要包括零部件建模、产品装配（包括渲染）两个部分。

8.3.2　零部件建模

1. 滑移架建模

建模思路：该零件为板状，由四向的架体、内部滑槽、螺栓槽及中心孔系组成。根据架体的对称关系，可选择只绘制 1/4 的轮廓，再进行阵列获得整体草图，然后以此草图创建四向架体、内部滑槽及螺栓槽，最后再创建中心孔系以及完成倒角，如图 8-5 所示。

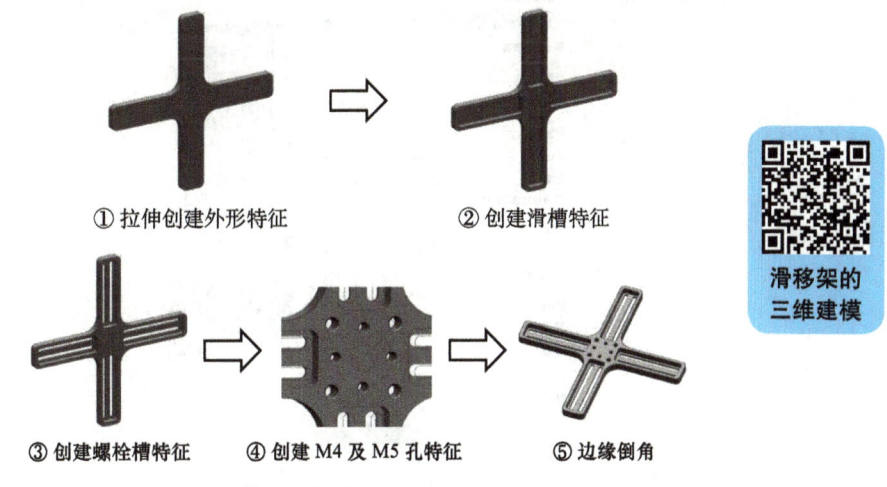

图 8-5　滑移架建模

2. 手指建模

建模思路：手指可通过改变气压发生形变，其整体为壳体，可在整体建模后再进行抽壳。手指基本外形为长方体，外侧面有拔模斜度，并有变形槽，因此先拉伸整体外形轮廓，再用拔模绘制侧面，然后创建变形槽及圆角，最后内部抽壳。

1）创建整体外形轮廓草图。注意：内部有多个同尺寸的矩形轮廓，可选择只绘制其中一个轮廓，其他进行阵列，如图 8-6 所示。

2）创建外形拉伸特征：分别选择对应的区域进行拉伸（使用曲线的规则为相连曲线或区域边界曲线），注意外侧面的拔模设置，如图 8-7 所示。

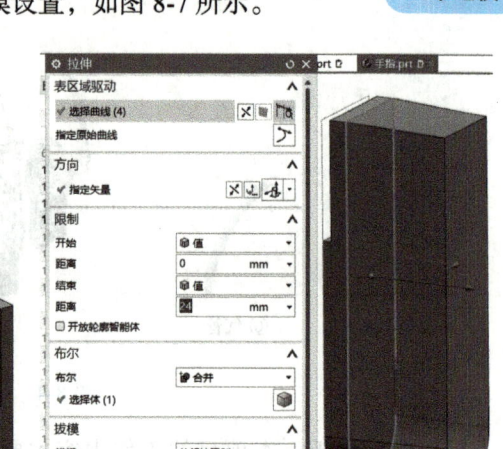

图 8-6　创建整体外形轮廓草图　　　图 8-7　创建外形拉伸特征

3）创建手指下部曲面切除特征：绘制轮廓草图，拉伸切除，如图 8-8 所示。

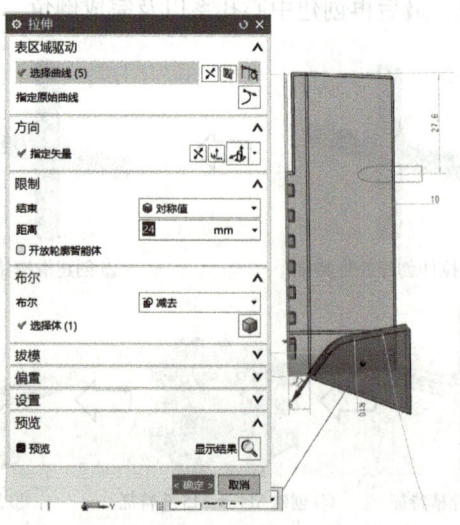

图 8-8　创建手指下部曲面切除特征

4）创建变形槽特征：先创建变形槽的草图轮廓，再进行拉伸，然后进行特征阵列，如图 8-9 所示。

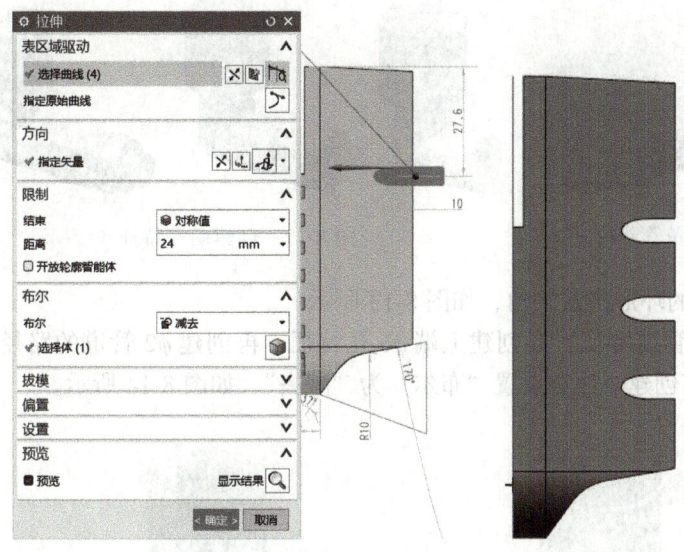

图 8-9　创建变形槽特征

5）外侧边缘倒圆角并进行内部抽壳，最后进行打孔，如图 8-10 所示。

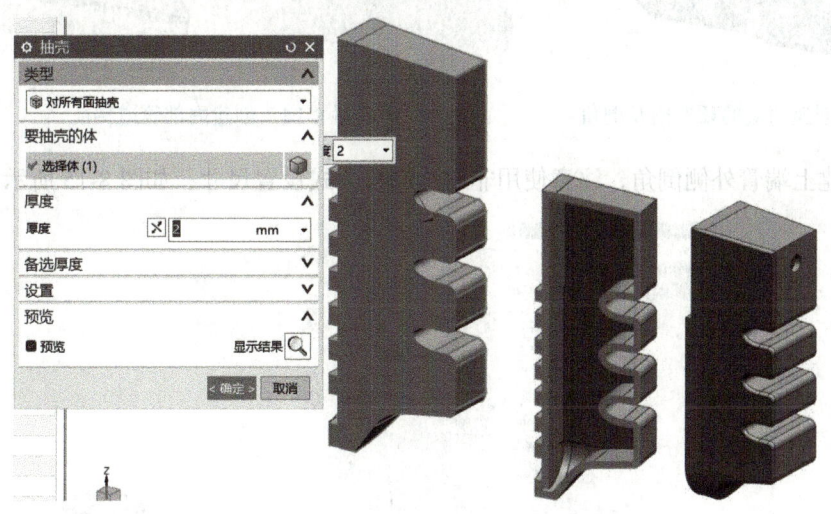

图 8-10　倒圆角、抽壳、打孔

3. 气管弯头建模

建模思路：该零件两端包含圆柱特征、六角特征及环形槽，中间连接部分是直角管状特征，内部则是尺寸为 $\phi 2$ 的管道。可先创建中间直角管状特征，再创建圆柱特征及六角特征，最后创建内部管道。

1）创建直角管状特征：先绘制管道中心轨迹线草图，然后用管特征工具分别创建两端管，缺角部分通过管道半截面草图进行旋转创建，注意特征之间要布尔合并，如图 8-11 所示。

2)创建两端特征：分别创建草图并进行拉伸，如图 8-12 所示。

气管弯头的三维建模

图 8-11　创建直角管状特征　　　　图 8-12　创建两端特征

3)创建两端的环形槽及倒角，如图 8-13 所示。

4)创建内部管道特征：先创建上端 $\phi 6$ 孔特征，再创建 $\phi 2$ 管道的路径草图，然后用管特征工具进行管道创建，注意设置"布尔"为"减去"，如图 8-14 所示。

图 8-13　创建两端的环形槽及倒角　　　　图 8-14　创建内部管道特征

5)创建上端管外侧倒角，注意使用非对称倒角方式设置尺寸，如图 8-15 所示。

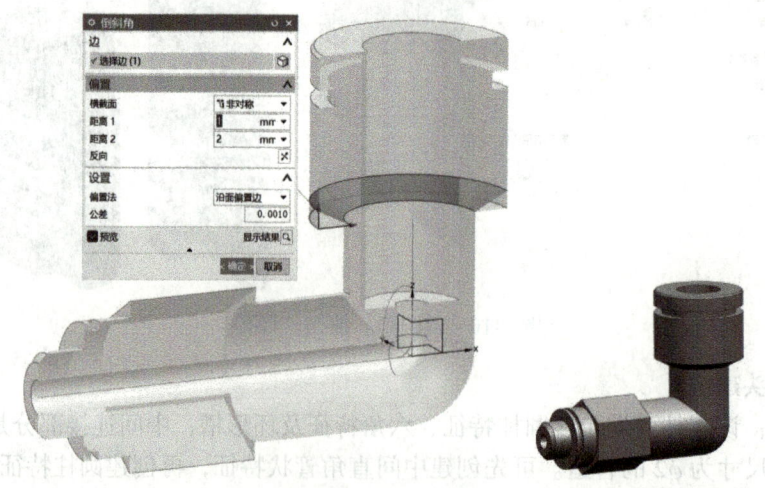

图 8-15　创建上端管外侧倒角

4. 气盖建模

建模思路：该零件整体外形为方形，内部空间区域与柔触手指进行配合通气，另外还有两个螺纹孔用于定位配合，因此可先用拉伸工具创建整体外形并倒圆角，再用孔工具创建螺纹孔，然后对内部区域进行拉伸切除，如图 8-16 所示。

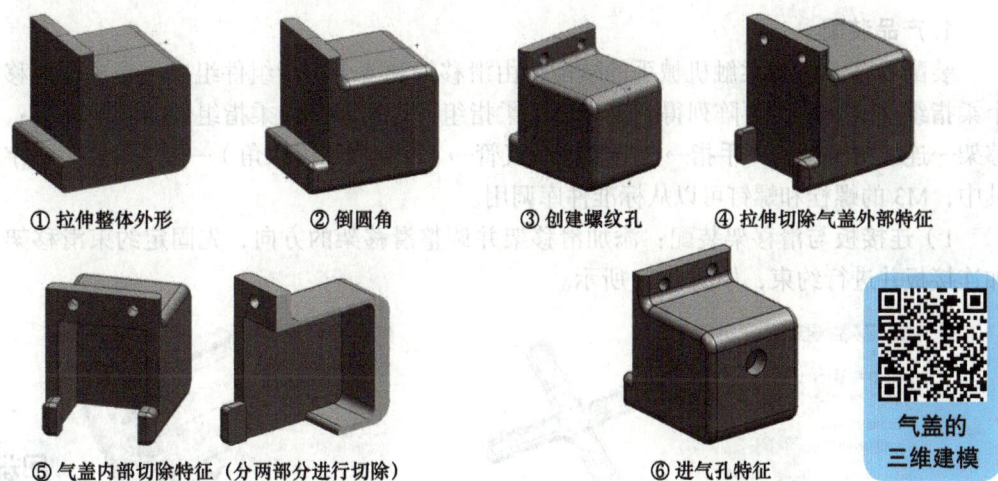

图 8-16　气盖建模

5. 连接板建模

建模思路：该零件整体外形为方形特征，再加上两组螺纹孔特征，因此建模顺序为拉伸整体外形，然后用孔工具创建螺纹孔特征，如图 8-17 所示。

图 8-17　连接板建模

6. 气管建模

建模思路：气管是管特征，先创建管路径草图，再使用管特征创建即可，如图 8-18 所示。

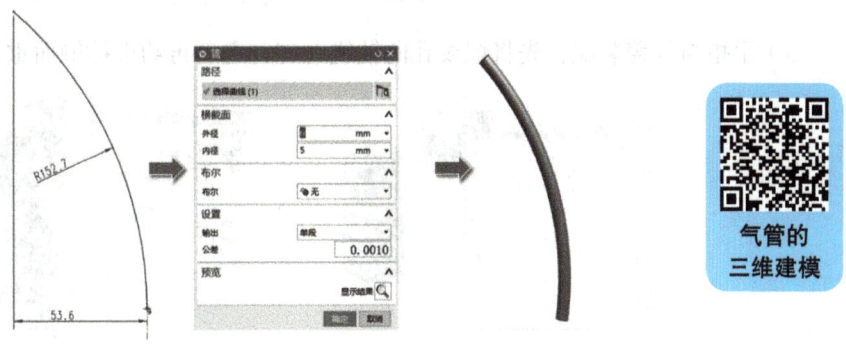

图 8-18　气管建模

8.3.3 产品装配

1. 产品装配

装配思路：四指柔触机械手的装配体由滑移架和 4 个柔指组件组成，先进行滑移架与一个柔指组件的装配，再阵列得到其他 3 个柔指组件。滑移架与柔指组件的装配顺序：固定滑移架→连接板→气盖→手指→气管弯头→气管→M3 螺栓（内六角）→M3 螺钉（一字埋头），其中，M3 的螺栓和螺钉可以从标准件库调用。

1）连接板与滑移架装配：添加滑移架并调整滑移架的方向，先固定约束滑移架，再添加连接板并进行约束，如图 8-19 所示。

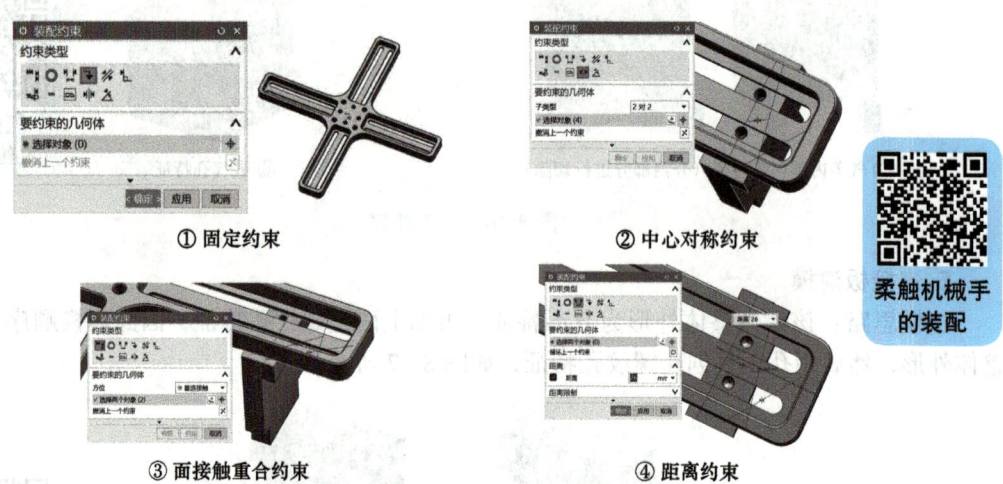

图 8-19 连接板与滑移架装配

2）气盖与连接板装配：先将螺纹孔的轴线对齐，之后再约束接触面重合，如图 8-20 所示。

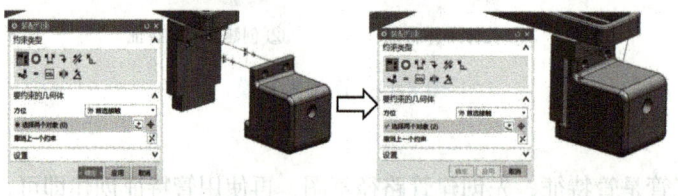

图 8-20 气盖与连接板装配

3）手指与气盖装配：先将螺纹孔的轴线对齐，之后再约束接触面重合，如图 8-21 所示。

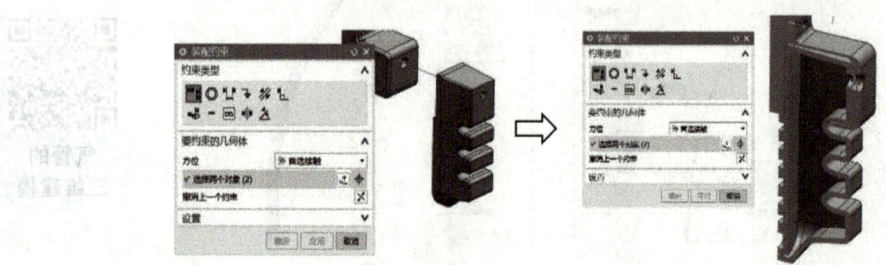

图 8-21 手指与气盖装配

4）气管弯头与气盖装配：先将孔的轴线对齐，之后再约束接触面重合，如图 8-22 所示。

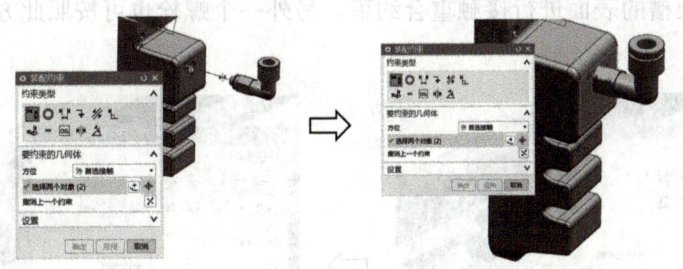

图 8-22　气管弯头与气盖装配

5）气管与气管弯头装配：选择气管端面圆与气管弯头端面的圆进行同心约束，如图 8-23 所示。

图 8-23　气管与气管弯头装配

6）标准件 M3 内六角螺栓调用：切换左侧浏览器至"重用库"，在"重用库"列表中选择 GB Standard Parts → Screw → Socket Head，在"成员选择"中选择对应的螺栓类型，将其用鼠标左键拖放到装配区，然后设置螺栓的大小和长度，确定后即可看到调用的螺栓实体，如图 8-24 所示。

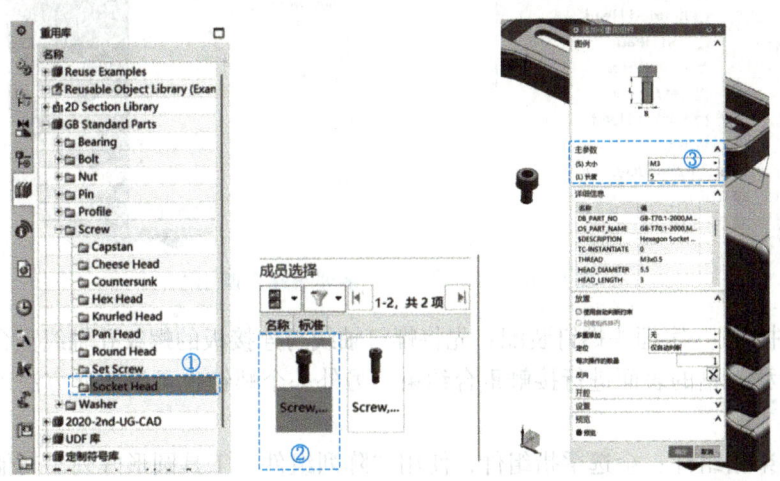

图 8-24　标准件 M3 内六角螺栓调用

7）标准件 M3 内六角螺栓装配：先将螺栓轴线与连接板的螺纹孔轴线重合，再对螺栓头下表面与滑移架槽的表面进行接触重合约束。另外一个螺栓也可按照此方法进行装配，如图 8-25 所示。

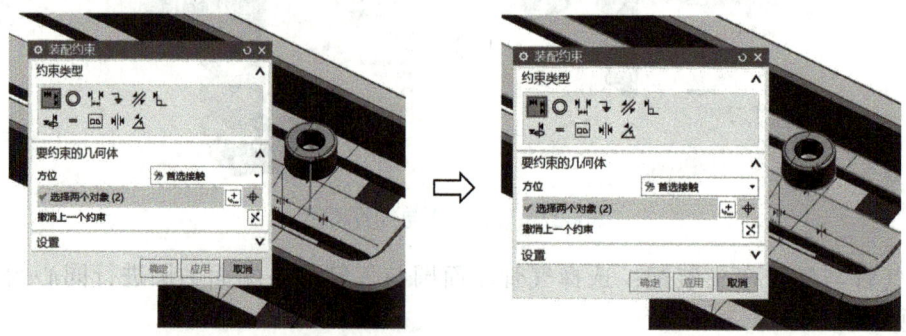

图 8-25　标准件 M3 内六角螺栓装配

8）标准件 M3 一字埋头螺钉调用：与前面类似，在"重用库"列表中选择 Countersunk，在"成员选择"中选择对应的螺钉类型，将其用鼠标左键拖放到装配区，然后设置大小和长度，确定后即可看到调用的螺钉实体，如图 8-26 所示。

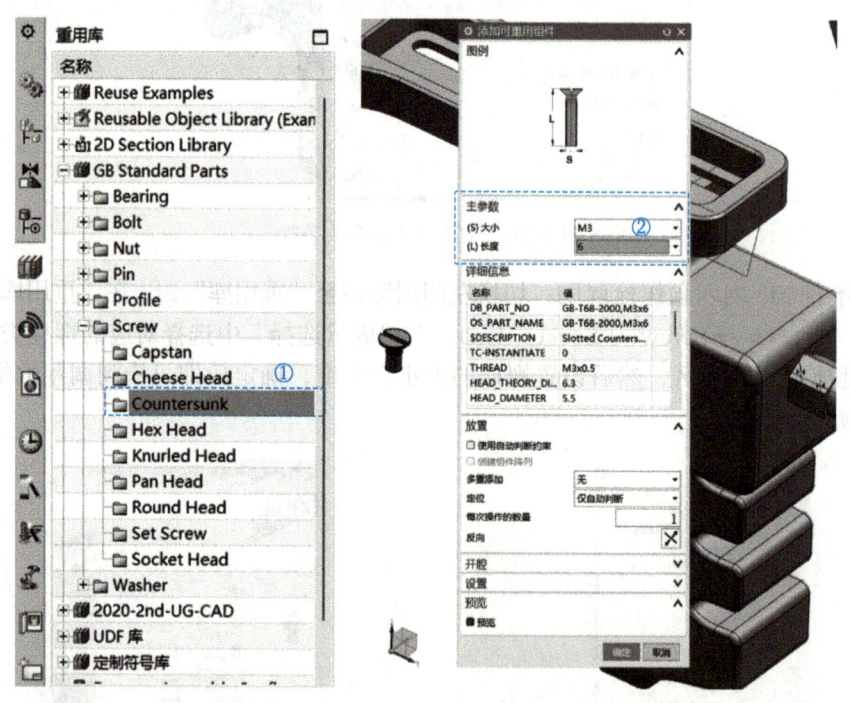

图 8-26　标准件 M3 一字埋头螺钉调用

9）标准件 M3 一字埋头螺钉装配：先将螺钉轴线与连接板的螺纹孔轴线重合，再对螺钉头下表面与滑移架槽的表面进行接触重合约束。另外一个螺钉也可按照此方法进行装配，如图 8-27 所示。

10）阵列柔指组件：全选柔指组件，使用"阵列组件"工具圆形阵列出其他三组柔指组件，注意在创建阵列旋转轴时可显示滑移架的草图以方便选取旋转中心，如图 8-28 所示。

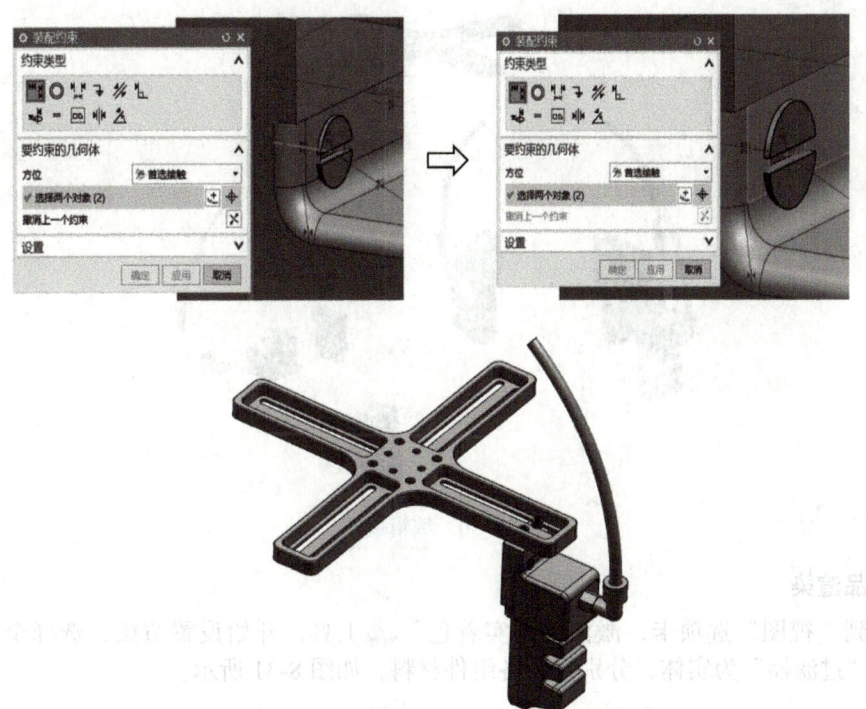

图 8-27 标准件 M3 一字埋头螺钉装配

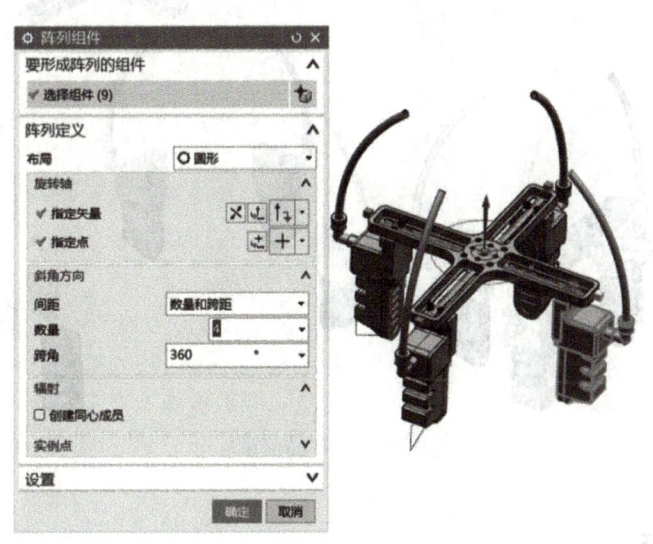

图 8-28 阵列柔指组件

2. 生成爆炸图

1）单击 新建爆炸，输入爆炸图名称，如图 8-29 所示。

2）单击 编辑爆炸，选择要爆炸分离的零件，然后通过动态坐标系移动零件到合适位置，最后选择一组柔指组件制作追踪线，如图 8-30 所示。

图 8-29 新建爆炸

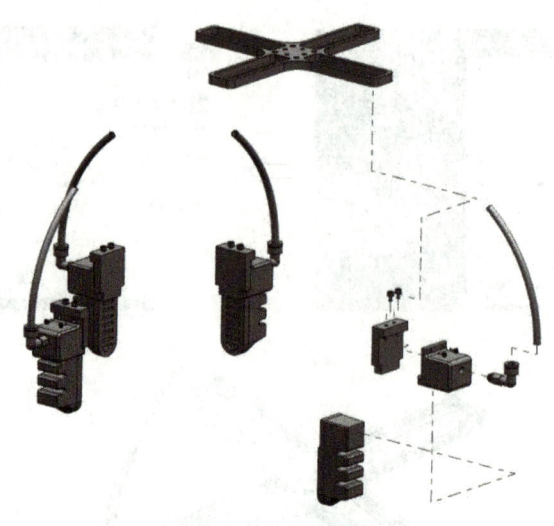

图 8-30　编辑爆炸

3. 产品渲染

切换到"视图"选项卡,激活"真实着色" ⬤工具,开始设置渲染,选择全局材料为钢,切换"过滤器"为实体,分别设置各组件材料,如图 8-31 所示。

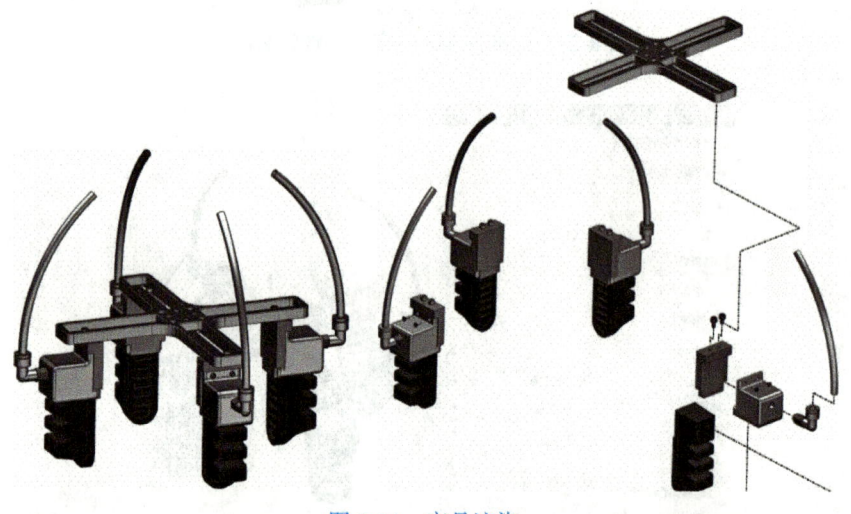

图 8-31　产品渲染

8.4　知识链接

8.4.1　壳体

薄壁壳类产品在工业领域中非常常见,它们通常指的是那些具有较小的壁厚和较大表面积的三维结构产品,如图 8-32 所示。这种结构在满足设计要求的同时也能极大减小产品质量。

1)航空航天部件:飞机和航天器的机翼、机身、发动机部件等,需要在保持轻量化的同时具备高强度和良好的耐久性。

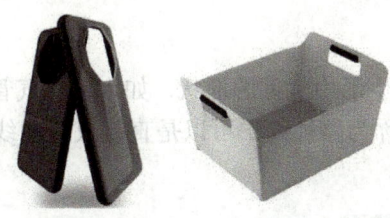

图 8-32 常见薄壁壳类产品

2)电子产品外壳：手机、笔记本电脑、平板电脑等设备的外壳，追求轻薄、便携，同时要保护内部电子元件。

3)包装材料：如食品和药品的包装盒，这些包装需要保护内容物，同时要便于运输和展示。

4)家具和家居用品：如收纳盒、箱子，这些产品在追求美观的同时，也要保证结构的轻便性。

8.4.2 抽壳特征工具

如图 8-33 所示，常用的壳体分为两类：一类是移除实体的某些面进行抽壳，余下的是开放或半开放的薄壁实体；另一类是在实体内部进行抽壳，余下的是封闭的薄壁实体。

对于壳体特征，NX 提供了抽壳工具 抽壳，根据壳体的两种类型分为"移除面，然后抽壳" 和"对所有面抽壳" ，在使用时要先确定壳体类型才能进行后续操作。

NX 的抽壳工具一般使用步骤为：①选择抽壳类型（如果是内部抽壳，要选择"对所有面抽壳"）→②指定抽壳对象（根据抽壳类型）→③设置抽壳厚度→④预览并确定抽壳结果，如图 8-34 所示。

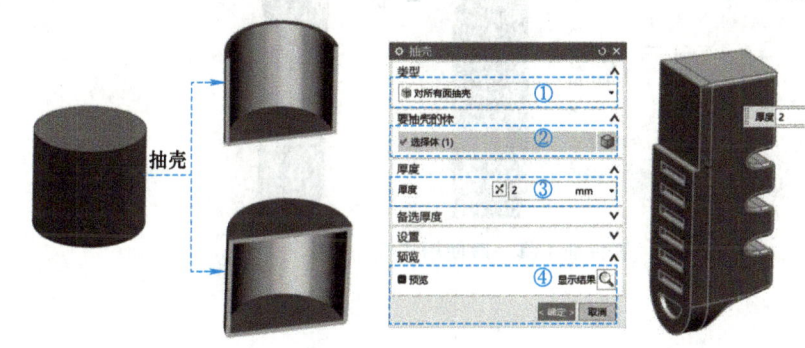

图 8-33 抽壳的两种类型

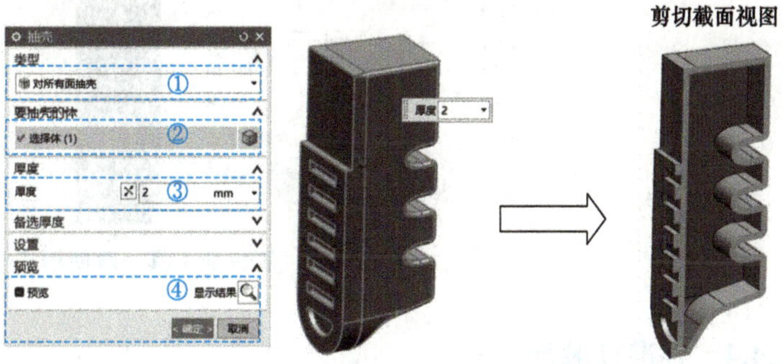

图 8-34 抽壳工具一般使用步骤

> **知识提点：**
>
> 1)抽壳厚度默认向内，即在实体内部去除材料，如果壁厚为实体外形向外，可根据需要单击 更改厚度方向。
>
> 2)内部抽壳无法直观查看内部抽壳结果时，可切换视图选项 、 创建剪切截面视图进行观察。

8.4.3 管特征

如图 8-35 所示,管特征是生活中常见的形状,如水管、气管、线管,它们的共同特点是截面都是圆形的,而中线(又称为路径线)可以是直线或者曲线。因此,管特征的基本几何要素是路径线和圆形截面。

图 8-35　常见管类产品

根据管特征的几何要素,NX 提供了快捷的管特征工具,除了可以创建常规管实体,还可以通过布尔运算创建管曲面特征,如麻花钻的排屑槽。

NX 管特征工具的一般使用步骤为:①选择路径曲线→②设置圆形截面直径尺寸(如果是薄壁管要设置内外径)→③指定布尔规则→④预览并确定管特征,如图 8-36 所示。

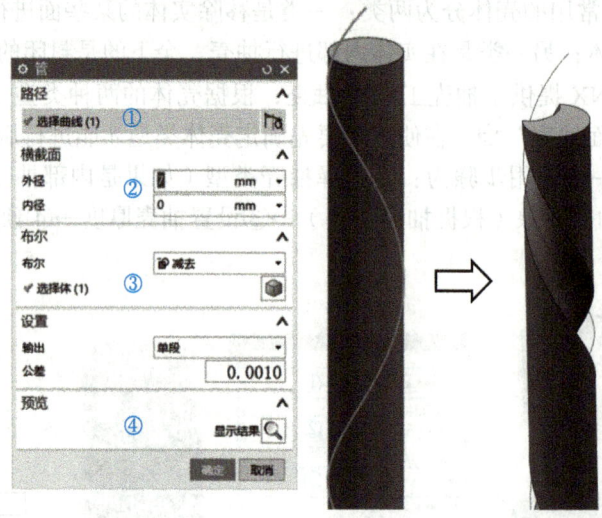

图 8-36　管特征工具一般使用步骤

8.4.4 标准件装配

如图 8-37 所示,在机械行业中有很多通用的产品,如螺栓、螺母、垫片等,这类产品常被称为标准件,其结构、尺寸、画法、标记等各个方面已经完全标准化。常见标准件类型包括紧固件、连接件、传动件、密封件、液压元件、气动元件、轴承、弹簧等。

这些标准件的设计遵循国际或国家标准,如中国国家标准(GB)、美国机械工程

图 8-37　常见标准件

师协会标准（ANSI/ASME）、德国标准（DIN）等，以确保互换性和兼容性。标准化使得这些零部件可以在不同的制造商和应用之间通用，简化了设计、生产和维护过程。

为了提高工作效率，现在主流三维软件均集成了标准件参数化模型库，用户可根据需要直接调用对应的标准件三维模型并修改对应的参数，生成所需的零件并进行装配。对于 NX 而言，其提供了种类齐全的标准件重用库，用户可快速找到所需的标准件，并设置所需的参数尺寸，从而进行装配。

如图 8-38 所示，标准件调用的一般操作步骤为：切换导航器至"重用库"，双击 GB Standard Parts，找到标准件的大类及子类文件夹（例如内六角螺栓处于 Screw 文件夹下的子文件夹 Socket Head），在"成员选择"对话框中找到对应的标准件类型图标，并将其拖放至工作区，即可看见所添加标准件的参数设置窗口，设置标准件的类型及对应参数（例如螺栓的大小和长度），确定后即可看到调用的螺栓实体。

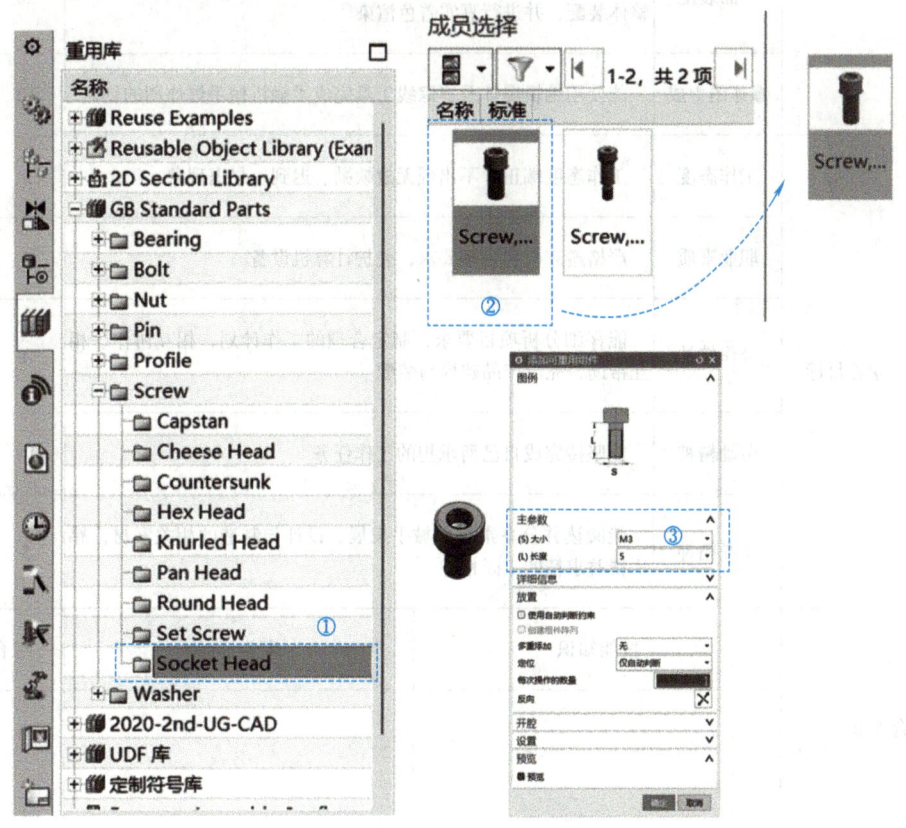

图 8-38 标准件调用一般操作步骤

8.5 项目实施评价

一分耕耘，一分收获，相信你在前面的项目实施中付出的诸多努力会带来丰富的收获，当然你也遇到了许多考验。请完成右侧二维码中的任务报告书以呈现你的工作成果，并对工作过程中困扰你的问题（如产品分析问题、特征操作错误、装配错误等）进行总结，为下次更好地完成任务做好准备。之后请根据表 8-1 中的评价条目及标准客观地对项目完成情况进行评价。

表 8-1 项目综合评价表

序号	考核项目	考核内容	分值	
			配分	得分
1	技能知识	图样分析	能正确认识读图样,并结合实物判断柔触机械手各零部件的结构特点及特征类型	5	
2		零部件建模	能使用拉伸、旋转、抽壳、阵列特征、倒角等特征工具完成柔触机械手各零部件的创建	30	
3		产品装配	能使用组件添加、标准件调用及装配约束完成柔触机械手的整体装配,并进行真实着色渲染	20	
4		爆炸图生成	能使用编辑爆炸及追踪线工具完成柔触机械手爆炸图的创建	10	
5	素养目标	工作态度	工作态度端正,不出现无故缺勤、迟到、早退现象	5	
6		职业素质	严格遵守机房管理要求,爱护计算机设备	5	
7		合作精神	能仔细分析项目要求,制定合理的工作计划,相互协作、相互帮助,完成产品建模与装配	10	
8		劳动精神	能坚持完成自己所承担的工作任务	10	
9		工匠精神	能阅读并分享柔触机械手发展、设计与制造的相关素材,感悟精益求精的工匠精神	5	
综合评价			技能知识	素养目标	综合得分

8.6 巩固与拓展

项目总结

本项目主要包括建模与装配任务,其中,建模任务综合运用了拉伸、孔、环形槽、管、抽壳、倒角等特征工具,装配任务除了常用的现有组件装配,还增加了标准件的调用。项目技能导图如图 8-39 所示。

项目 8 柔触机械手的三维建模与装配

项目技能导图

- **项目8 柔触机械手的三维建模与装配**
  - **1. 产品分析**
    - 1.1. 零部件组成：柔指机械手滑移架、手指、气管弯头、气盖、连接板、气管、M3螺栓(内六角)及M3螺钉(一字埋头)，其中螺栓及螺钉为标准件，不需要建模
    - 1.2. 几何关系：柔指机械手除滑移架外，是4个同样的子装配组件，而子装配的几个零部件均为接触对齐关系
    - 1.3. 零部件建模步骤：零件可按由简到难的顺序创建，亦可根据团队分组任务安排
    - 1.4. 装配步骤：先固定基准零件(滑移架)，再根据相邻零部件的几何关系进行装配，最后再进行爆炸图创建
  - **2. 零部件建模**
    - 2.1. 滑移架：属于板状产品，由四向的架体、内部滑槽及中心孔系组成，可用拉伸工具分别创建四向架体及内部滑槽，最后再创建孔系
    - 2.2. 气盖：该产品整体外形为方形，内部空间区域与柔触手指进行配合通气，可先用拉伸工具创建整体外形并倒圆角，再用孔工具创建螺纹孔，然后对内部区域进行拉伸切除
    - 2.3. 手指：手指通过改变气压发生形变，因此其整体为壳体，先用拉伸工具创建整体外形，再拔模侧面，然后创建变形槽及圆角，最后内部抽壳
    - 2.4. 连接板：整体外形为方块特征，再加上两组螺纹孔特征，可先拉伸整体外形，然后用孔工具创建螺纹孔特征
    - 2.5. 气管弯头：该产品由管特征及圆柱、六角特征、环形槽及倒角组成，可先创建中间管状特征，再创建圆柱特征及六角特征，然后创建内部管道，环形槽及倒角可最后创建
    - 2.6. 气管：整体外形为管特征，路径用草图创建
  - **3. 产品装配**
    - 3.1. 装配步骤：添加组件(零部件或标准件)→装配约束→阵列组件
    - 3.2. 标准件添加：通过标准件重用库调用标准件(内六角及一字埋头)，并设置对应参数
    - 3.3. 零部件移动/旋转：在装配过程中可通过移动组件调整零部件方位，便于选取约束对象
    - 3.4. 约束编辑：在装配导航器的约束列表中选中对应的约束关系进行类型更改或删除(约束冲突)
    - 3.5. 阵列组件：对于4组子装配体，可先完成1组，再阵列出其余3组
  - **4. 爆炸图生成**
    - 4.1. 爆炸步骤：新建爆炸→编辑爆炸→创建追踪线→检查
    - 4.2. 编辑爆炸：针对1组柔指组件子装配体的零部件进行拆分，移动至合适位置
    - 4.3. 追踪线：选取配合组件的特征点为起止点，创建追踪线
  - **5. 产品渲染**：根据需要选取真实着色或高级渲染模块进行视觉效果设置，包括材质、背景、场景等样式设置

图 8-39 项目技能导图

✎ 拓展任务

本项目的柔触机械手属于抓取类型，适用于从外部抓取或夹持零件，但对于需要既可以从内部抓取（内撑）又可以从外部抓取的应用场景（如堆叠玻璃器皿）则不适用。本拓展任务需要完成图 8-40、图 8-41 所示内撑型柔爪机械手的三维建模及装配，请结合本项目经验，搜集相关资料，制定工作计划，完成柔爪机械手零部件三维建模及产品装配，外形可参考图中的产品样式和规格标准，并提交设计资料（包括三维模型、渲染效果图、设计说明等）。

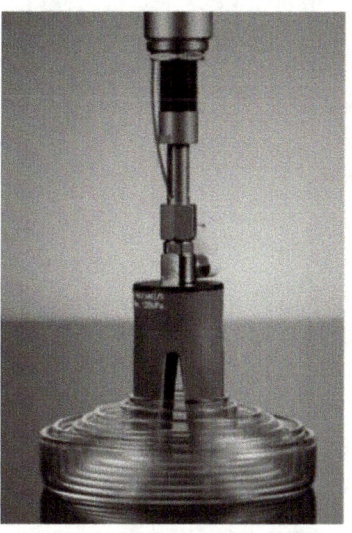

图 8-40 内撑型柔爪机械手

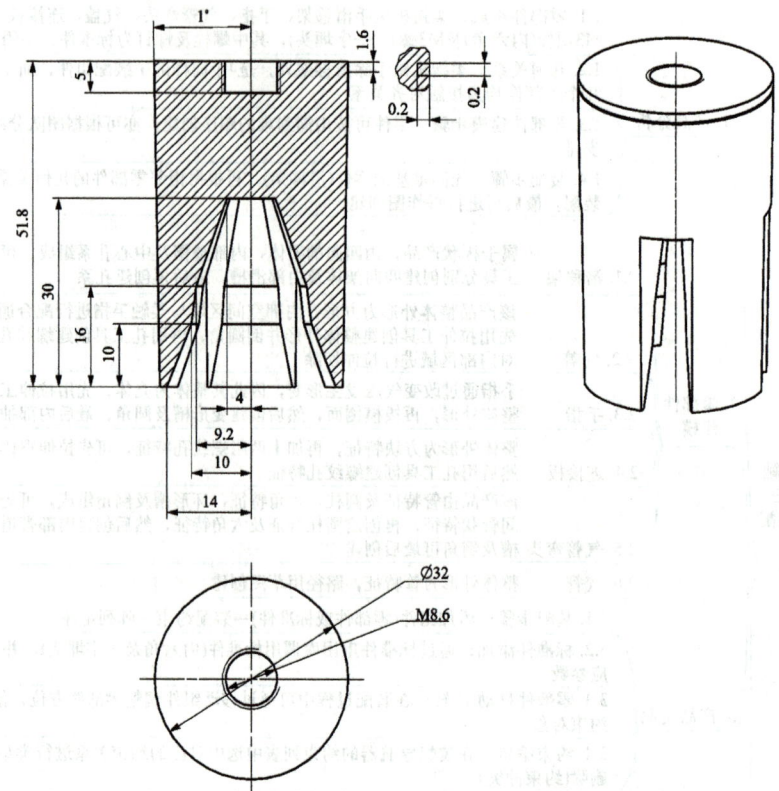

图 8-41　内撑型柔爪尺寸

模块三

典型工业产品的零部件建模、装配与制图

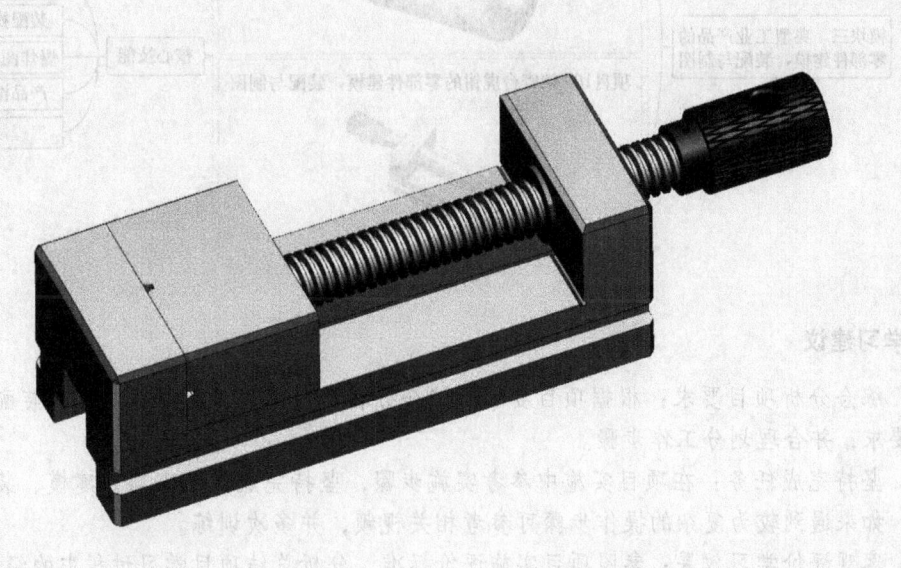

内容概述

在工业产品制造行业，仅有产品零件和装配体 3D 模型是不够的，还需要很多详细信息才能进行生产，例如详细描述产品的尺寸、形状、材料以及各种技术要求，这些信息对于确保产品能够按照预定要求进行生产和实现功能至关重要。而这些信息通常是通过工程图进行表达，因此工程图是传递设计思想和技术信息的重要载体，无论是设计者还是制造者，都需要通过工程图来理解和执行设计意图。此外，工程图作为一种标准化的行业文件，采用统一的图样标准和规范，可以促进不同地区甚至不同国家的企业之间进行技术交流和合作，加速技术创新和应用推广。

随着 CAD 技术的发展，工程制图已经从传统的手绘方式转变为数字化绘图，NX 软件作为一种以数字模型为核心的 CAD 软件，提供了强大的制图功能，极大提升了制图效率。为让大家掌握这项技能并巩固前两个模块的学习内容，本模块设置了两个工业产品的零部件建模、装配与制图综合项目，让学习者能熟练使用三维建模、视觉效果、装配工具完成产品零部件设计与整体装配工作，并能使用制图工具完成符合国家标准的零部件及装配体工程图的制作，从而熟练掌握三维设计的核心技能。

思维导图

学习建议

1. 综合分析项目要求：根据项目要求，综合分析产品零部件的结构特点、装配关系以及制图要求，并合理划分工作步骤。

2. 坚持完成任务：在项目实施中参考实施步骤，坚持完成产品零部件建模、装配与制图任务，如果遇到较为复杂的操作步骤可参考相关视频，并多次训练。

3. 客观评价学习效果：参照项目实施评价标准，分析总结项目学习过程中的经验和问题，并充分利用项目资源进行巩固提升。

4. 坚持理实一体：强化理解项目知识链接中与核心技能密切相关的知识要点，并将其应用于项目相关的拓展任务中。

项目 9　弹性联轴器的零部件建模、装配与制图

📖 知识目标

1. 能描述弹性联轴器各零部件的结构特点及特征。
2. 能说出工程制图的主要步骤和图纸页的主要内容。
3. 能说明基本视图、剖视图、尺寸标注、注释工具的功能和操作步骤。

🖱 技能目标

1. 能根据挠性联轴器图样和实物图片准确分析产品结构特征。
2. 能使用草图、拉伸、旋转、阵列特征等工具完成弹性联轴器各零部件的创建。
3. 能使用组件添加、标准件调用及装配约束完成弹性联轴器的整体装配及爆炸图,并进行真实着色渲染。
4. 能使用图纸页、基本视图、尺寸标注、注释、零件明细表工具完成弹性联轴器各零件及装配图的工程图制作。

❋ 素养目标

1. 能根据项目要求进行工作任务折解,养成细致分析的职业习惯。
2. 能制定合理工作计划,相互协作、相互帮助,坚持完成自己所承担的工作任务。
3. 能分享和交流运用三维软件制图与手工制图的体会,感悟工业软件的创新发展。

9.1　项目描述

📖 项目背景

弹性联轴器的主要作用是在两轴之间传递转矩,同时具有一定程度的轴向、径向和角向偏差补偿能力。在开发弹性联轴器之前,人们主要使用刚性联轴器,这种联轴器经常会导致错位、振动和连接机械的机械应力等问题。刚性联轴器的局限性促使人们需要一种更加灵活有效的解决方案,这便是弹性联轴器的起源。弹性联轴器不仅能够在轴之间传递动力和运动,当两个轴之间存在一定的偏移时它还能够补偿偏差,吸收冲击和振动,这些特性使其在工业机械、汽车系统、船舶、航空航天等领域得到了广泛应用。

1. 弹性联轴器的功能

1) 连接传动:弹性联轴器能有效连接两个轴线不完全重合的轴,实现动力的传递。
2) 减振缓冲:弹性联轴器的弹性元件能够吸收轴间的振动和冲击,保护传动系统。
3) 补偿偏差:弹性联轴器能够补偿轴间的径向、角向和轴向偏差,保证传动系统的平稳运行。

2. 弹性联轴器的分类

如图 9-1 所示，根据结构特点和应用场合，弹性联轴器主要可分为以下几类。

1）非金属弹性联轴器：主要包括橡胶联轴器、聚氨酯联轴器等。这类联轴器具有良好的减振、缓冲性能，适用于低速、中小转矩的传动场合。

2）金属弹性联轴器：主要包括蛇形弹簧联轴器、膜片联轴器、链条联轴器等。这类联轴器具有较高的传动效率和承载能力，适用于高速、大转矩的传动场合。

3）混合型弹性联轴器：结合金属和非金属弹性联轴器的特点，具有较高的传动效率和减振性能，如金属波纹管联轴器、金属与橡胶组合联轴器等。

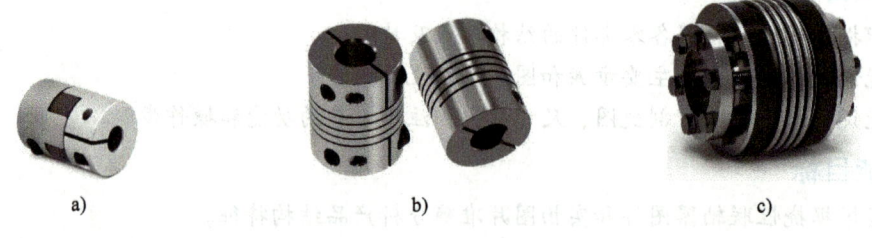

图 9-1 不同类型的弹性联轴器

a) 非金属弹性联轴器 b) 金属弹性联轴器 c) 混合型弹性联轴器

3. 非金属弹性联轴器的结构特点

如图 9-2 所示，联轴器主要由两个爪形联轴器轴套、弹性元件和紧固螺栓等组成。

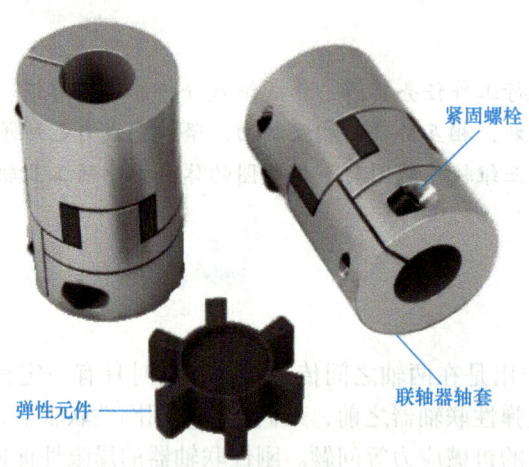

图 9-2 非金属弹性联轴器的结构

1）联轴器轴套：通常为金属制成，如钢材或铝材，形状为轮毂状，其上设有键槽和螺栓孔，用于与传动轴相连接。

2）弹性元件：弹性元件是弹性联轴器的核心部分，其外形通常为梅花形、星形或其他形状。弹性元件的高弹性使得联轴器具有较好的减振缓冲性能，能有效降低传动过程中产生的振动冲击。此外弹性元件在承受转矩时产生弹性变形，使得联轴器具有一定的轴向、径向偏差补偿能力，有利于传动系统的平稳运行。

弹性元件可由橡胶或聚氨酯制作而成。橡胶联轴器适用于低速、中小转矩的传动场合，而聚氨酯联轴器在高速、大转矩的传动场合具有较好的应用。

> **引导问题1：**
> 请结合项目背景，写出和弹性联轴器功能特点相关的精神意蕴。

☐ 项目要求

1）仔细分析某型号弹性联轴器的整体外形和零部件组成。

2）根据每个零部件的轮廓特点，选用合适的特征工具，制定弹性联轴器的零部件建模、装配、制图计划。

3）根据计划，合作完成弹性联轴器的零部件建模、装配、制图工作任务，参见图9-3。

图9-3 弹性联轴器三维模型

9.2 项目分析

> **引导问题2：**
> 通过对项目描述的分析，你认为图9-3所示的弹性联轴器有哪些零部件？每个零部件的结构特征及相互之间的约束关系是什么？

根据以上分析，你认为该产品的三维建模与装配需要哪些步骤？请把你的计划写出来。

_____

_____

> **引导问题3：**
> 你认为该产品需要制作哪些零件的工程图？每个零件需要哪些视图？尺寸标注及注释的基本流程是什么？

据以上分析，你认为该产品的制图需要哪些步骤？请把你的计划写出来。

_____

_____

_____

9.3　项目实施

9.3.1　工作任务拆解

本项目产品主要由联轴器轴套、梅花弹性元件、M5 螺钉（标准件），共计 3 种零部件组成，其中，标准件不需要建模。

1）零部件建模：由于联轴器轴套、梅花弹性元件有共同的接触面，建模时可先绘制共有的草图，然后利用同一个草图分别创建对应的特征，依次完成各零部件的创建。

2）产品装配：在完成各零件的建模之后再根据组件之间的几何位置关系选择对应的约束类型进行装配，并制作爆炸图。

3）产品渲染：通过艺术外观任务对产品整体进行渲染，赋予产品相应材质，增强产品视觉效果。

4）产品制图：根据产品选择合适的图纸与视图比例，创建视图，标注尺寸及相关注释内容，填写标题栏；装配图要注明零部件序号及填写明细表（BOM 表）。

通过以上分析，本项目的工作内容主要包括零部件建模、产品装配及工程制图 3 个部分，因此可划分为 3 个工作任务，如图 9-4~ 图 9-8 所示。

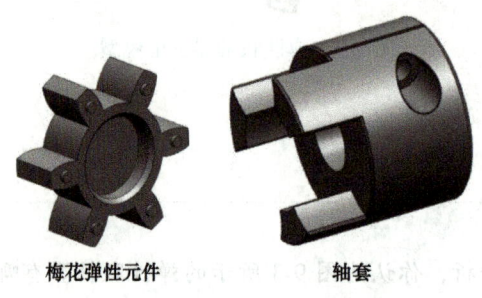

梅花弹性元件　　　　　　轴套

图 9-4　零部件建模

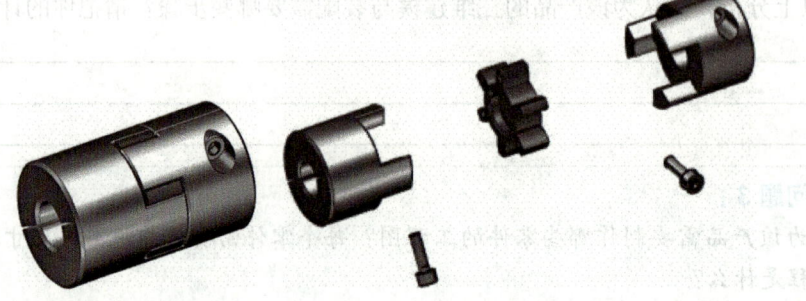

图 9-5　产品装配（含爆炸图、检查、渲染）

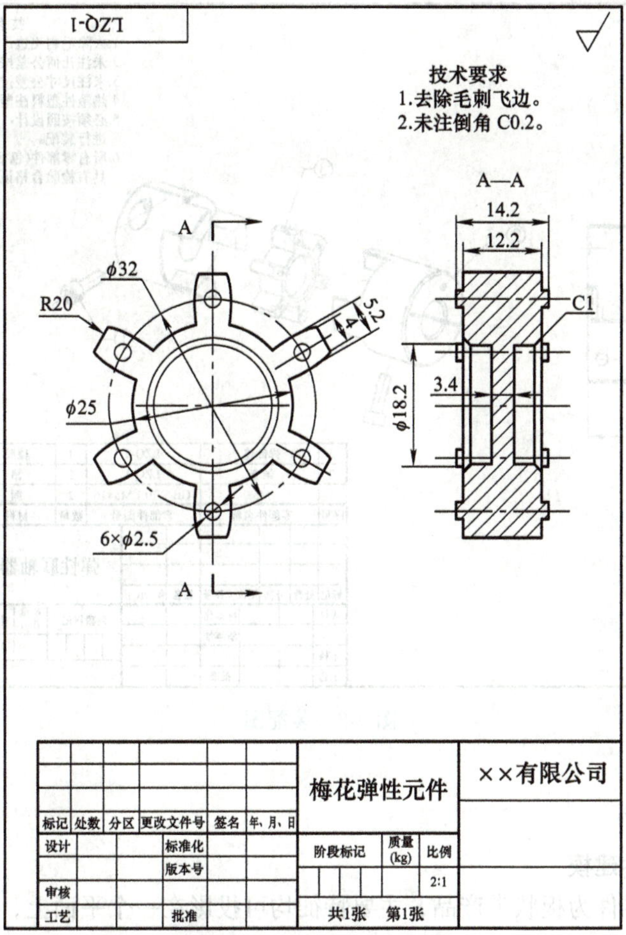

图 9-6 梅花弹性元件工程图

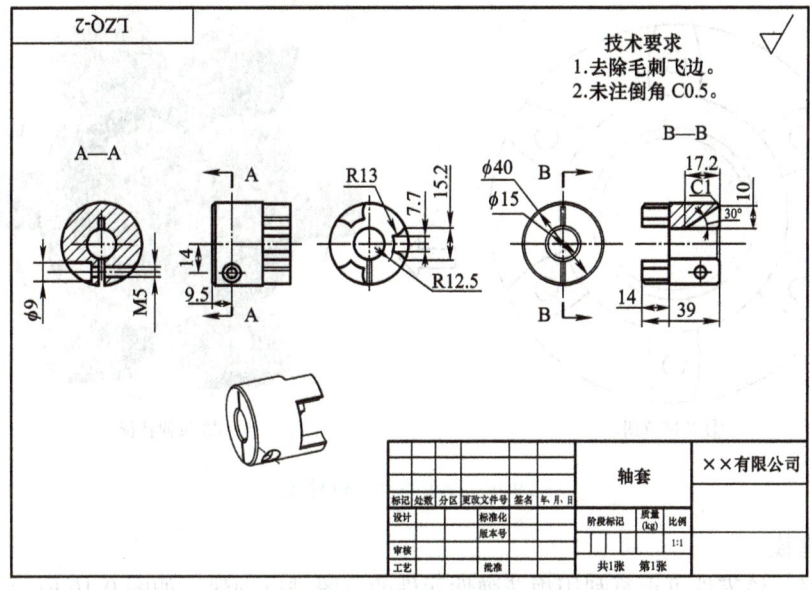

图 9-7 轴套工程图

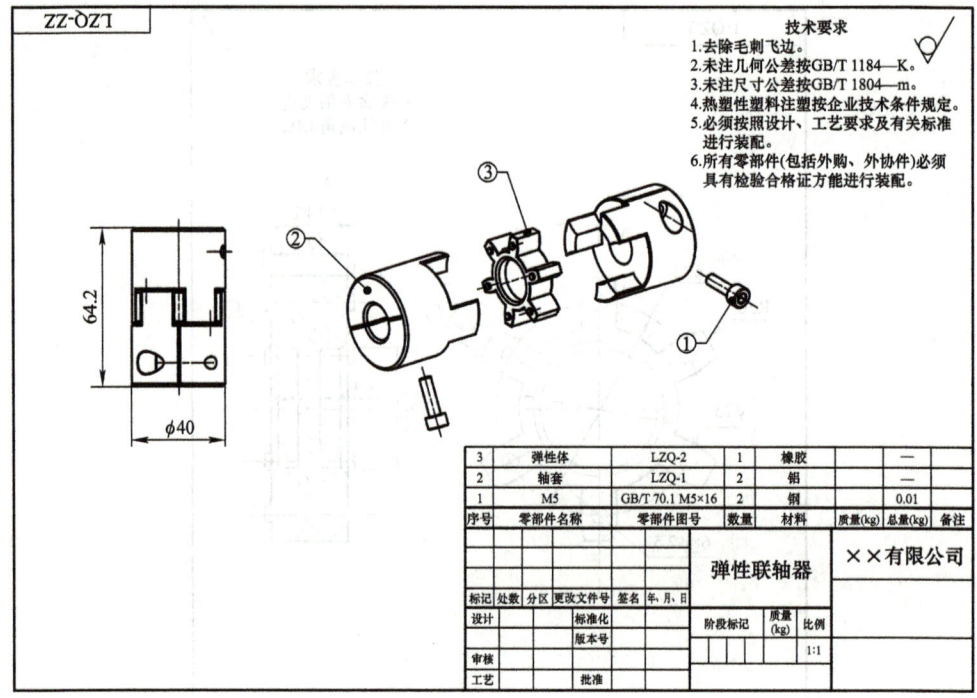

图 9-8 装配图

9.3.2 零部件建模

1. 梅花弹性元件建模

建模思路：该零件为板状类产品，主要特征均可投影在一个平面上，因此可先创建特征草图，再分别拉伸出对应的特征，如图 9-9 所示。

联轴器梅花弹性元件建模

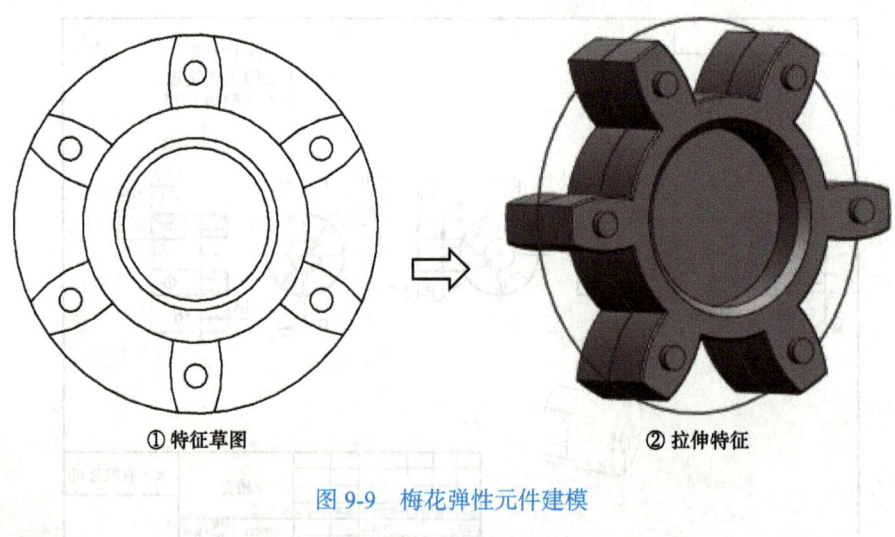

① 特征草图　② 拉伸特征

图 9-9 梅花弹性元件建模

2. 轴套建模

建模思路：该零件可重复利用梅花弹性元件的草图进行创建，如图 9-10 所示。

项目 9 弹性联轴器的零部件建模、装配与制图

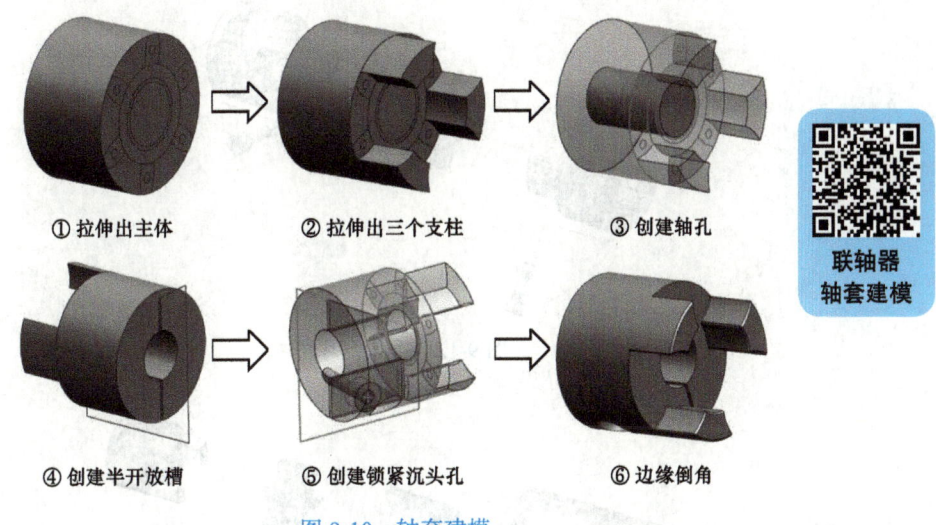

图 9-10 轴套建模

9.3.3 产品装配

1）装配：弹性联轴器的装配体由 2 个联轴器轴套、1 个梅花弹性元件及 2 个 M5 螺钉组成，因此，本项目的整体装配可先固定梅花弹性元件，其他零件按照对应的几何关系进行装配，如图 9-11 所示。

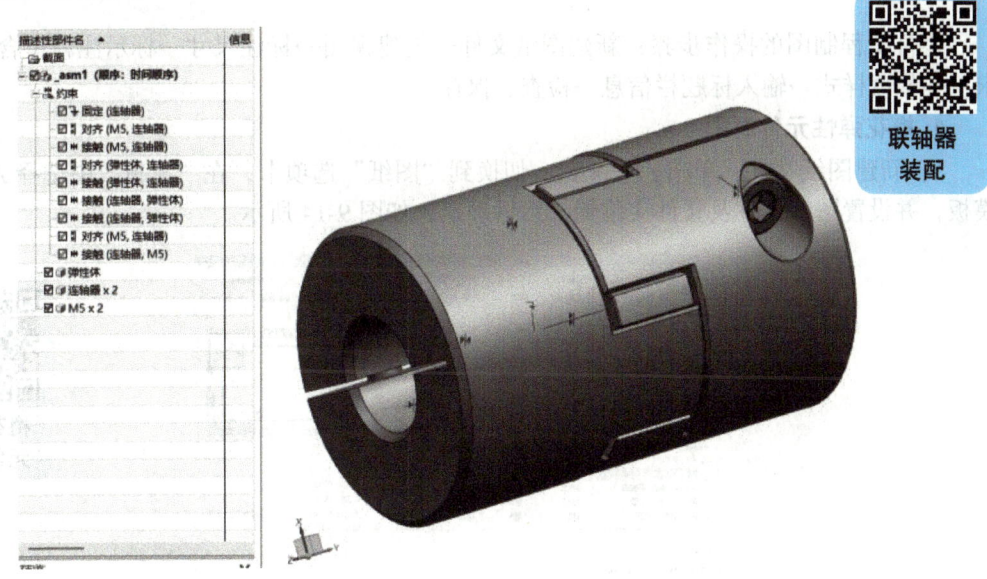

图 9-11 装配

2）生成爆炸图：新建爆炸→编辑爆炸（移动组件到合适位置）→添加追踪线（装配指引线）→检查，如图 9-12 所示。

3）渲染。切换到"视图"选项卡，激活"真实着色" 工具，设置渲染环境，选择全局材料为钢；切换"过滤器"为实体，分别设置各组件材料，弹性元件为红色塑料，轴套为铝，如图 9-13 所示。

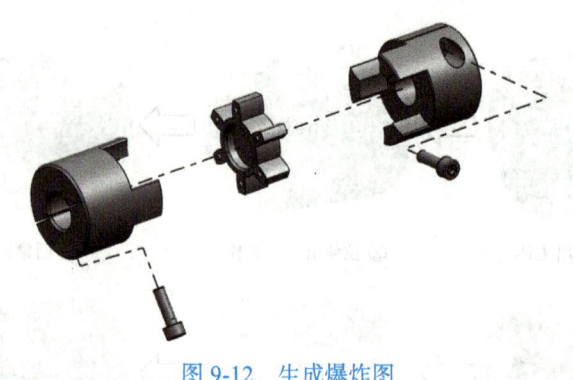

图 9-12　生成爆炸图

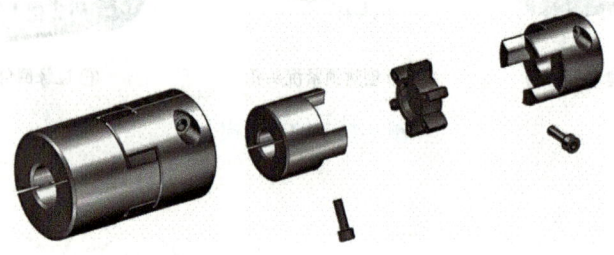

图 9-13　渲染

9.3.4　工程制图

零件工程制图的操作步骤：新建图纸文件→创建视图→标注尺寸→标示注释（含技术要求）→修改样式→输入标题栏信息→检查、保存。

1. 梅花弹性元件制图

1）新建图纸文件：单击 新建(N)，切换到"图纸"选项卡，在"模板"中选择 A4 图纸模板，并设置图纸名称及文件夹位置，然后确定，如图 9-14 所示。

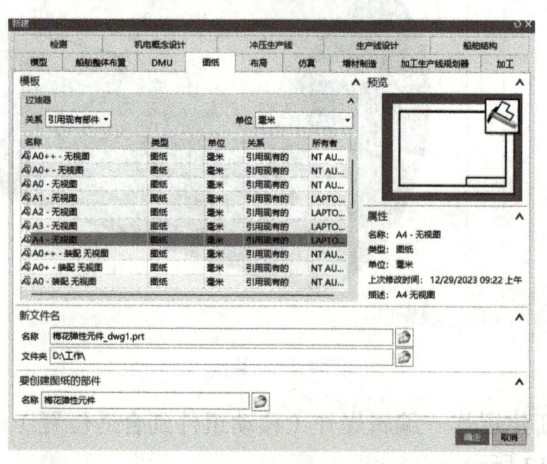

梅花弹性
元件制图

图 9-14　新建图纸文件

2）创建主视图：单击 基本视图，在部件列表中选择带 dwg 的 prt 文件，再选择要使用的模型视图，设置比例（默认比例 1∶1），最后单击放置视图，如图 9-15 所示。

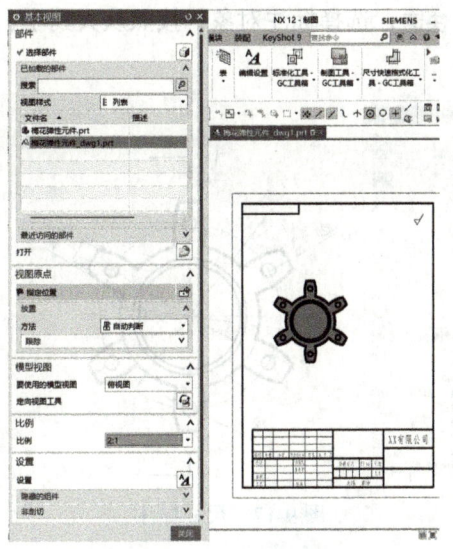

图 9-15 创建主视图

3）创建剖视图：单击 剖视图，默认方法是全剖，选择剖切线经过的位置（选择圆心），然后向右移动鼠标，软件自动判断剖切投影方向，最后放置视图，关闭"剖视图"窗口，如图 9-16 所示。

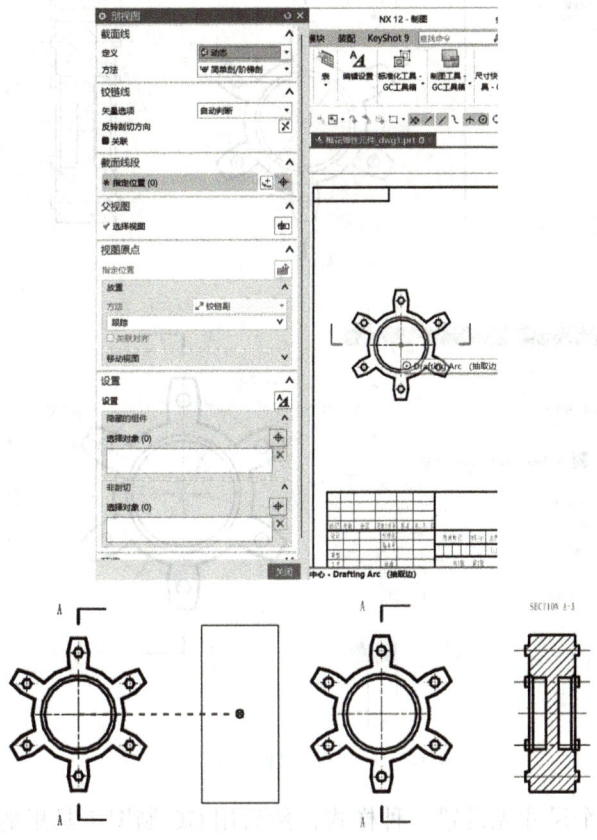

图 9-16 创建剖视图

4）尺寸标注：单击 快速，选择标注对象，按照从大到小、从外到内的顺序标注尺寸，如图9-17所示。

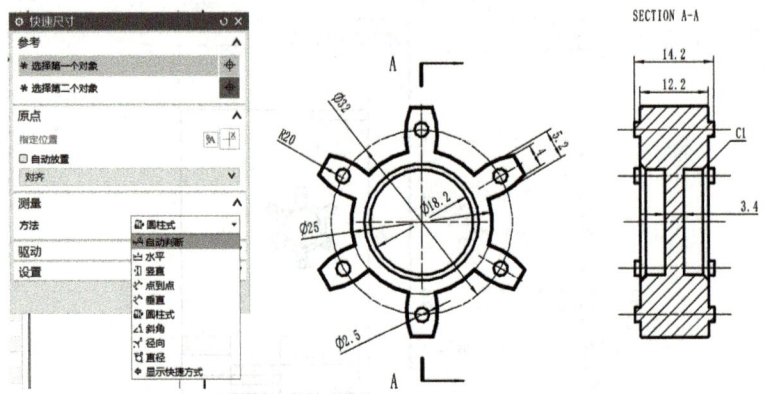

图9-17　尺寸标注

5）尺寸标注样式修改：样式修改一般有两种方法。

方法1：全选需要修改样式的尺寸，设置相关的样式内容，如图9-18所示。

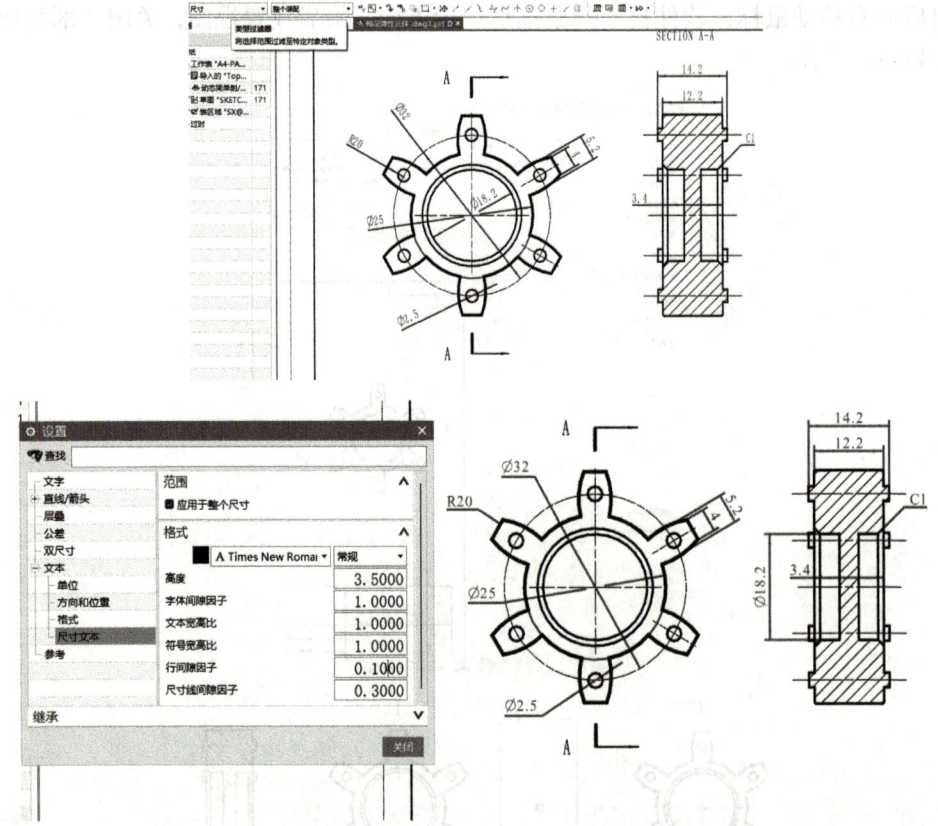

图9-18　尺寸标注样式修改方法1

方法2：任选某个尺寸先设置一种样式，然后用GC制图工具里的 格式刷 进行同类参数的样式设置（类似Word里的格式刷功能），如图9-19所示。

项目 9　弹性联轴器的零部件建模、装配与制图

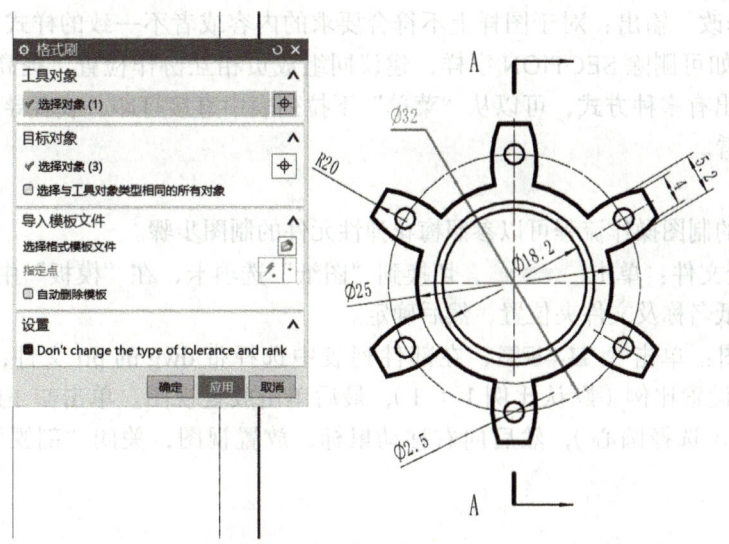

图 9-19　尺寸标注样式修改方法 2

6) 注释说明（含技术要求）：单击 [A]注释 或 [□]技术要求库，输入相关注释内容，如图 9-20 所示。

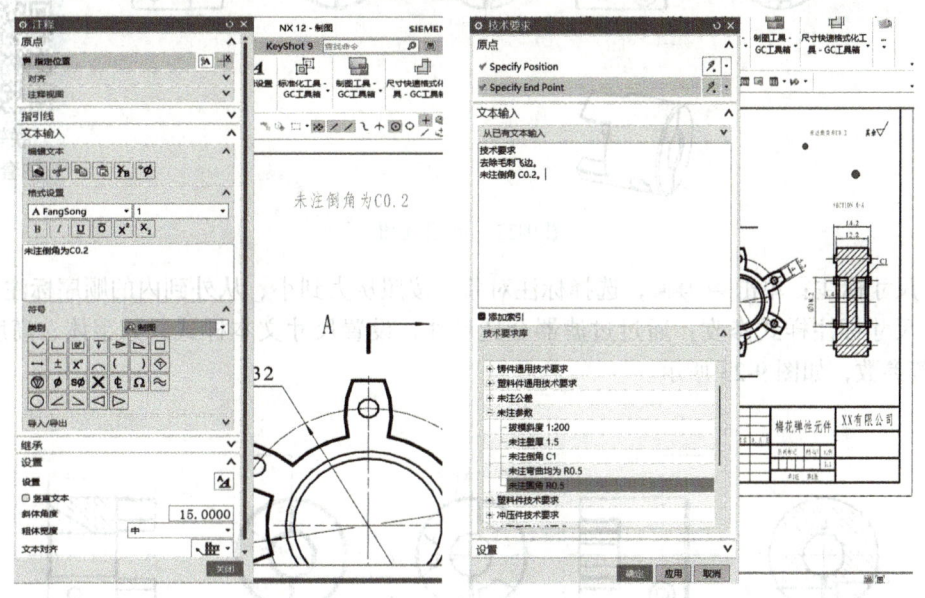

图 9-20　注释说明

7) 标题栏填写：双击标题栏单元格，输入对应内容后按〈Enter〉键即可看到表格内容，图号、零件名称、设计者、比例、图幅等内容都可按照这种方法进行设置，如图 9-21 所示。

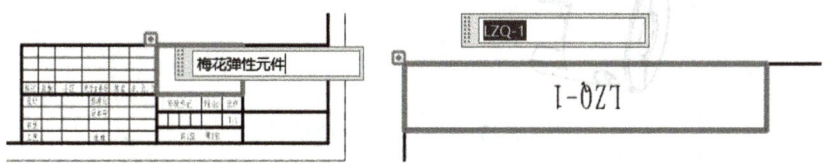

图 9-21　标题栏填写

8）检查、修改、输出：对于图样上不符合要求的内容或者不一致的样式，需要仔细检查并进行修改，如可删除 SECTION 字样，建议同组成员相互协作检查，提高制图的质量。另外，图样的输出有多种方式，可以从"菜单"下拉列表中直接打印，或者导出为其他格式在不同软件上查看。

2. 轴套制图

联轴器轴套的制图操作流程可以参照梅花弹性元件的制图步骤。

1）新建图纸文件：单击 新建(N)...，切换到"图纸"选项卡，在"模板"中选择 A4 图纸模板，并设置图纸名称及文件夹位置，然后确定。

2）创建视图：单击 基本视图，在部件列表中选择带 dwg 的 prt 文件，再选择要使用的模型视图，设置比例（默认比例 1∶1），最后单击放置视图。单击 剖视图，选择剖切线经过的位置（选择圆心），然后向右移动鼠标，放置视图，关闭"剖视图"窗口，如图 9-22 所示。

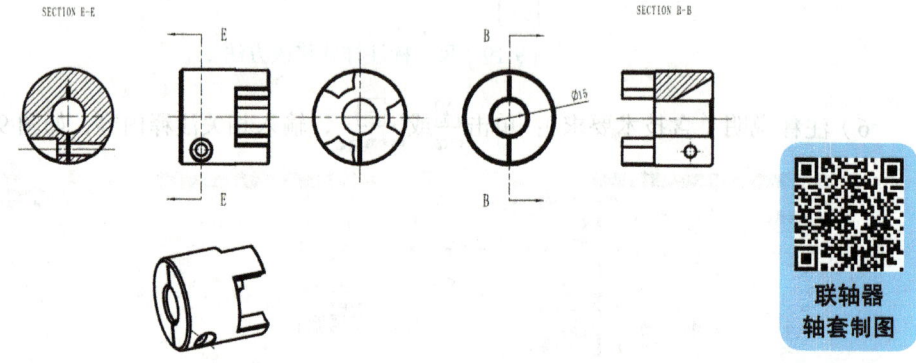

图 9-22　创建视图

3）尺寸标注：单击 快速，选择标注对象，按照从大到小、从外到内的顺序标注尺寸。

4）尺寸标注样式修改：通过过滤器全选尺寸，设置尺寸文本样式，如字体、高度、字符比例等参数，如图 9-23 所示。

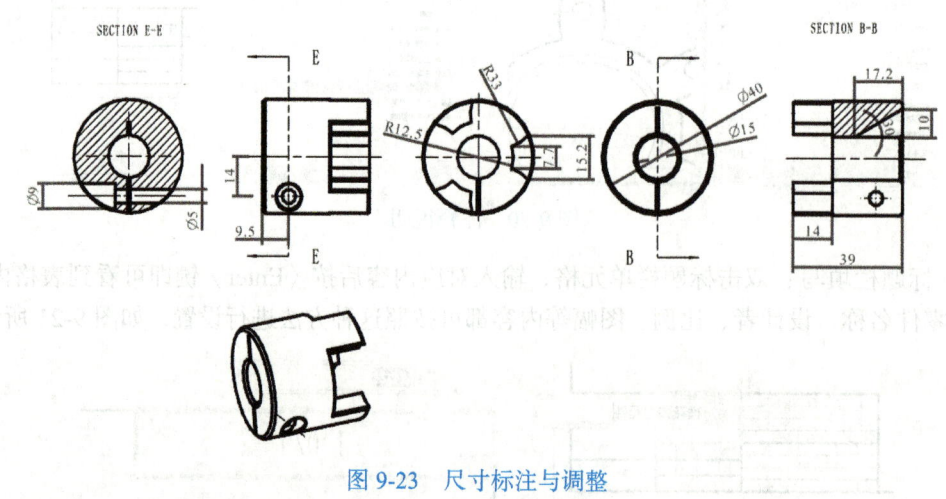

图 9-23　尺寸标注与调整

5）对于直径/半径类的尺寸可以设置文本方向和位置，如图 9-24 所示。

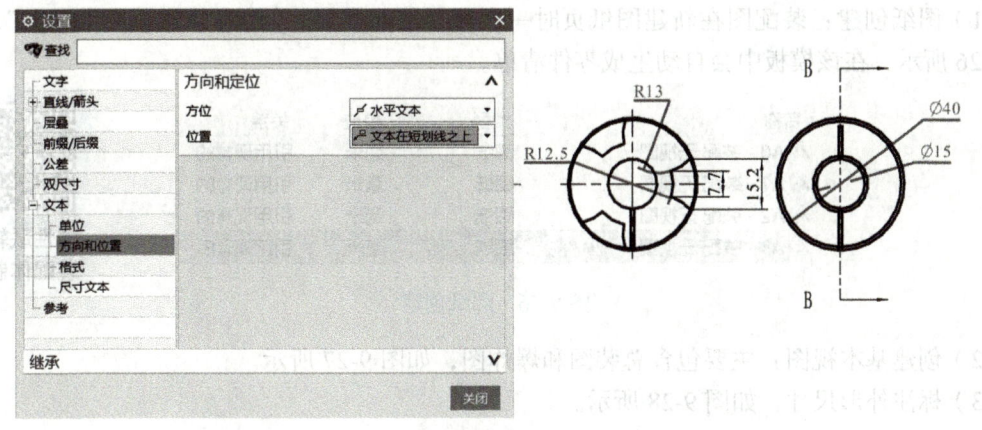

图 9-24 设置文本方向和位置

6）注释说明（含技术要求）：单击 [注释] 或 [技术要求库]，输入相关注释内容，如图 9-25 所示。

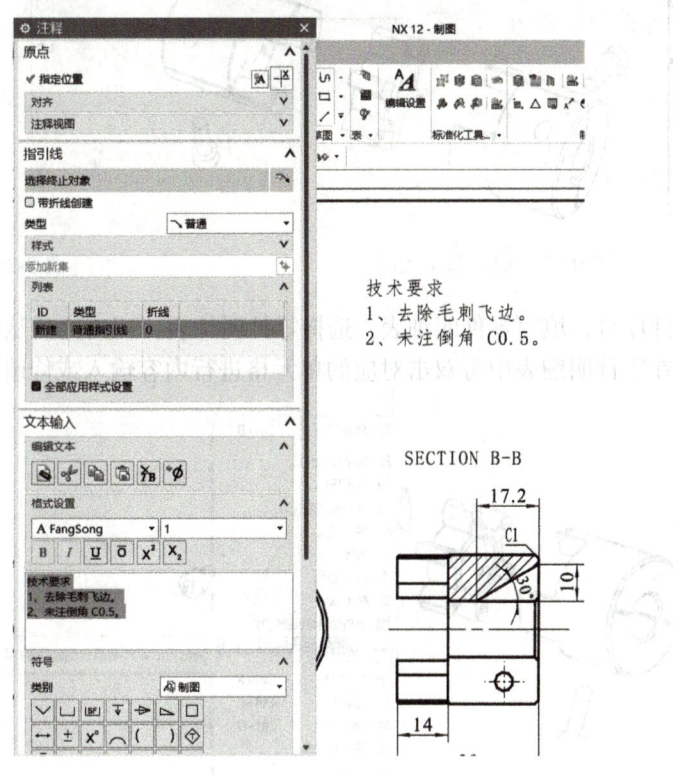

图 9-25 注释说明

7）标题栏填写：双击标题栏单元格，输入对应内容后按〈Enter〉键即可看到表格内容，例如图号、零件名称、设计者、比例、图幅等内容都可按照这种方法进行设置。

8）检查、修改、输出。

3. 装配体制图

装配体制图的一般操作步骤：新建图纸文件→创建视图（含爆炸图）→标注尺寸→编辑零部件明细表→标注零部件序号→注释（技术要求）→输入标题栏信息→检查、保存。

1）图纸创建：装配图在新建图纸页时一般选择装配模板，例如"A3-装配无视图"，如图9-26所示，在该模板中会自动生成零件清单。

弹性联轴器装配体制图

名称	类型	单位	关系
A0 - 装配 无视图	图纸	毫米	引用现有的
A1 - 装配 无视图	图纸	毫米	引用现有的
A2 - 装配 无视图	图纸	毫米	引用现有的
A3 - 装配 无视图	图纸	毫米	引用现有的

图9-26　图纸创建

2）创建基本视图：主要包含总装图和爆炸图，如图9-27所示。
3）标注外形尺寸，如图9-28所示。

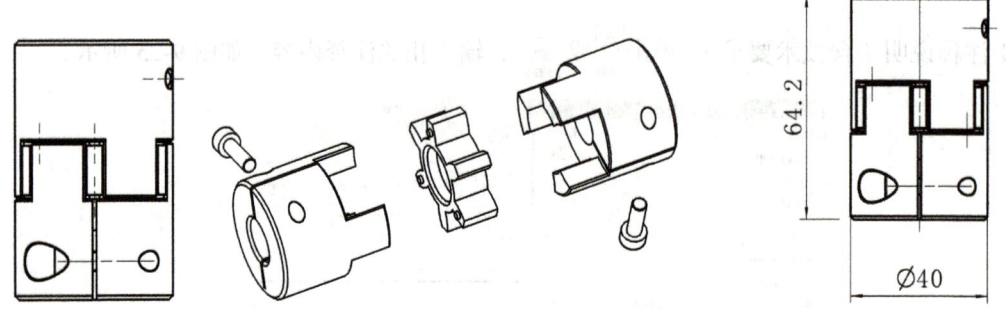

图9-27　创建基本视图　　　　　　　图9-28　标注外形尺寸

4）标注零件序号，填写零件明细表：选择零件明细表，双击之后从快捷菜单中选择"自动符号标注"；在零件明细表中可双击对应的单元格进行内容输入或修改，如图9-29所示。

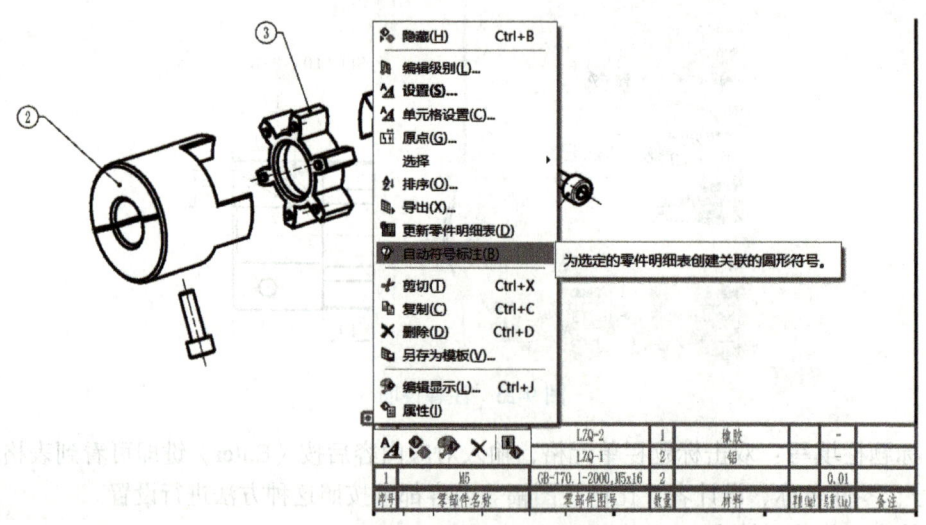

图9-29　标注零件序号，填写零件明细表

使用技巧：
默认自动标注零件序号的箭头样式是填充箭头，需要改为填充圆点。可全选零件序号，

再设置指引线类型为填充圆点，如图 9-30 所示。

设置
查找
文字
直线/箭头
箭头
箭头线
延伸线
断开
透视缩短符号
层叠
符号标注
继承
范围
应用于整个注释
指引线
类型
填充圆点
格式
圆点直径
封闭箭头
封闭实心箭头
开放箭头
顶部开放箭头
底部开放箭头
填充箭头
顶部填充箭头
底部填充箭头
封闭双箭头
封闭实心双箭头
开放双箭头
填充双箭头
无
原点符号
叉号
积分号
圆点
填充圆点

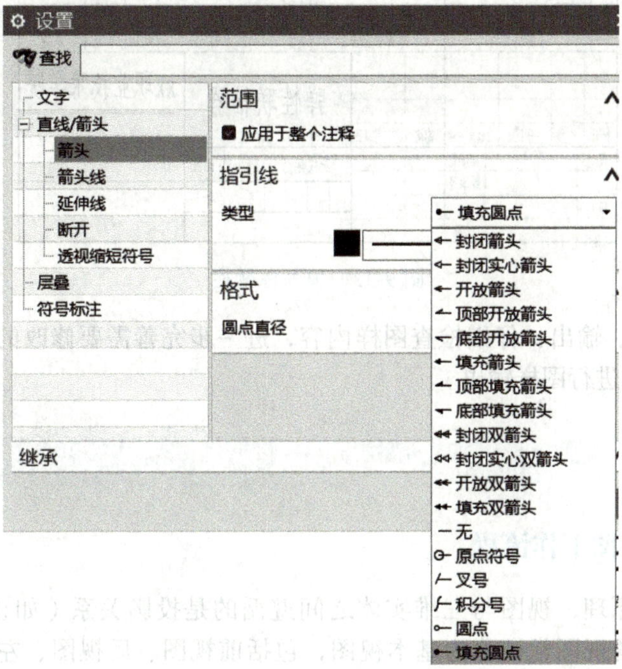

图 9-30　修改箭头样式

5）注释说明：通过“注释”A工具输入技术要求，也可从“技术要求库”中选择常用的技术要求内容进行修改，如图 9-31 所示。

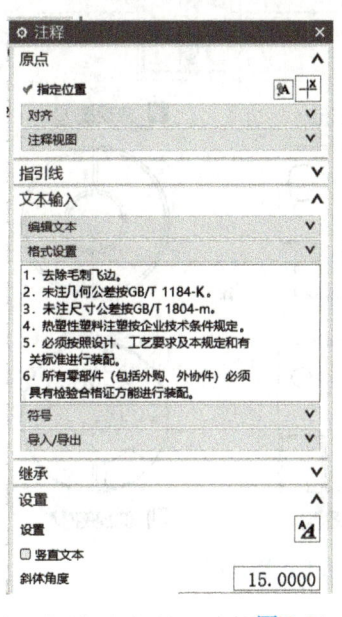

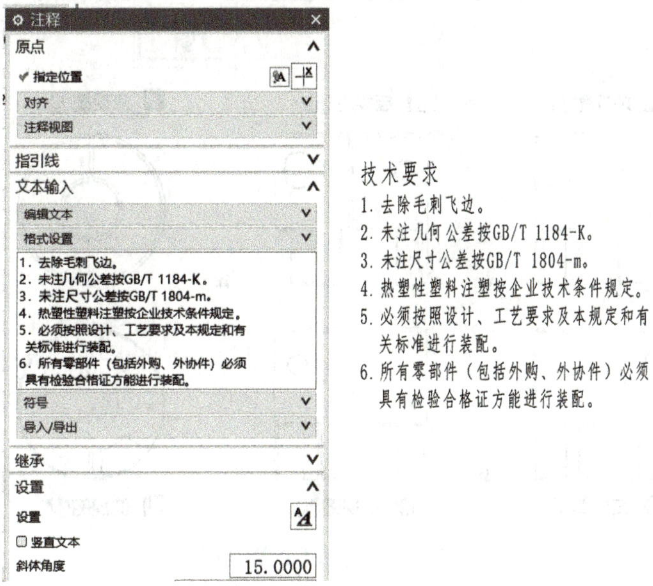

注释
原点
指定位置
对齐
注释视图
指引线
文本输入
编辑文本
格式设置
1. 去除毛刺飞边。
2. 未注几何公差按GB/T 1184-K。
3. 未注尺寸公差按GB/T 1804-m。
4. 热塑性塑料注塑按企业技术条件规定。
5. 必须按照设计、工艺要求及本规定和有关标准进行装配。
6. 所有零部件（包括外购、外协件）必须具有检验合格证方能进行装配。
符号
导入/导出
继承
设置
设置
竖直文本
斜体角度
15.0000
技术要求
1. 去除毛刺飞边。
2. 未注几何公差按GB/T 1184-K。
3. 未注尺寸公差按GB/T 1804-m。
4. 热塑性塑料注塑按企业技术条件规定。
5. 必须按照设计、工艺要求及本规定和有关标准进行装配。
6. 所有零部件（包括外购、外协件）必须具有检验合格证方能进行装配。

图 9-31　注释说明

6）填写标题栏：在标题栏中输入产品名称、图纸代号、企业 / 单位名称等内容，如图 9-32 所示。

3	弹性体	LZQ-2	1	橡胶		-	
2	轴套	LZQ-1	2	铝		-	
1	M5	GB/T 70.1,M5x16	2	钢		0.01	
序号	零部件名称	零部件图号	数量	材料	重(单)	重(总)	备注
		弹性联轴器			xx职业技术学院		
标记	处数	分区	更改文件号	签名	年、月、日		
设计		标准化		阶段标记	重量(kg)	比例	
		版本号				1:1	
审核							
工艺		批准					

图 9-32　填写标题栏

7）检查、修改、输出：仔细检查图样内容，进一步完善需要修改的细节；确认无误后即可选择需要的方式进行图样输出。

9.4　知识链接

9.4.1　三维软件制图工作流程

根据机械制图原理，视图与三维实体之间遵循的是投影关系（如正投影），按照三个基本投影方向获得的视图常被称为基本视图，包括前视图、后视图、左视图、右视图、俯视图、仰视图，在使用 NX 建模过程中切换这些视图方向（ 定向视图(R) ），并更改显示方式 渲染样式(D) 为 带有隐藏边的线框，获得的平面视图便是基本投影视图，如图 9-33 所示。

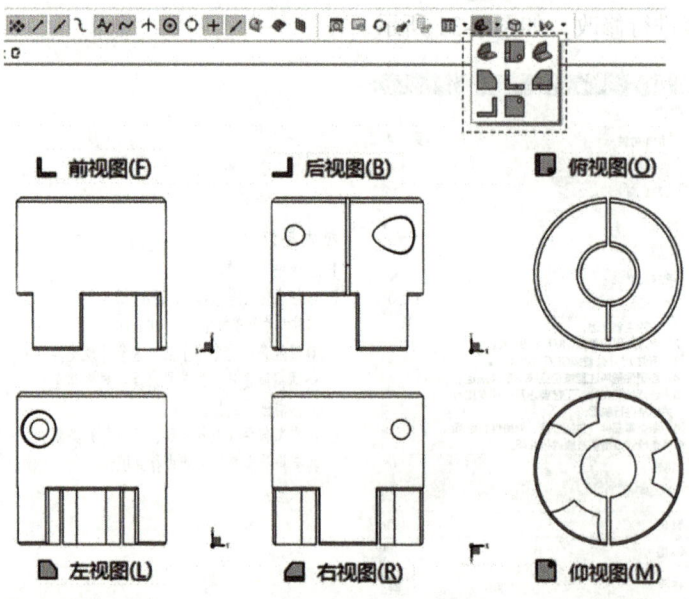

图 9-33　轴套的基本投影视图

由上可知，在三维设计软件中，制图视图和 3D 模型之间的关系密切。制图视图是由 3D 模型投影生成的二维轮廓线，这意味着当 3D 模型发生变更时，与之关联的制图视图会自动更新，确保图样与模型保持一致。这种关联性大大减少了手动更新图样的工作量，提高了设计效率。与"机械制图"课程中手工进行2D制图流程不同,在3D软件制图中无须绘制视图,而只需要使用视图工具创建需要的视图,然后进行尺寸标注及注释,即可完成大部分的制图工作。

在NX软件中基于3D模型的制图工作流程包括:创建图纸→添加视图→添加尺寸和注释→根据制图标准和制造要求,检查完善→输出和打印。

9.4.2 制图图纸页

机械制图图纸页是工程设计中的关键组成部分,它不仅承载了产品的几何信息,还包含了制造和装配所需的详细说明,其配置依据主要包括以下几点。

1)图纸页数量:根据产品的不同视图(如正视图、侧视图、俯视图等)和剖视图的数量来确定图纸页的数量。

2)尺寸和比例:图纸页的大小和比例需要根据产品视图的尺寸来选择,以确保所有细节都能清晰展示。

3)制图标准:遵循国际或国家制图标准,如ISO、ANSI等,这些标准规定了图纸页的布局、尺寸标注、线型等。

4)信息逻辑:图纸页的布局应有助于信息的组织和查找,例如,将相关的视图和注释放在同一图纸页上,或者按照装配顺序排列图纸页。

NX为用户的制图工作提供了两种图纸创建方式:一是在主模型中新建图纸,二是根据主模型部件创建非主模型图纸。前者的图纸页和3D模型都在同一个prt文件内,而后者的图纸页和3D模型是分开的两个prt文件(图纸文件名称默认含dwg),两种方式都可用于工程实际,但后者将模型和图纸分开更加利于数据管理,因此NX官方建议用户使用后者。

1)在主模型中新建图纸:打开"应用模块"选项卡,选择"制图"模块→新建图纸页→设置图纸尺寸(可以选择使用模板、标准尺寸或定制尺寸三种)→确定,如图9-34所示。

注意:模板图纸带有图框和标题栏,默认隐藏于170号图层,在操作过程中可以通过"视图"选项卡下的"图层设置"进行显示,如图9-35所示。

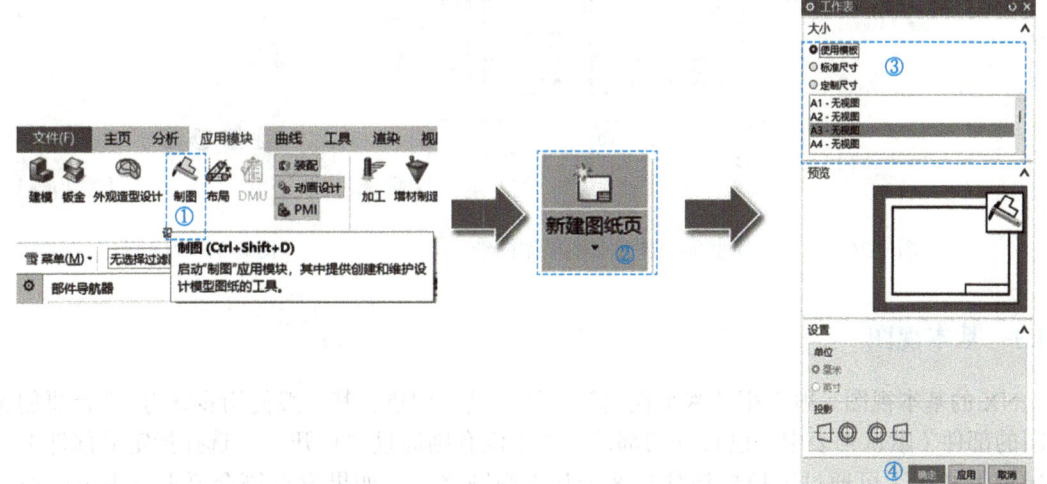

图9-34 在主模型中新建图纸

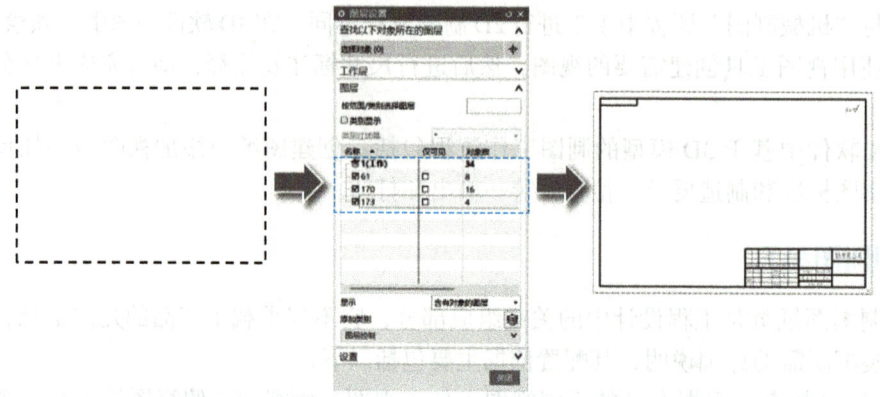

图 9-35 通过"图层设置"显示被隐藏的图框及标题栏

2)根据主模型部件创建非主模型图纸：单击"文件"，选择"新建"→在"新建"窗口的"图纸"选项卡中设置图纸模板→"关系"为"引用现有部件"→模板选择为指定尺寸类型→设置图纸文件名称及保存文件夹→确定，如图 9-36 所示。

如图 9-37 所示，NX 图纸页设置中可定义的内容包括大小、比例、图纸页名称、页号、修订版本号、单位（默认是毫米）及投影视角。

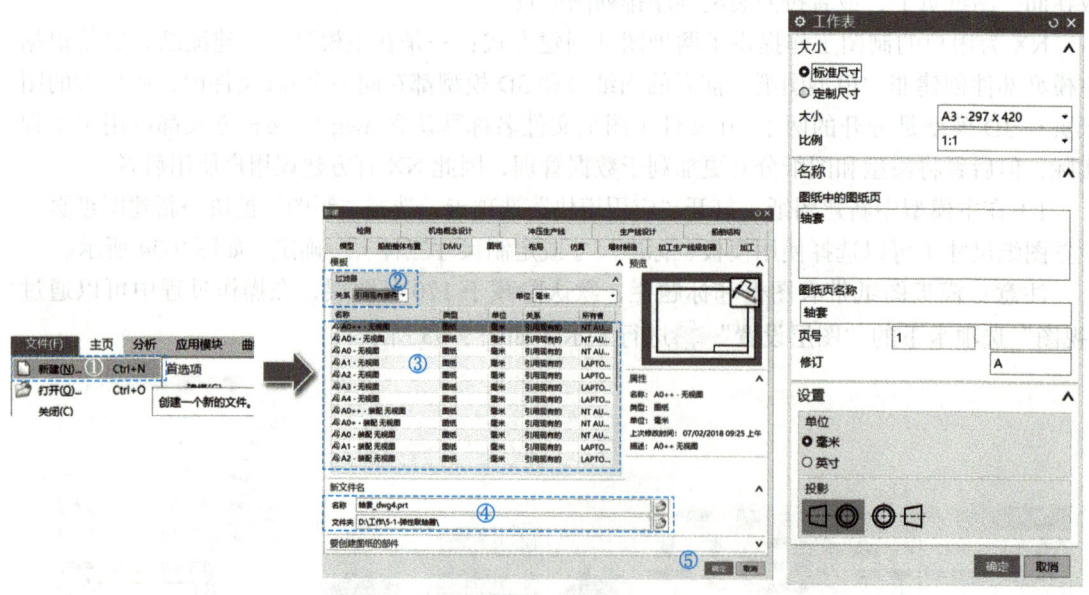

图 9-36 根据主模型部件创建非主模型图纸   图 9-37 NX 图纸页设置

9.4.3 基本视图

NX 的基本视图一般常用"基本视图"工具进行创建，其一般使用步骤为：选择要创建视图的部件（默认列表中是已打开的部件，如果没有则通过"打开"选择指定的部件）→指定模型视图（可通过下拉按钮任选 8 个基本视图之一，如果没有符合要求的则可以通过"定向视图"工具调整视图方向）→确定视图比例（默认为 1∶1）→预览并单击确定视图放置位置，如图 9-38 所示。

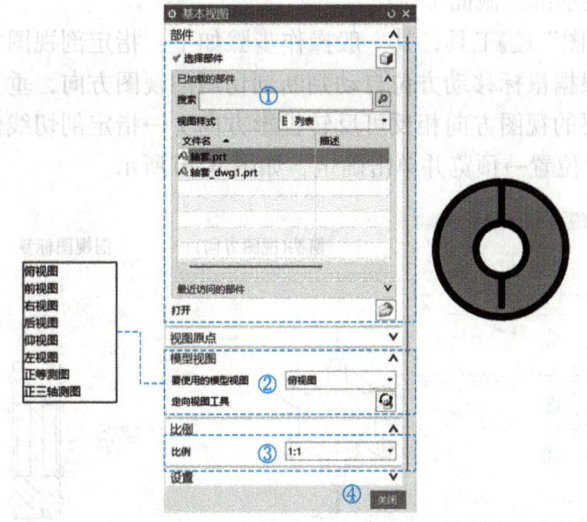

图 9-38 基本视图设置窗口

9.4.4 投影视图

NX 为提高制图效率，默认在创建完某个基本视图之后会自动切换投影视图，从而使用户能快速创建其他三视图。当然，用户也可根据需要使用"投影视图"⌂工具从现有视图创建投影视图。其一般操作步骤如下：指定投影父视图→指定投影方向（默认自动根据鼠标移动方位判断正交对齐方向，如常用的水平和竖直方向，如果投影方向与需要的视图方向相反可单击反转投影方向⌧）→确定视图原点位置→预览并单击确定投影视图放置位置，如图 9-39 所示。

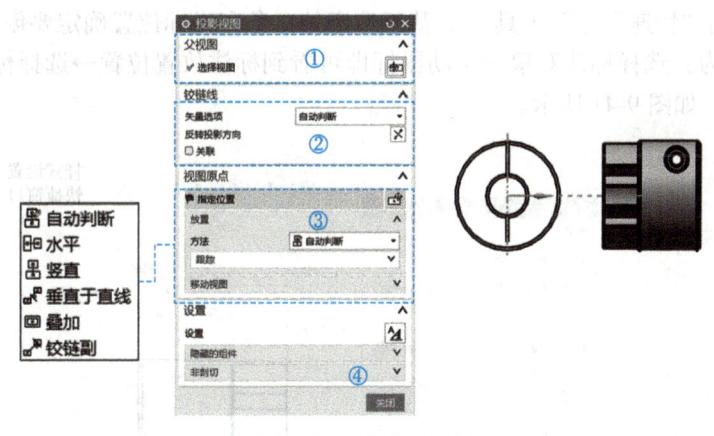

图 9-39 投影视图设置窗口

9.4.5 剖视图

剖视图通过假想的切割面将物体剖开，展示其内部结构或隐藏部分，这种视图通常用于展示零件的内部形状、装配关系或内部特征。剖视图可以是全剖、旋转剖、阶梯剖（显示整个截面）或半剖（只显示部分截面）。

NX 提供的"剖视图"工具，其一般操作步骤如下：指定剖视图方法（默认全剖）→指定投影方向（默认根据鼠标移动方位自动判断剖切后的视图方向，垂直剖切线的箭头方向即为投影方向，如需要的视图方向相反可反转投影方向）→指定剖切线位置→指定剖切俯视图→选择投影视图放置位置→预览并单击确定，如图 9-40 所示。

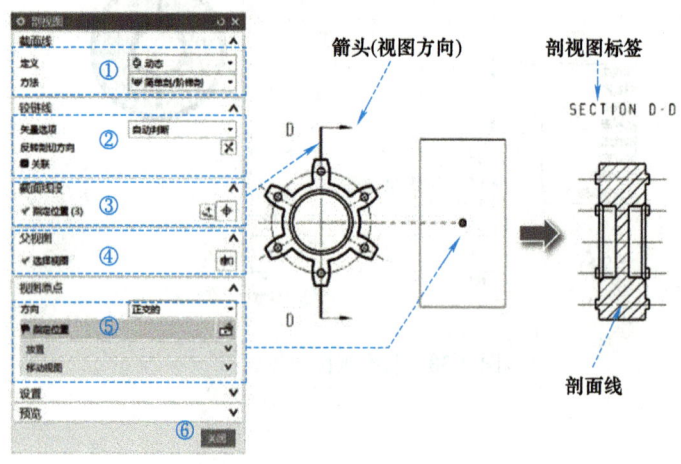

图 9-40　剖视图设置窗口

9.4.6　尺寸标注

NX 制图模块中的尺寸标注操作类似于草图绘制中的尺寸标注，但与草图不同，制图中的尺寸标注通常要遵循国际或国家标准，如 GB/T 标准，因此对其尺寸标注工具、标注类型、标注样式等会有更高的要求。

NX 制图常用"快速尺寸"工具，基于选定的对象和光标位置确定要创建的尺寸类型，其一般使用步骤为：选择标注对象→移动鼠标即可看到标注放置位置→选择标注方法→预览并单击放置尺寸，如图 9-41 所示。

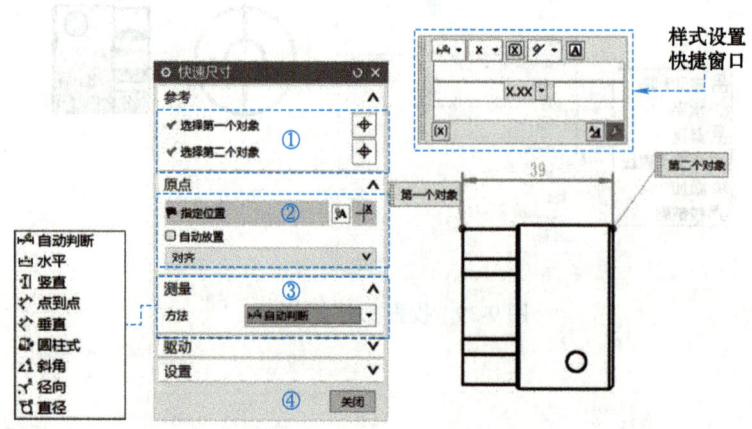

图 9-41　"快速尺寸"工具一般使用步骤

在尺寸标注过程中，用户可通过尺寸样式设置窗口快捷设置需要的尺寸样式类型和内容，如公差尺寸、文本方向、尺寸精度、附加文本等，也可通过文本设置窗口进行更详细的样式设置，如图9-42所示。

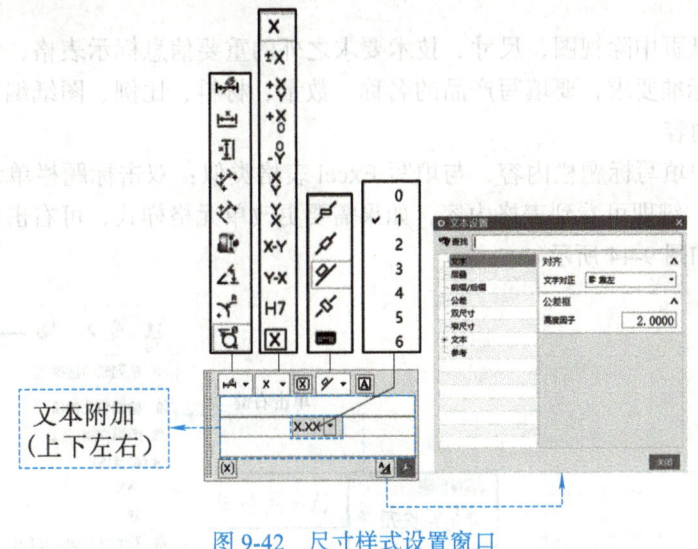

图9-42 尺寸样式设置窗口

9.4.7 注释

在图样中，除了尺寸还有一些重要的产品信息需要表达，例如某个产品特征的详细说明、技术要求等。

NX制图"注释"工具 A 可创建由文本组成或由文本以及一条或多条指引线组成的注释内容，其一般使用步骤为：①输入注释文本内容（可利用编辑文本工具及格式设置、特殊符号、导入/导出功能快速编辑所需文本）→②移动光标至注释放置位置（注释跟随光标移动）→③确认注释内容并单击放置注释，关闭或继续其他注释工作，如图9-43所示。

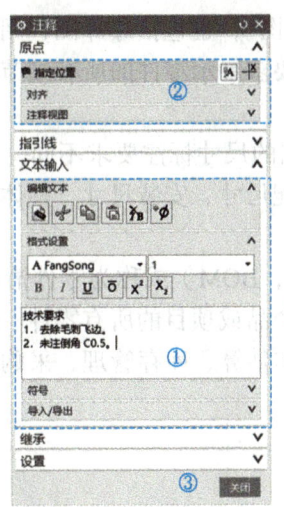

图9-43 "注释"工具一般使用步骤

在编辑或创建注释的过程中,输入每个字符时,NX 都会直接在视图窗口中提供预览。如果注释内容需要更改,直接双击对应的注释即可重新进入注释设置窗口进行修改。

9.4.8 标题栏填写

标题栏是图纸页中除视图、尺寸、技术要求之外的重要信息标示表格,一般处于图纸右下角,根据制图标准要求,要填写产品的名称、数量、材料、比例、图纸编号以及设计、审核人员的姓名等内容。

在 NX 制图中填写标题栏内容,与填写 Excel 表格类似:双击标题栏单元格,输入对应内容后按〈Enter〉键即可看到表格内容,如果需要更改单元格样式,可右击对应的单元格进行编辑或设置,如图 9-44 所示。

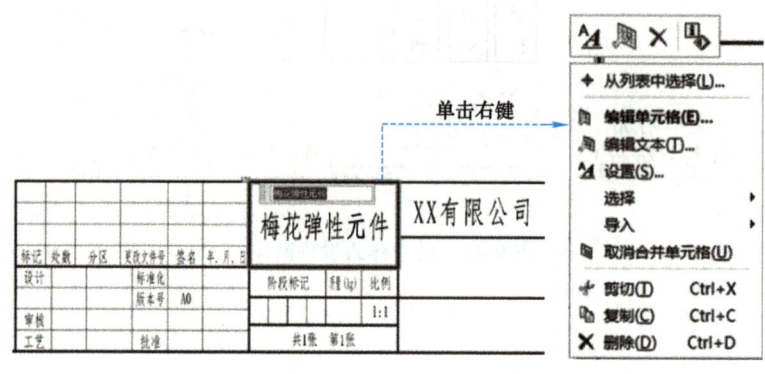

图 9-44 标题栏填写步骤

9.4.9 装配图

与零件图专注于单个零件的设计和制造细节不同,装配图用于展示多个零件如何组合在一起形成最终产品,它呈现了零件之间的相对位置、连接方式、装配顺序和整体外观。装配图主要内容要求如下:

1)视图:通常包含多个零件的视图(总装图),也包括爆炸图,用来显示零件的分离状态,以及装配过程中的步骤。在装配视图中不要求展示零件的所有细节,而是侧重于整体装配关系和功能的体现。

2)尺寸:装配图的尺寸标注要求与零件图的尺寸标注要求不同,不需要标注每个零件的全部尺寸,只需标注一些必要尺寸,例如装配尺寸、安装尺寸、整体外形尺寸(总长、总高、总宽尺寸)等。

3)零件清单:物料清单(Bill of Materials,BOM)或称为零件清单,是制造和项目管理中的一个重要工具,它详细列出了构成一个产品或项目的所有零件、组件、原材料以及它们的规格、数量和关系,常用于生产规划、成本估算、库存管理、采购管理、生产调度等产品生产制造过程。

9.4.10 零件明细表

在 NX 中制作零件明细表可通过 3 种方式来完成:①通过"创建表格注释"填写零件

属性,包括名称、编号、材料等信息;②通过"零件明细表"工具自动生成(主要有序号、名称、数量3列内容,其他信息需要自行增加);③通过图纸模板直接生成零件明细表,再根据需求进行编辑。需要注意的是,后两种方法在零件更换或更新相关属性信息时会及时更新表中内容,因此在实际工作中更为常用。

1)通过"零件明细表"工具制作零件明细表:从制图模块"主页"选项卡中找到"表格"组里的"零件明细表"→单击即可看到十字光标及矩形框(零件明细表范围)→移动光标至零件明细表所需位置(矩形框跟随光标移动)→单击放置零件明细表→根据需要编辑修改零件明细表内容,如图9-45所示。

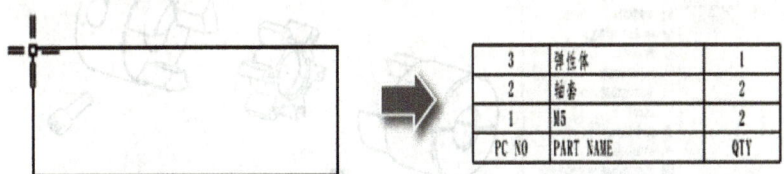

图 9-45　通过"零件明细表"工具制作零件明细表

2)通过图纸模板制作零件明细表:在装配体打开状态下单击"新建"→选择装配图模板→确定后即可看到图纸页中自动生成的零件明细表→根据需要编辑修改零件明细表内容,如图9-46所示。

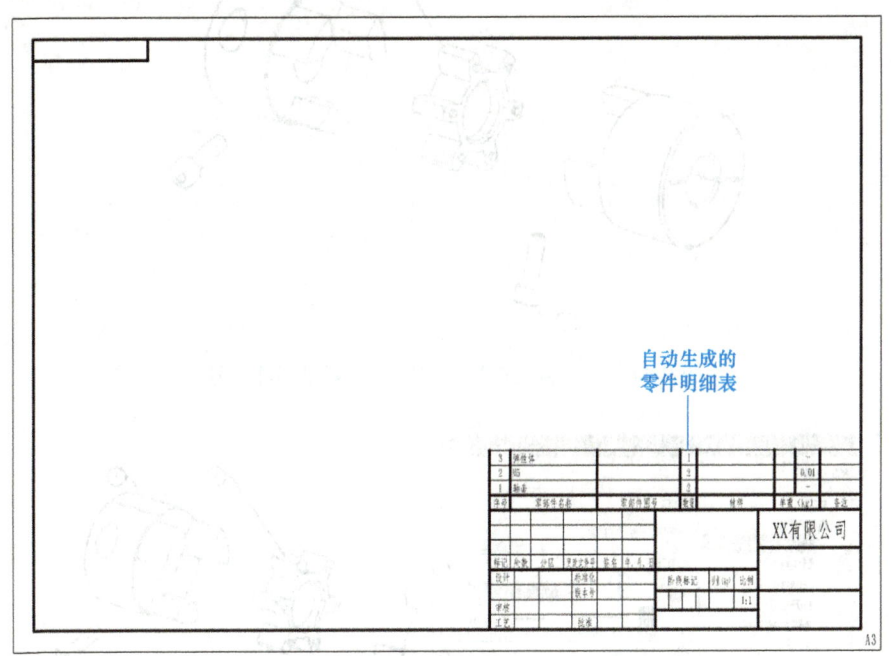

图 9-46　通过图纸模板制作零件明细表

9.4.11　零件序号标注

装配图中的零件需要将序号标注在视图上,为此NX提供了两种装配图零件序号标注方式:①通过"符号标注"工具设置零件序号和指引线;②通过"自动符号标注"工具自动生成零件序号及指引线。但要注意，前者无法根据零件明细表自动更新，需要手动更改，而后者则可以及时更新，因此建议选择后者进行零件序号标注。

NX"自动符号标注"工具♡一般操作步骤：选择零件明细表（注意整个表格高亮显示为橙色）→在表上单击，从快捷菜单中选择"自动符号标注"，即可看到零件序号，如图9-47所示→更改序号样式（如字体样式、指引线位置和样式，默认箭头需更改为圆点，其他可根据需要进行设置），如图9-48所示。

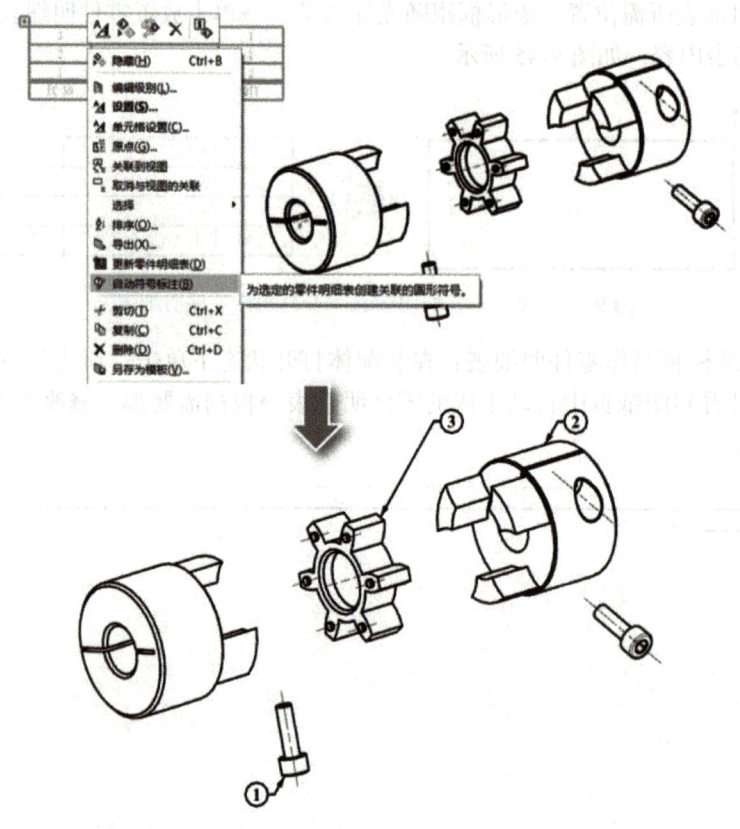

图 9-47 用"自动符号标注"工具创建零件序号

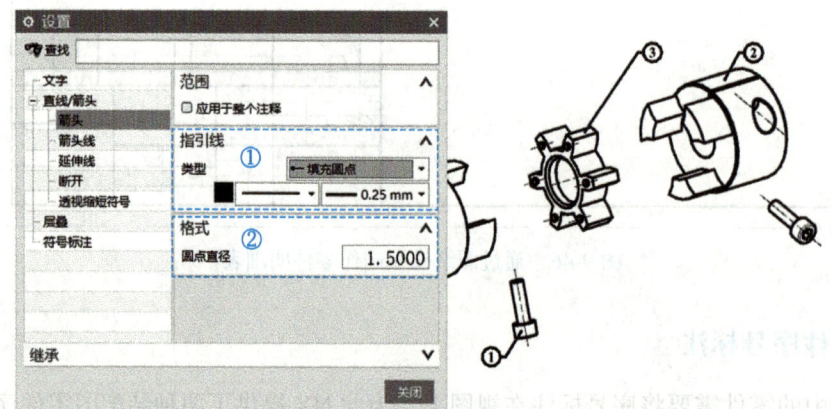

图 9-48 符号标注样式修改

9.5 项目实施评价

一分耕耘，一分收获，相信你在前面的项目实施中付出的诸多努力会带来丰富的收获，当然你也遇到了许多考验。对工作过程中困扰你的问题（如产品分析问题、特征操作错误、装配错误、制图问题等）进行总结，为下次更好地完成任务做好准备。之后请根据表 9-1 中的评价条目及标准客观地对项目完成情况进行评价。

表 9-1 项目综合评价表

序号	考核项目		考核内容	分值	
				配分	得分
1	技能知识	图样分析	能正确识读图样，并结合实物判断弹性联轴器各零部件的结构特点及特征类型	5	
2		零件建模	能使用草图、拉伸、旋转、阵列特征等工具完成弹性联轴器各零部件的创建	20	
3		产品装配	能使用组件添加及装配约束完成弹性联轴器的整体装配及爆炸图制作，并进行真实着色渲染	10	
4		零件制图	能参考项目提供的图纸使用图纸页、基本视图、剖视图、尺寸标注、注释工具完成弹性联轴器各零件的工程图制作	20	
5		装配体制图	能使用基本视图、尺寸标注、注释、零件明细表工具完成弹性联轴器装配图的创建	10	
6	素养目标	工作态度	工作态度端正，不出现无故缺勤、迟到、早退现象	5	
7		职业素质	严格遵守机房管理要求，爱护计算机设备	5	
8		合作精神	能仔细分析工作任务，制定合理工作计划，相互协作、相互帮助，完成产品的装配	10	
9		劳动精神	能坚持完成自己所承担的工作任务	10	
10		创新精神	能交流三维软件与手工制图的区别，感悟工业软件的创新发展	5	
综合评价			技能知识	素养目标	综合得分

9.6 巩固与拓展

✎ 项目总结

本项目的产品对象为弹性联轴器，主要包含 3 种零部件，建模要充分利用相同轮廓线，装配主要利用接触约束，要重点掌握制图的流程、视图创建及标注方法。项目技能导图如图 9-49 所示。

项目9 弹性联轴器的零部件建模、装配与制图

1. 产品分析
- 1.1. 产品主要由联轴器、梅花弹性元件、M5螺钉(标准件)，共计3种零件组成，其中标准件不需要建模
- 1.2. 分析零件的结构特点，并判断主要特征类型，方便建模

2. 零件创建
- 2.1. 分析特征结构：分析零件主体特征及附属特征，联系对应的特征工具，以此规划建模步骤
- 2.2. 零件的建模按照先大后小的原则，先基准后其他的顺序分别创建各主体特征，再创建其他附属特征。本项目可充分利用同一草图创建零件

3. 产品装配
- 3.1. 装配规划：先固定基准零件，再根据相邻零件的几何关系进行装配，最后再进行爆炸图创建及模型渲染
- 3.2. 添加组件：可将所有零件全部添加到装配空间，也可以按照装配顺序逐个添加，对于标准件要通过调用NX标准件库的零件获取

4. 工程制图
- 4.1. 零件制图工作流程：创建图纸，添加视图→添加尺寸和注释→检查完善→输出和打印
- 4.2. 新建图纸：选择制图模块→新建图纸页→设置图纸尺寸
- 4.3. 基本视图创建：选择要创建视图的零件→指定模型视图→确定视图比例→预览并单击确定视图放置位置
- 4.4. 剖视图：选择要创建视图的零件→指定剖视图方法(默认全剖)→指定投影方向→指定剖切线位置→指定剖切俯视图→预览并单击确定投影视图放置位置
- 4.5. 尺寸标注：选择标注对象→移动鼠标即可看到标注放置位置→检查标注方法→预览尺寸并单击放置尺寸
- 4.6. 文本注释：选择"注释"工具→输入注释文本内容→移动鼠标至注释放置位置→确认注释内容并单击放置
- 4.7. 装配图
  - 主要工作流程和零件制图类似，但要注意：装配图的尺寸标注要求与零件图的尺寸标注要求不同，它不需要标注每个零件的全部尺寸，只需标注一些必要尺寸
  - 零件清单：通过图纸模板创建零件明细表，即可自动生成零件明细表，然后根据需要编辑修改零件明细表内容
  - 零件序号标注：使用"自动符号标注"工具，即可自动生成零件序号，然后根据需要编辑修改序号标注样式

图 9-49 项目技能导图

你的经验总结：
_____
_____
_____
_____

✍ 拓展任务

学无止境，挑战自我。请根据本项目所学知识和技能，完成以下拓展任务。

为满足市场需求，弹性联轴器厂家需要设计制作标准系列化的联轴器产品，通过不同尺寸规格的零件组合以适应不同的使用场景。请结合本项目经验，参考图 9-50 和表 9-2 提供的资料(产品样式和规格标准)，合理制定计划，分工协作完成某个型号的弹性联轴器零部件建模、装配与制图工作，并提交设计资料(包括三维模型、渲染效果图、零件图及装配图、

相关设计说明等）。

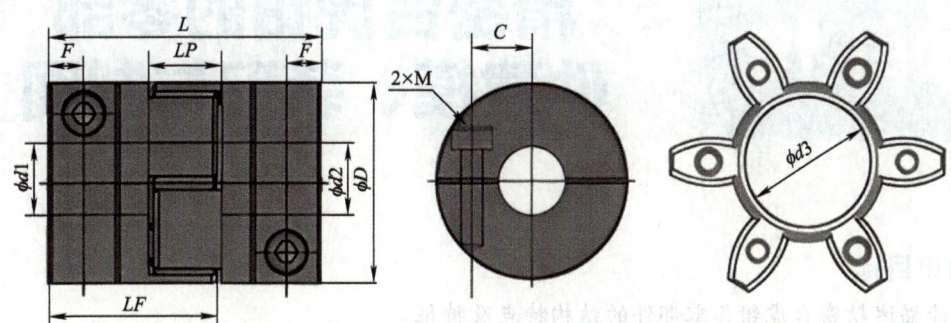

图 9-50 梅花弹性联轴器

表 9-2 梅花弹性联轴器规格标准

型号	ϕD	L	LF	LP	F	C	$\phi d3$	螺栓 M
LZQ-14×22	ϕ14	22	14.1	6.8	3.8	4.2	ϕ4.5	M2.5×8
LZQ-20×25	ϕ20	25	16.8	9.4	4	5.9	ϕ7.8	M3×10
LZQ-25×30	ϕ25	30	20.15	11.1	4.6	7.3	ϕ8.3	M4×12
LZQ-30×35	ϕ30	35	22.75	11.5	5.875	9.5	ϕ11	M4×14
LZQ-35×35	ϕ35	35	22.45	10.9	5.875	11.5	ϕ15.2	M4×14
LZQ-35×50	ϕ35	50	29.95	10.9	6.5	11.5	ϕ15.2	M4×14
LZQ-40×40	ϕ40	40	26.75	14.5	6.375	14	ϕ18.3	M5×16
LZQ-40×50	ϕ40	50	31.75	14.5	8.875	14	ϕ18.3	M5×16
LZQ-40×55	ϕ40	55	34.25	14.5	6.5	14	ϕ18.3	M5×16
LZQ-45×50	ϕ45	50	31.8	14.6	8.75	15	ϕ22	M5×20
LZQ-45×55	ϕ45	55	34.3	14.6	6.5	15	ϕ22	M5×20
LZQ-45×66	ϕ45	66	39.8	14.6	7.5	15	ϕ22	M5×20
LZQ-55×78	ϕ55	78	46.6	16.2	10.5	19	ϕ27.3	M6×25
LZQ-65×85	ϕ65	85	50.85	17.7	12	22.5	ϕ30	M8×25

项目 10　精密台虎钳的零部件建模、装配与制图

知识目标
1. 能描述精密台虎钳各零部件的结构特点及特征。
2. 能说出工程制图的主要步骤和图纸页的主要内容。
3. 能说明基本视图、剖视图、尺寸标注、注释工具的功能和操作步骤。

技能目标
1. 能根据精密台虎钳图样和实物图片准确分析产品结构特征。
2. 能使用草图、拉伸、旋转、螺纹、阵列特征等工具完成精密台虎钳各零部件的创建。
3. 能使用组件添加、装配约束完成精密台虎钳的整体装配及爆炸图，并进行真实着色渲染。
4. 能使用图纸页、基本视图、剖视图、尺寸标注、注释、零件明细表工具完成精密台虎钳零件图及装配图的制作与编辑。

素养目标
1. 能根据项目要求进行工作任务拆解，养成细致分析的职业习惯。
2. 能制定合理的工作计划，相互协作、相互帮助，坚持完成自己所承担的工作任务。
3. 能分享和交流精密台虎钳不同标准的功能区别，感悟严格执行标准的工匠精神。

10.1　项目描述

项目背景
台虎钳是一种用于夹持工件的通用夹具，广泛应用于机械加工、木工、金属加工等领域。

精密台虎钳分为两种类型，分别是机械式台虎钳和液压式台虎钳，如图 10-1 所示。
1）机械式：主要依靠手动操作，结构简单，操作方便，但夹紧力和精度有限。
2）液压式：主要依靠液压系统提供大夹紧力和高精度，适用于大型工件和高精度加工。

图 10-1　机械式及液压式精密台虎钳

台虎钳可以调整夹紧力,以防工件变形或损坏。通常也有可调节的夹紧范围,以适应不同尺寸的工件。

台虎钳的主要零部件包括螺杆、螺母、滑块、底座、活动钳口等,如图10-2所示。

图10-2 精密台虎钳结构组成

1)螺杆和螺母:高精度螺纹设计,提高夹紧力传递效率和精度。

2)滑块:保证运动的平稳性和精度,确保工件稳定装夹。

3)底座和活动钳口:形状设计保证与工件良好接触,实现精确定位和夹紧;材质和表面处理影响夹紧效果。

> **引导问题 1:**
> 请结合项目背景,说出和精密台虎钳功能特点相关的精神意蕴。

项目要求

1)仔细分析精密台虎钳的零部件整体外形和细节轮廓特征。

2)根据每个特征的轮廓特点,选用合适的草图和特征工具,制定精密台虎钳的零部件建模、装配、制图计划。

3)根据计划,组内成员合作完成精密台虎钳零部件建模、装配与制图,参见图10-3。

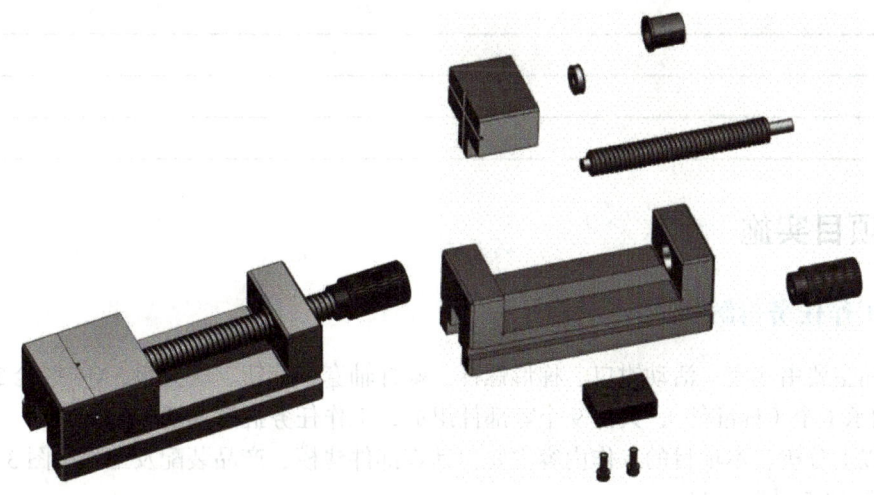

图10-3 精密台虎钳三维模型

10.2 项目分析

> **引导问题 2：**
> 通过对项目描述的分析，你认为本项目中的台虎钳有哪些零部件？每个零部件的结构特征及相互之间的约束关系是什么？

根据以上分析，你认为该产品的三维建模与装配需要哪些步骤？请把你的计划写出来。

_____
_____
_____
_____
_____
_____
_____
_____

> **引导问题 3：**
> 通过对精密台虎钳模型的分析，你认为该产品需要制作哪些零件的工程图？每个零件需要哪些视图？尺寸标注及注释的基本流程是什么？

根据以上分析，你认为该产品的制图需要哪些步骤？请把你的计划写出来。

_____
_____
_____
_____
_____
_____
_____
_____

10.3 项目实施

10.3.1 工作任务拆解

该产品主要由底座、活动钳口、梯形螺杆、螺杆轴套、旋钮、底夹板、M6 螺栓 2 个（标准件）、轴承 1 个（标准件），共计 9 个零部件组成，工作任务拆解如图 10-4 所示。

通过以上分析，本项目的工作内容主要包括零部件建模、产品装配及工程制图 3 个部分。图样参见图 10-5~图 10-11。

项目 10 精密台虎钳的零部件建模、装配与制图

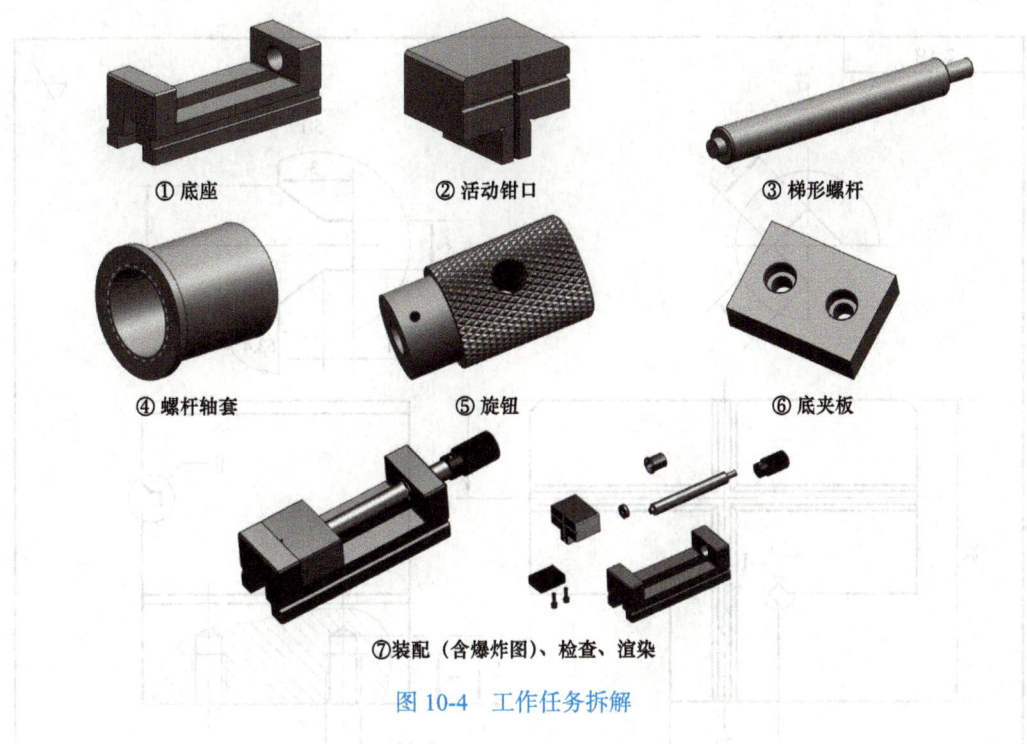

图 10-4 工作任务拆解

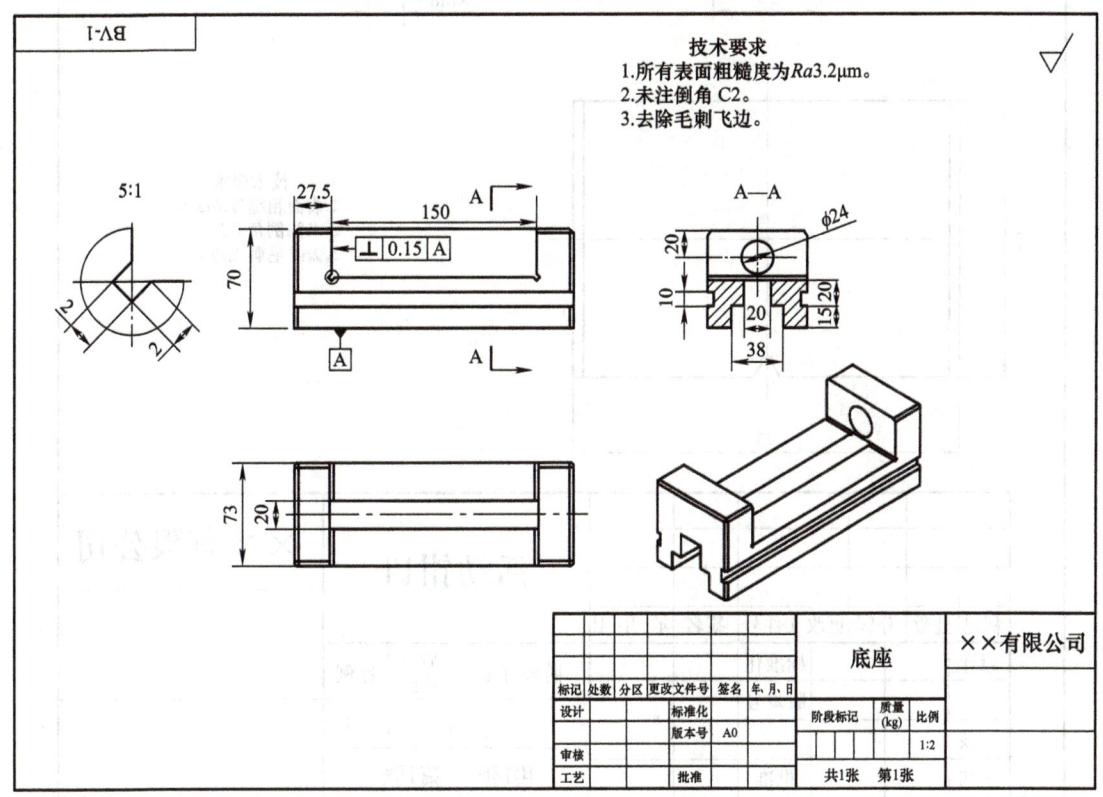

图 10-5 底座

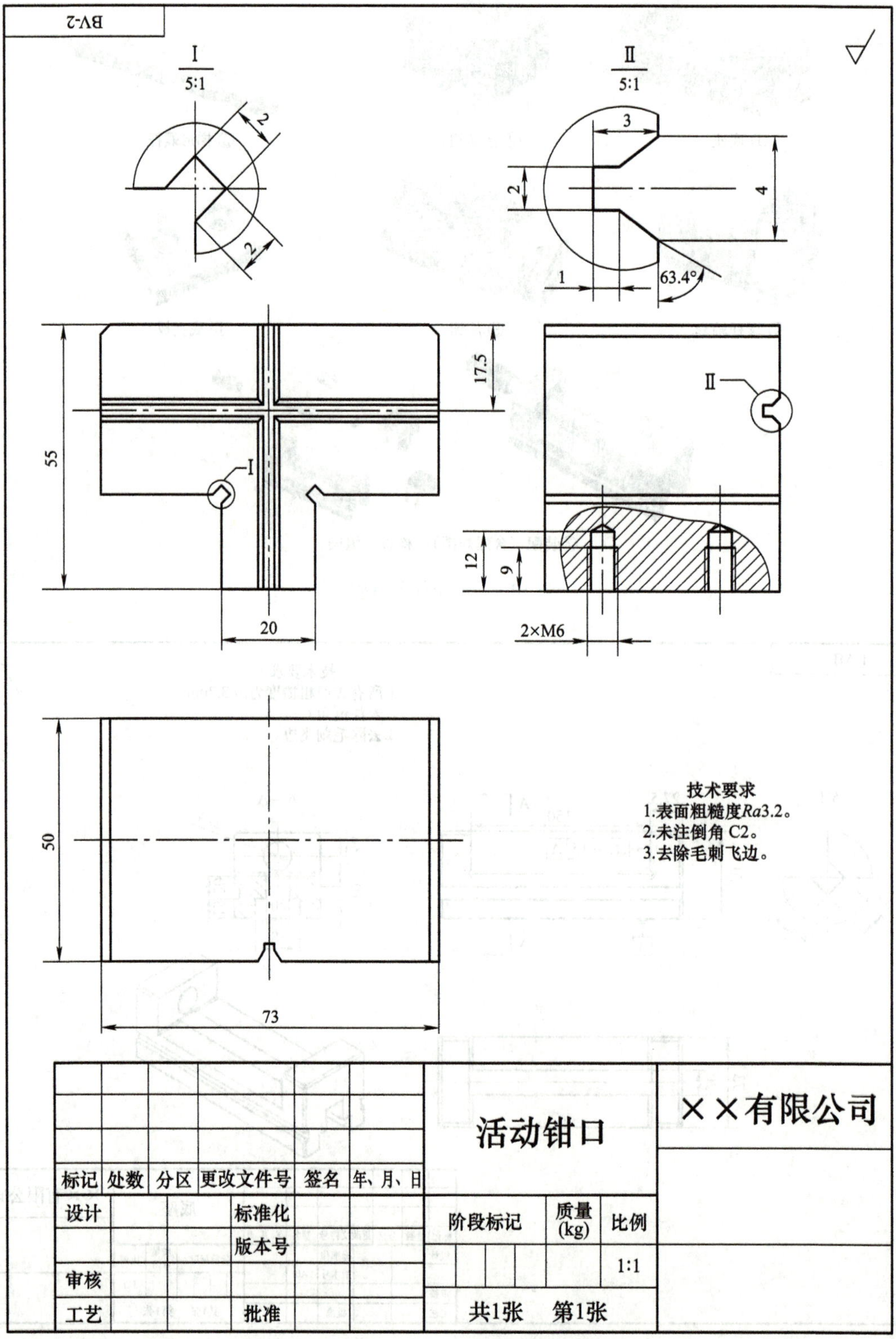

图 10-6　活动钳口

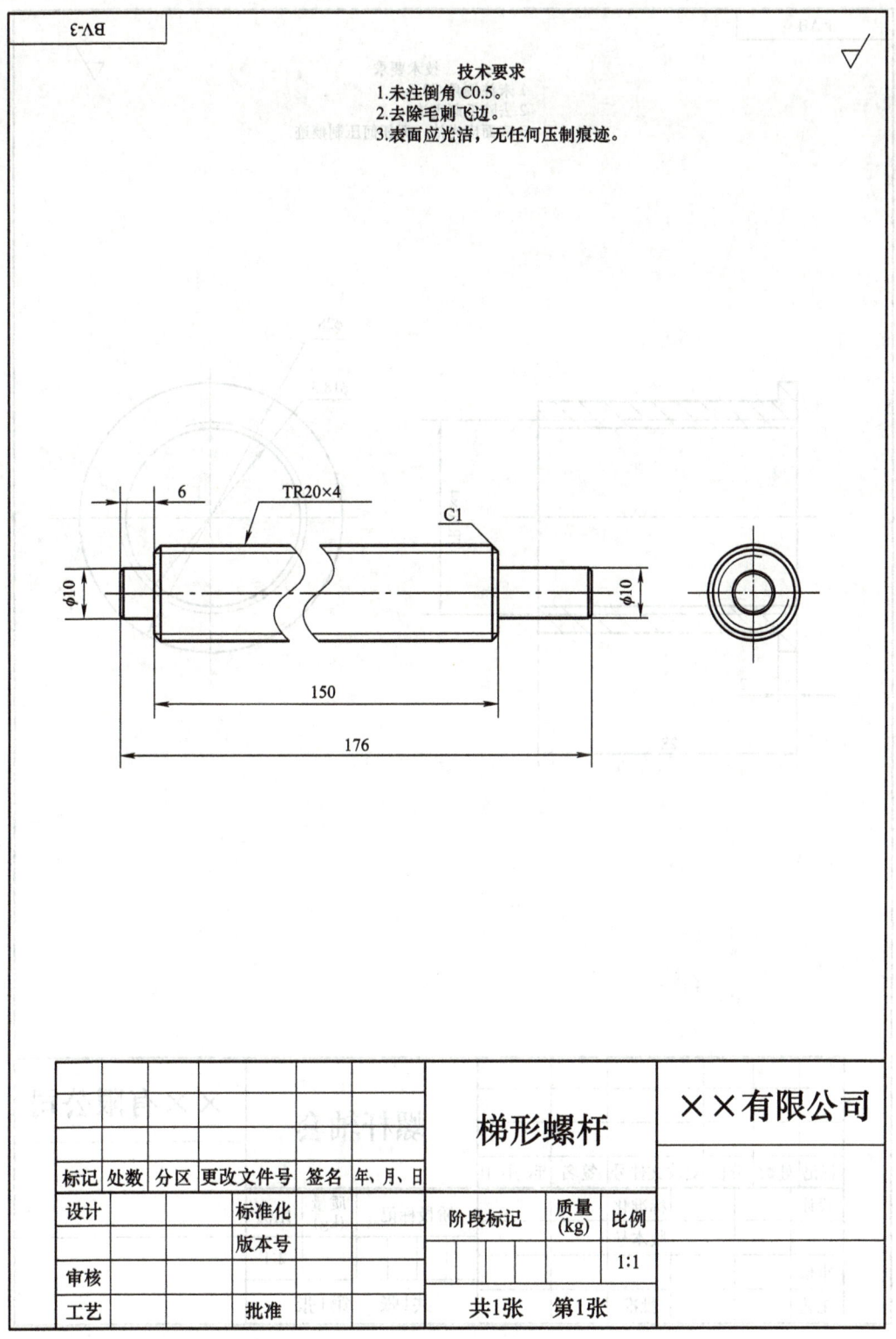

图 10-7 梯形螺杆

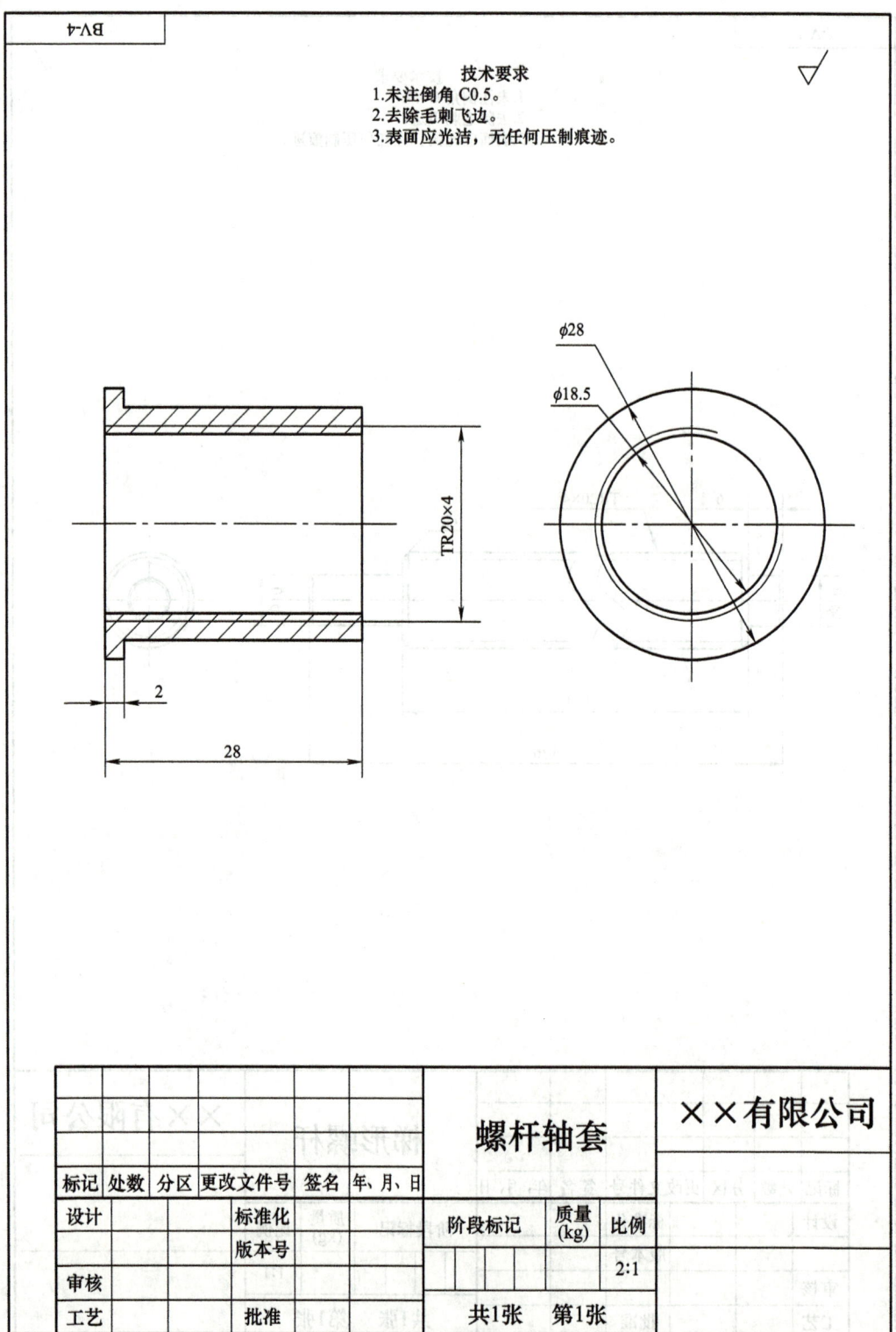

图 10-8 螺杆轴套

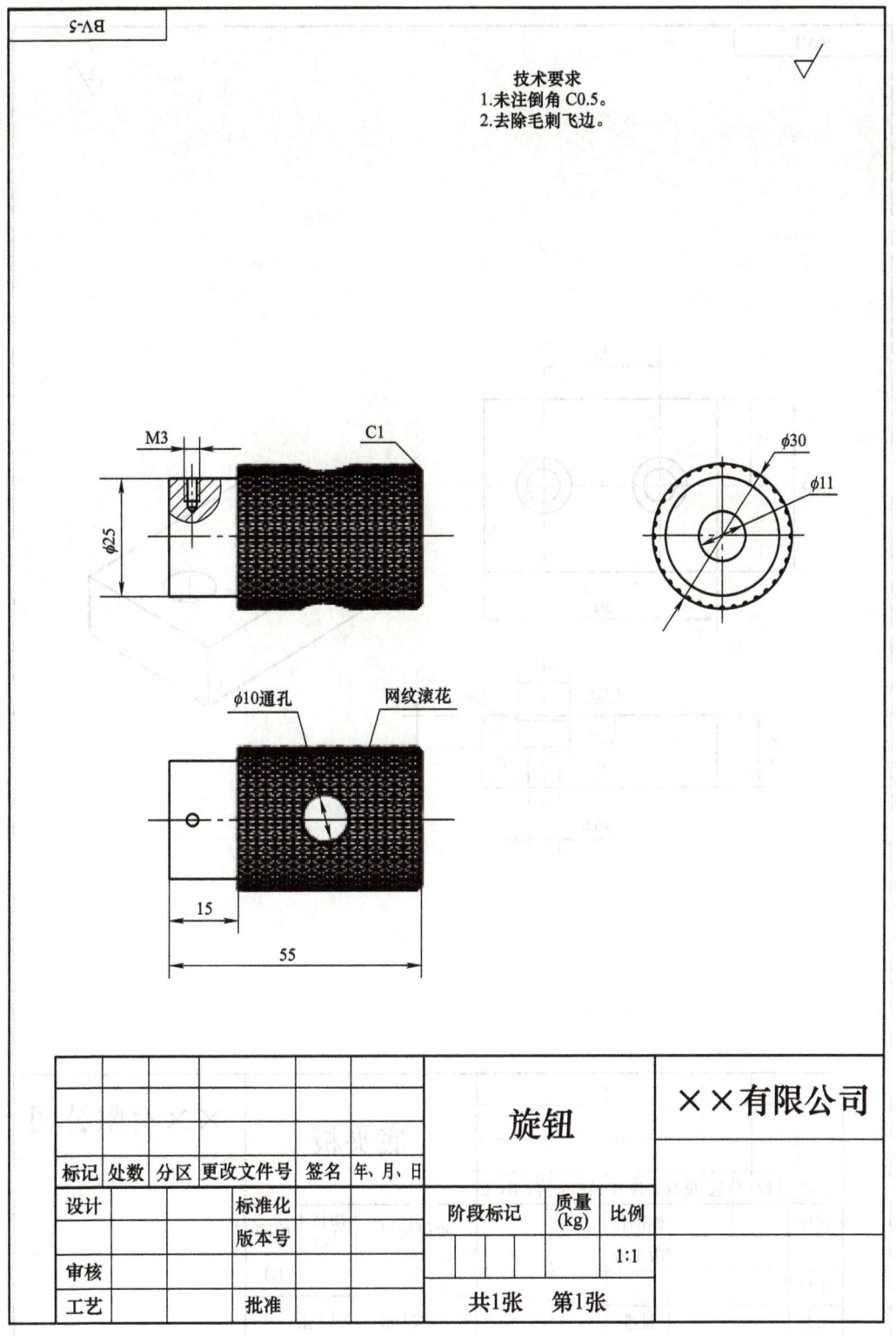

图 10-9　旋钮

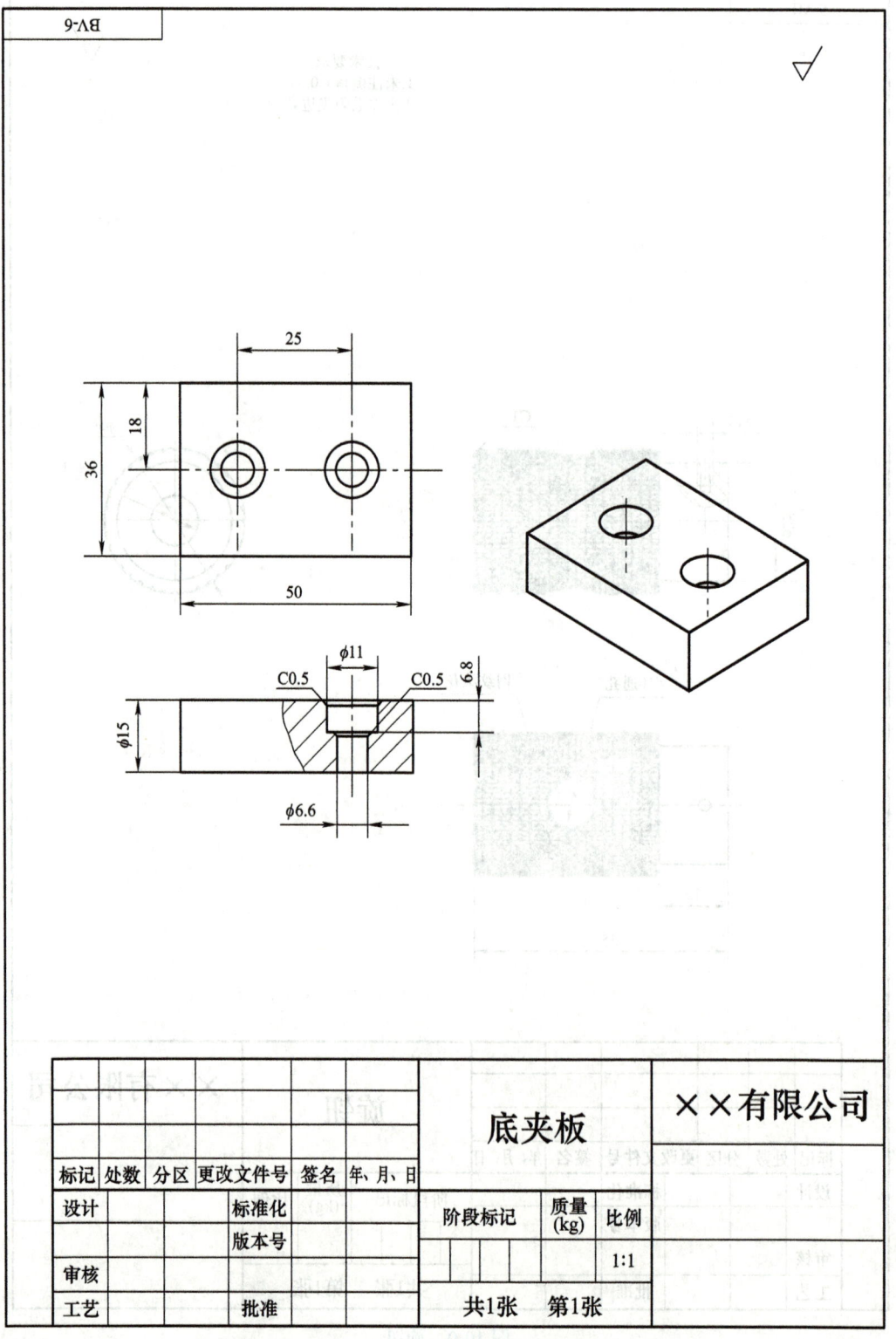

图 10-10　底夹板

项目 10 精密台虎钳的零部件建模、装配与制图

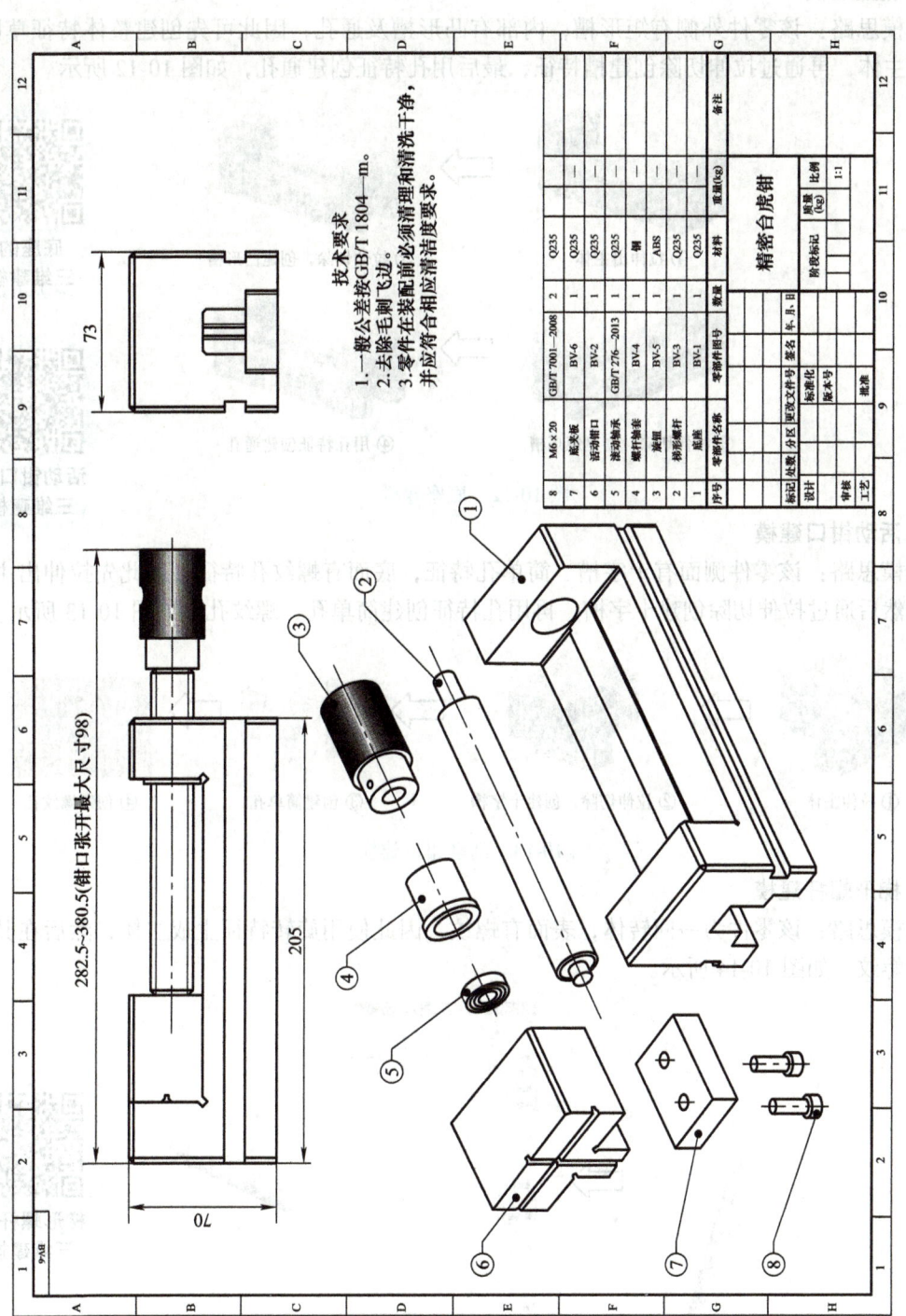

图 10-11 精密台虎钳装配图

10.3.2 零部件建模

1. 底座建模

建模思路：该零件外侧有矩形槽，内部有凸形槽及通孔，因此可先创建整体特征草图，拉伸出主体，再通过拉伸切除创建槽特征，最后用孔特征创建通孔，如图 10-12 所示。

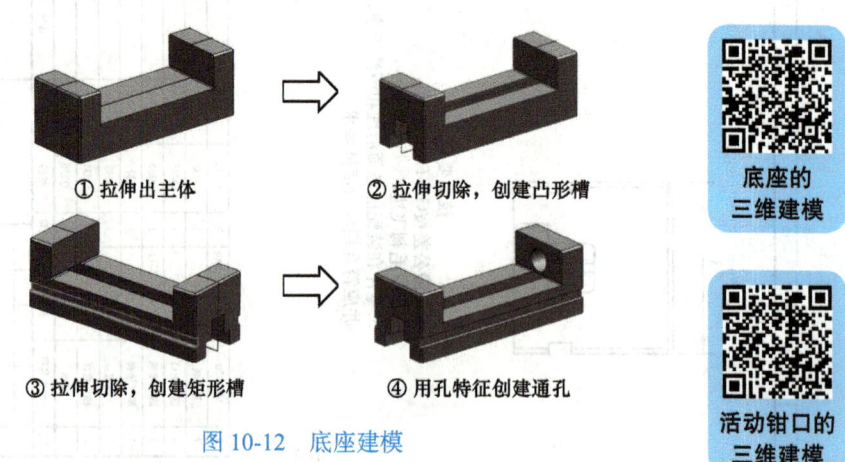

图 10-12　底座建模

2. 活动钳口建模

建模思路：该零件侧面有十字槽、简单孔特征，底面有螺纹孔特征，因此先拉伸出主体部分，然后通过拉伸切除创建十字槽，再用孔特征创建简单孔、螺纹孔，如图 10-13 所示。

图 10-13　活动钳口建模

3. 梯形螺杆建模

建模思路：该零件为一回转体，表面有螺纹，因此使用旋转特征生成主体，然后在其表面添加螺纹，如图 10-14 所示。

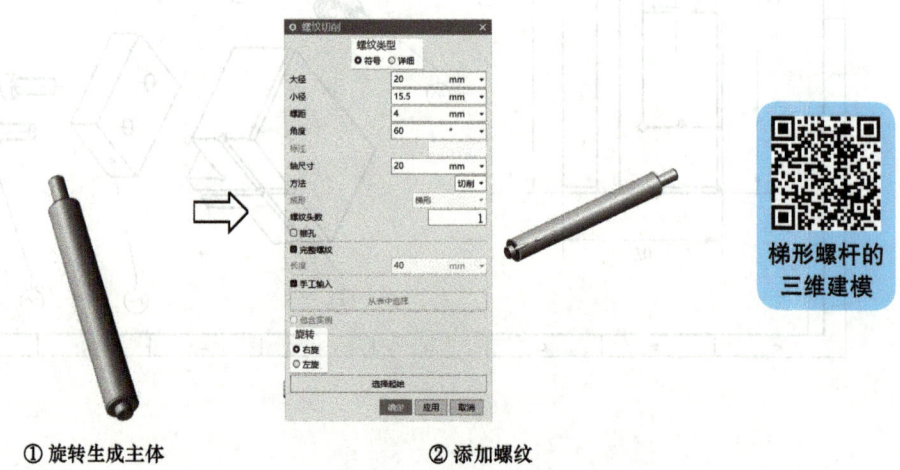

图 10-14　梯形螺杆建模

4. 螺杆轴套建模

建模思路：该零件整体呈柱状，中心有螺纹孔，因此先拉伸生成主体，然后在其中心创建螺纹孔，如图 10-15 所示。

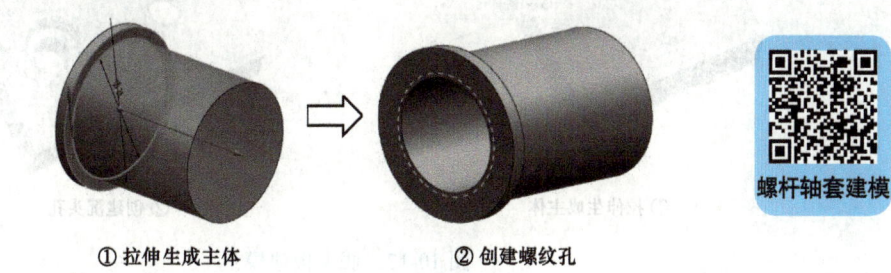

① 拉伸生成主体　　② 创建螺纹孔

图 10-15　螺杆轴套建模

5. 旋钮建模

建模思路：该零件为回转体，上面有简单孔、螺纹孔，表面还有滚花特征。因此先旋转生成主体，再创建孔特征，然后创建滚花特征：先生成一扫掠特征，然后镜像该特征，最后再进行阵列，如图 10-16 所示。

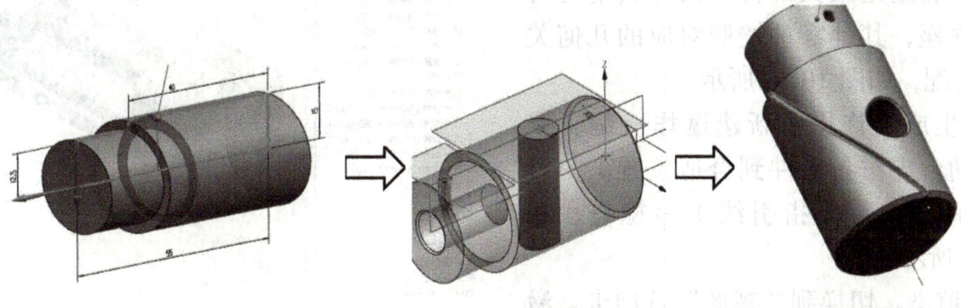

① 旋转生成主体　　② 创建孔特征　　③ 生成扫掠特征

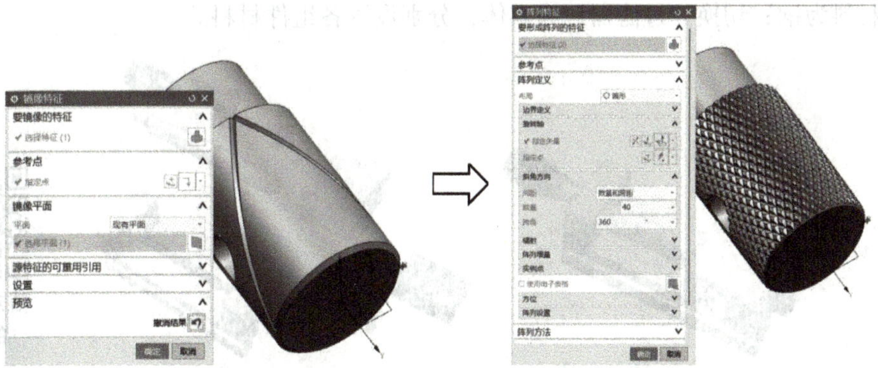

④ 镜像特征　　⑤ 阵列特征

图 10-16　旋钮建模

6. 底夹板建模

建模思路：该零件为板块类零件，上面有沉头孔。因此先拉伸生成主体，再创建沉头孔，如图 10-17 所示。

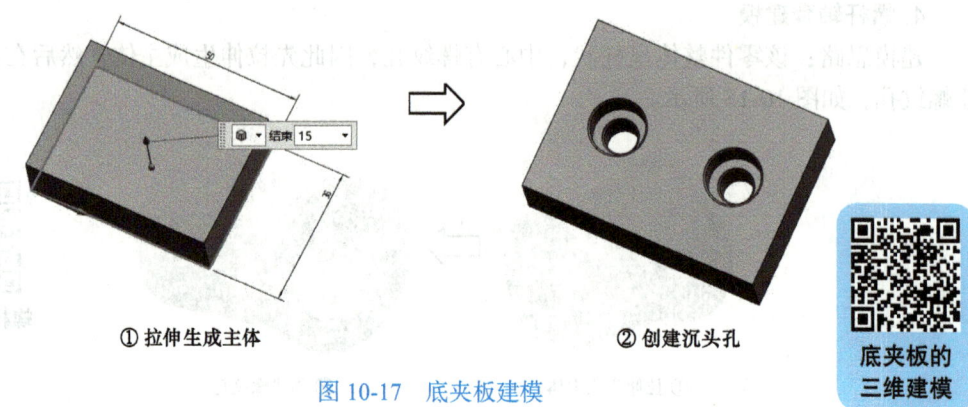

图 10-17　底夹板建模

10.3.3　产品装配

1）精密台虎钳由底座、活动钳口、梯形螺杆、螺杆轴套、旋钮、底夹板、M6 螺栓 2 个、轴承 1 个（标准件），总共 9 个零件组成，底座是最大部件，因此装配时可先固定底座，其他零件按照对应的几何关系进行装配，如图 10-18 所示。

2）生成爆炸图：新建爆炸→编辑爆炸（移动台虎钳各零件到合适位置）→可创建追踪线（装配指引线）→检查，如图 10-19 所示。

3）渲染。切换到"视图"选项卡，激活"真实着色" 工具，设置渲染环境，选择全局材料为钢；切换"过滤器"为实体，分别设置各组件材料。

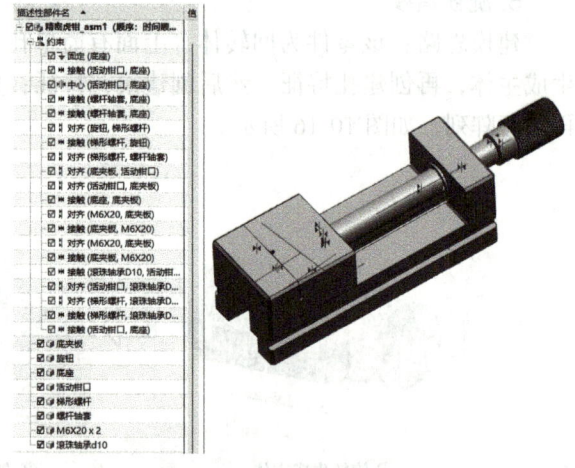

图 10-18　装配

图 10-19　生成爆炸图

10.3.4　工程制图

1. 底座制图

1）新建图纸文件：单击 新建(N)... ，打开"图纸"选项卡，在"模板"中选择 A3 图纸模板，并设置图纸名称及文件夹位置，然后确定。

2）创建主视图：单击 🖼 基本视图，先创建主视图，再创建全剖视图作为左视图，俯视图则另选一个基本视图进行放置，局部放大图选择底座槽口进行放大，各个视图的比例请根据图幅自行调整，如图10-20所示。

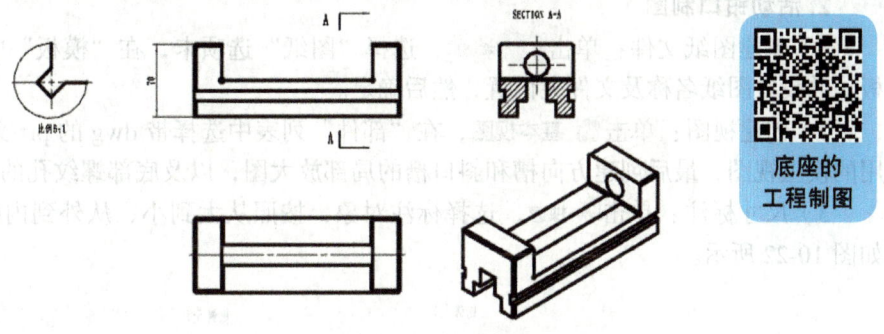

图10-20 创建主视图

3）尺寸标注：单击 快速，选择标注对象，按照从大到小、从外到内的顺序标注尺寸。
4）尺寸标注样式修改：全选需要修改样式的尺寸，设置相关的样式内容，如图10-21所示。

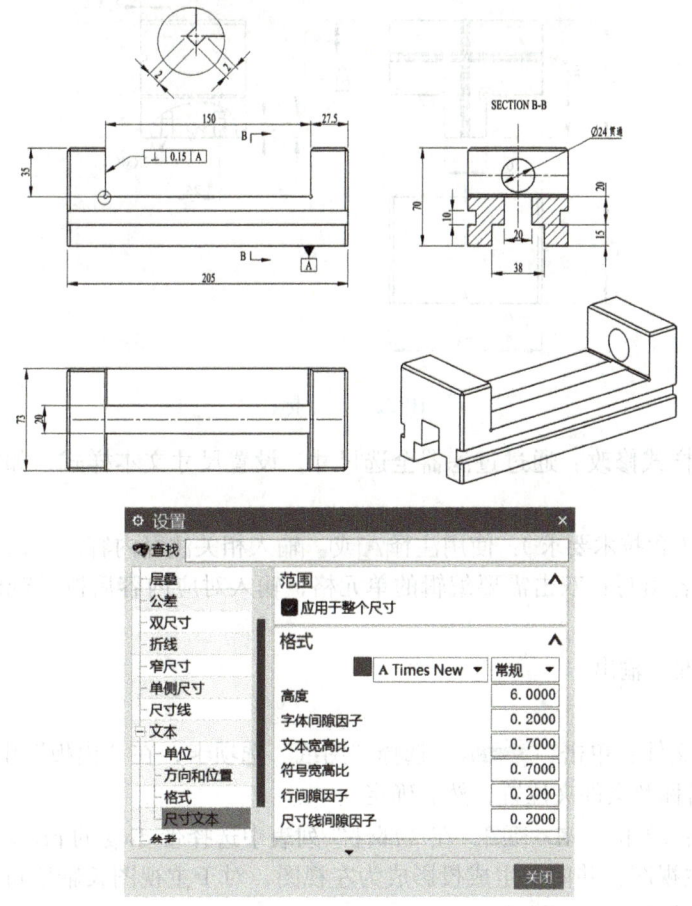

图10-21 尺寸标注样式修改

5）注释说明（含技术要求）：使用"技术要求库"输入相关注释内容。

6）标题栏内容填写：双击标题栏单元格，输入对应内容后按〈Enter〉键。

7）检查、修改、输出：对于图样上不符合要求的内容或者不一致的样式，需要仔细检查并进行修改。

2. 活动钳口制图

1）新建图纸文件：单击 新建(N)，选择"图纸"选项卡，在"模板"中选择 A4 图纸模板，并设置图纸名称及文件夹位置，然后确定。

2）创建视图：单击 基本视图，在"部件"列表中选择带 dwg 的 prt 文件，再选择要使用的模型视图，最后创建方向槽和斜口槽的局部放大图，以及底部螺纹孔的局部剖视图。

3）尺寸标注：单击 快速，选择标注对象，按照从大到小、从外到内的顺序标注尺寸，如图 10-22 所示。

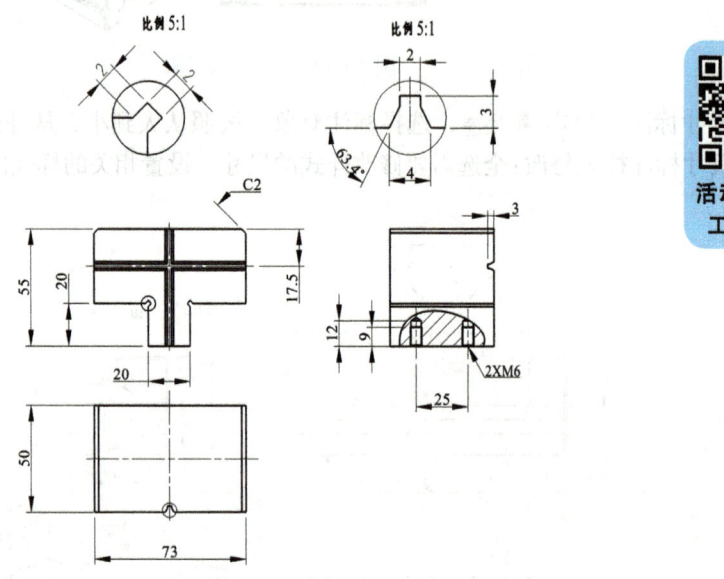

图 10-22　尺寸标注

4）尺寸标注样式修改：通过过滤器全选尺寸，设置尺寸文本样式，如字体、高度、字符比例等参数。

5）注释说明（含技术要求）：使用注释A或输入相关注释内容。

6）标题栏内容填写：双击需要编辑的单元格，输入对应内容后按〈Enter〉键即可看到表格内容。

7）检查、修改、输出。

3. 梯形螺杆

1）新建图纸文件：单击 新建(N)，选择"图纸"选项卡，在"模板"中选择 A4 图纸模板，并设置图纸名称及文件夹位置，然后确定。

2）创建视图：单击 基本视图，在"部件"列表中选择带 dwg 的 prt 文件，再选择要使用的模型视图为主视图，并向右生成投影成为左视图，对于主视图长轴段可以创建断开视图以节省图纸空间，如图 10-23 所示。

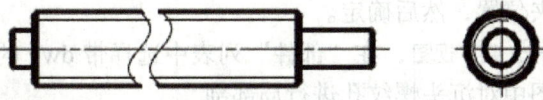

图 10-23 创建视图

3）标注尺寸并修改样式：单击 快速，选择标注对象，按照从大到小、从外到内的顺序标注尺寸；通过过滤器全选尺寸，设置尺寸文本样式，如字体、高度、字符比例等参数。

4）注释说明（含技术要求）。

5）填写标题栏内容，并完成检查、修改、输出。

4. 螺杆轴套

1）新建图纸文件：单击 新建(N)...，选择"图纸"选项卡，在"模板"中选择 A4 图纸模板，并设置图纸名称及文件夹位置，然后确定。

2）创建视图：单击 基本视图，在"部件"列表中选择带 dwg 的 prt 文件，再选择要使用的模型视图，可先创建左视图，再对左视图进行全剖作为主视图，如图 10-24 所示。

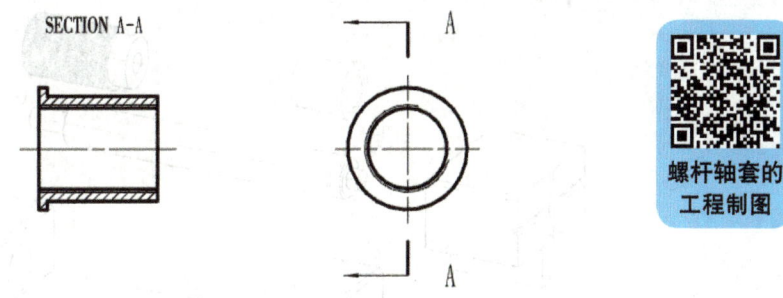

图 10-24 创建视图

3）标注尺寸并修改样式：单击 快速，选择标注对象，按照从大到小、从外到内的顺序标注尺寸；通过过滤器全选尺寸，设置尺寸文本样式，如字体、高度、字符比例等参数。

4）注释说明（含技术要求）。

5）填写标题栏内容，并完成检查、修改、输出。

5. 旋钮

1）新建图纸文件：单击 新建(N)...，选择"图纸"选项卡，在模板中选择 A4 图纸模板，并设置图纸名称及文件夹位置，然后确定。

2）创建视图：单击 基本视图，在"部件"列表中选择带 dwg 的 prt 文件，再选择要使用的模型视图，在主视图中对 M3 螺纹孔进行局部剖切。

3）标注尺寸并修改样式：单击 快速，选择标注对象，按照从大到小、从外到内的顺序标注尺寸；通过过滤器全选尺寸，设置尺寸文本样式，如字体、高度、字符比例等参数。

4）注释说明（含技术要求）。

5）填写标题栏内容，并完成检查、修改、输出。

6. 底夹板

1）新建图纸文件：单击 新建(N)...，选择"图纸"选项卡，在模板中选择 A4 图纸模板，并设置图纸名称及文件夹位置，然后确定。

2）创建视图：单击 基本视图，在"部件"列表中选择带 dwg 的 prt 文件，再选择要使用的模型视图，在俯视图中对沉头螺纹孔进行局部剖。

3）标注尺寸并修改样式：单击 快速，选择标注对象，按照从大到小、从外到内的顺序标注尺寸；通过过滤器全选尺寸，设置尺寸文本样式，如字体、高度、字符比例等参数。

4）注释说明（含技术要求）。

5）填写标题栏内容，并完成检查、修改、输出。

7. 装配体工程制图

1）新建图纸文件，选择 A2 装配模板，并设置图纸名称及文件夹位置，然后确定。

2）创建基本视图：主要有总装图和爆炸图，如图 10-25 所示。

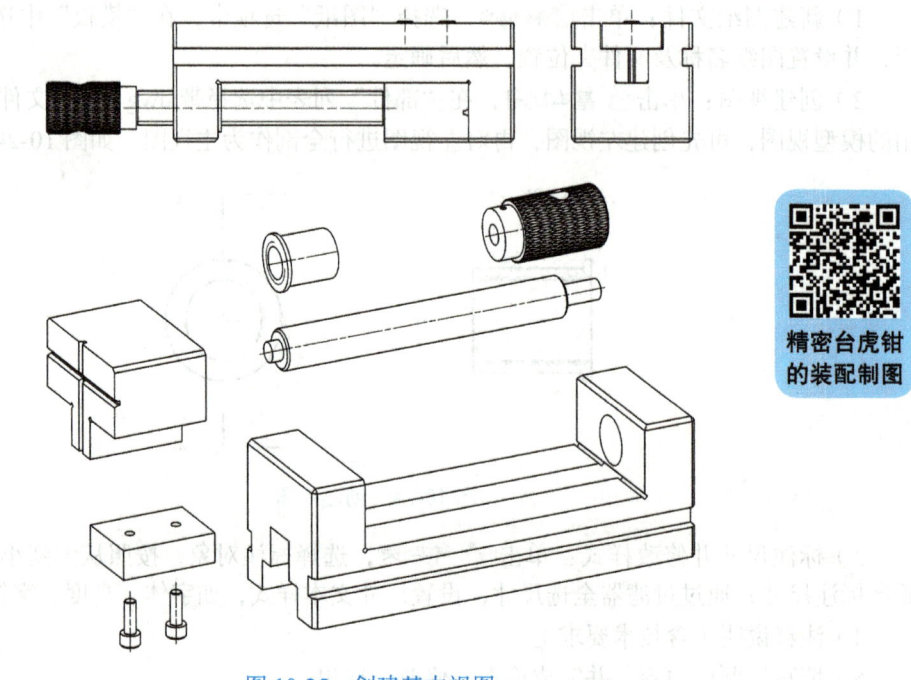

图 10-25　创建基本视图

3）标注整体外形尺寸，如图 10-26 所示。

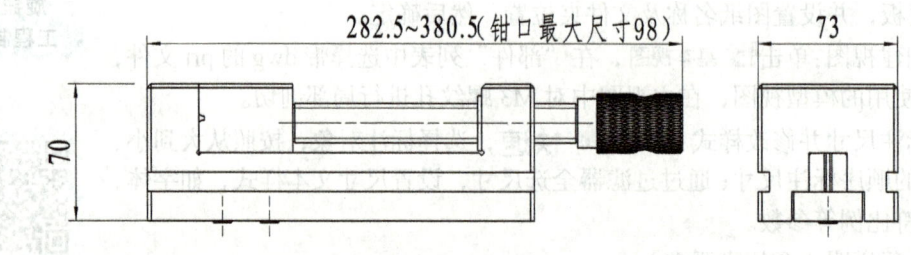

图 10-26　标注整体外形尺寸

4）标注零件序号，填写零件明细表：选择零件明细表，双击之后从快捷菜单中选择"自动符号标注"；零件明细表内容可双击对应的单元格进行输入，如图 10-27 所示。

项目 10 精密台虎钳的零部件建模、装配与制图

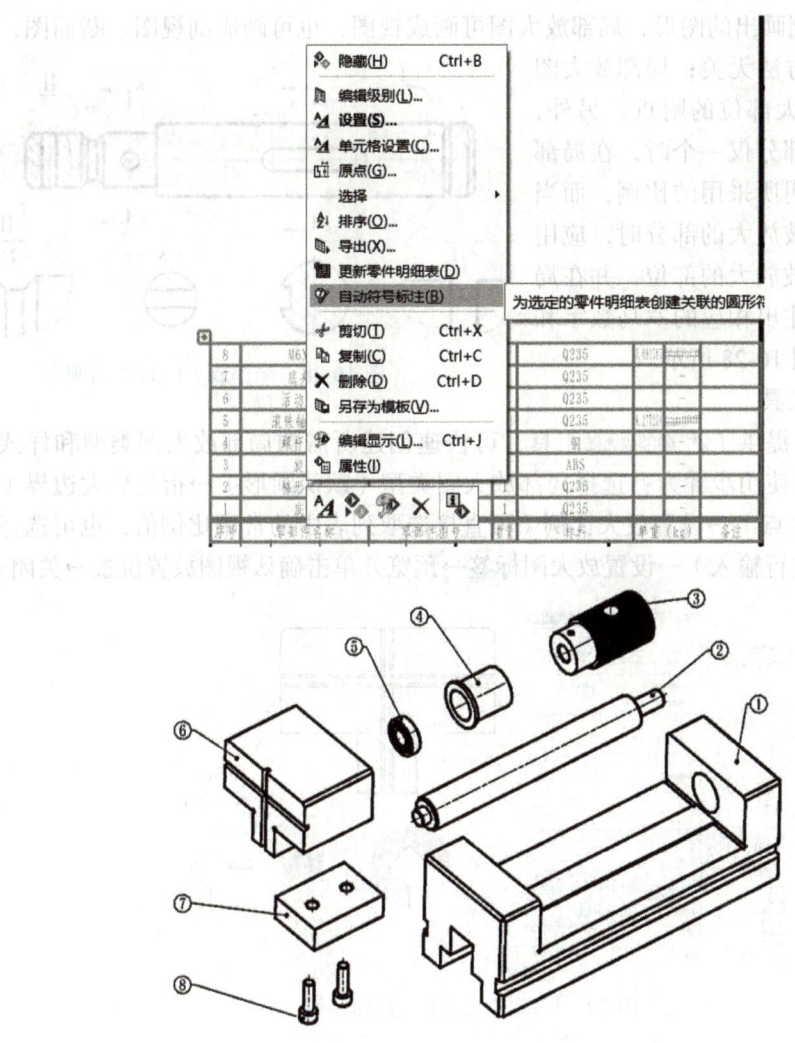

图 10-27 标注零件序号，填写零件明细表

5）注释说明：通过"技术要求库"选择常用的技术要求内容进行修改并注释。

6）标题栏信息输入：填写标题栏内容，输入产品名称、图纸代号、企业/单位名称等相关内容。

7）检查、修改、输出：仔细检查图样内容，对于需要修改的细节要进一步修改完善，确认无误之后即可选择需要的方式进行图样输出。

10.4 知识链接

10.4.1 局部放大图

1. 局部放大图功能与要求

局部放大图通常用于展示图样中某一特定区域的详细信息，以便更清晰地传达设计意图、结构细节或尺寸标注。制图国家标准（GB/T 4458.1—2002）规定：局部放大图是用大于

原图形所采用的比例画出的图形，局部放大图可画成视图，也可画成剖视图、断面图，它与被放大部分的表示方法无关；局部放大图应尽量配置在被放大部位的附近。另外，当零件上被放大的部分仅一个时，在局部放大图上方只需注明所采用的比例，而当同一零件上有几个被放大的部分时，应用罗马数字依次标明被放大的部位，并在局部放大图的上方标注出相应的罗马数字和所采用的比例，如图10-28所示。

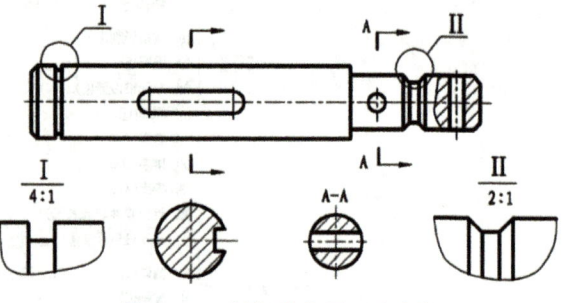

图 10-28　局部放大图画法实例

2. 局部放大图工具

NX 制图为用户提供了 局部放大图 工具，可快速创建所需的局部放大图类型和样式，如图 10-29 所示，一般使用步骤为：选择局部放大图类型（默认圆形）→指定放大边界（例如圆形的中心点和边界点）→设置放大比例（可直接选取列表中的常用比例值，也可选择"比率"和"表达式"进行输入）→设置放大图标签→预览并单击确认视图放置位置→关闭。

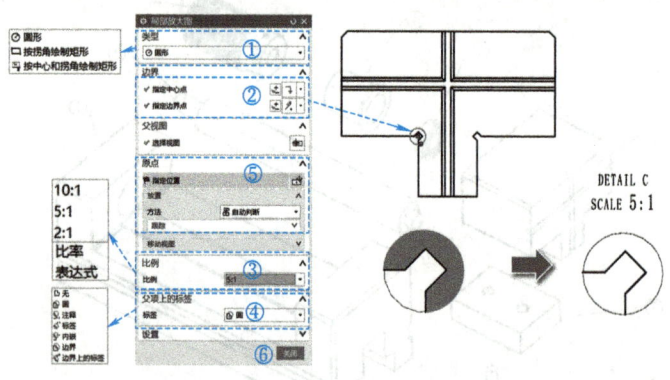

图 10-29　局部放大图工具操作步骤

对于 NX 默认的局部放大图中不符合国标要求的，可以先将其隐藏，然后通过"注释"工具 A 自定义符合要求的标注样式和比例，如图 10-30 所示。

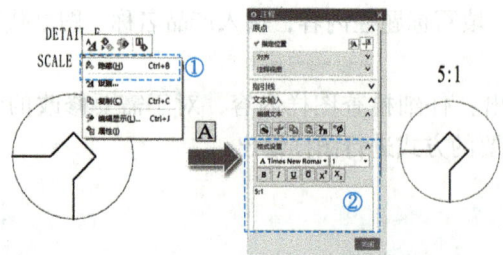

图 10-30　通过注释自定义局部放大图标签

10.4.2　局部剖视图

与全剖视图功能类似，局部剖视图也用来展示复杂结构或内部细节，但局部剖视图仅展示物体的特定部分，因此需要定义视图边界，再设置其他剖切参数。

项目10　精密台虎钳的零部件建模、装配与制图

NX 制图为用户提供了 局部剖 工具，可根据用户定义的视图边界和剖切位置创建所需的剖视图，因此其操作步骤可分为两部分。

1. 局部剖视图边界创建

局部剖视图边界需要在视图上利用草图样条曲线进行绘制，而在普通视图状态下无法直接绘制草图，因此需要先通过右键激活对应视图的草绘编辑状态（活动草图视图状态下被选视图以蓝色虚线框显示），再进行具体边界线的绘制（例如艺术样条曲线绘制）。注意边界必须是封闭曲线，绘制过程如图 10-31 所示。

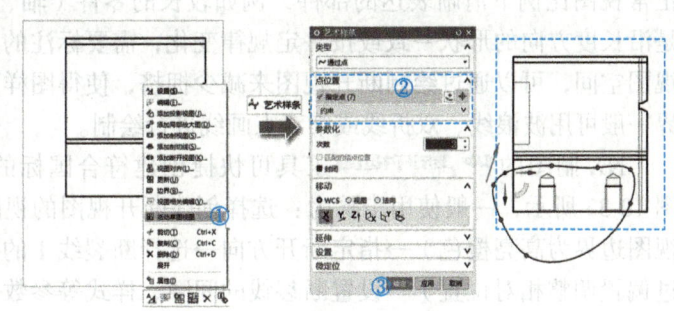

图 10-31　局部剖视图边界创建

2. 局部剖视图创建

局部剖视图创建的条件包括 4 个：视图对象、剖切点、剖切后视图方向、视图边界线，如图 10-32 所示。 局部剖 一般使用步骤为：选择创建局部剖视图的视图对象（注意选择完成之后对应的视图边界为高亮橙色）→指定剖切点（一般选择相邻视图上能定位剖切平面的位置点），设置剖切后视图方向（一般取默认方向即可）→选择视图边界线→应用，检查局部剖视图创建结果，关闭。

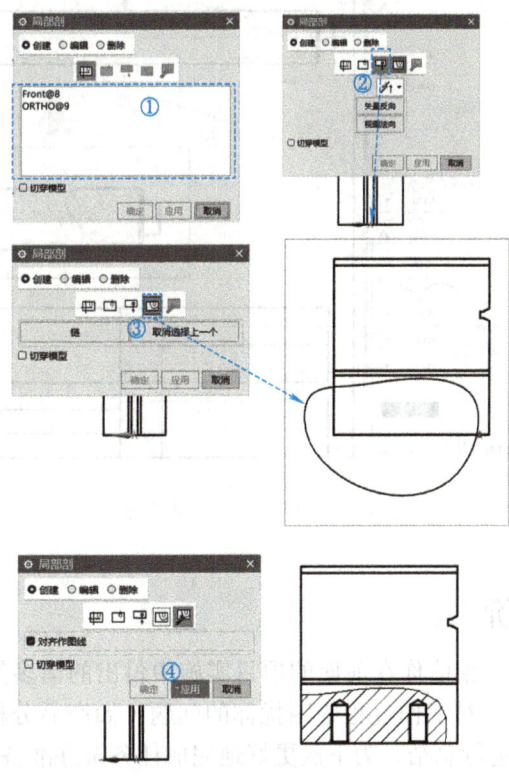

图 10-32　局部剖视图创建步骤

10.4.3 断开视图

断开视图常用于展示那些因为图纸尺寸限制（视图超出图纸页边界）或其他原因无法在正常视图比例下清晰表达的部件，例如较长的零件（轴、杆、型材、连杆等），其形状特点是沿长度方向的形状一致或按一定规律变化，需要标注的尺寸较少而视图尺寸太长，为节省视图空间，可以通过绘制断开视图来减少拥挤，使得图样更加清晰易读。断开视图的断裂边界一般可用波浪线、双折线或细双点画线进行绘制。

NX 制图的 工具可快捷创建符合国标的断开视图以便进行后续标注，如图 10-33 所示，一般使用步骤为：选择创建断开视图的视图对象（注意选择完成之后对应的视图边界为高亮橙色）→指定断开方向→选择断裂线 1 的位置→选择断裂线 2 的位置（可通过偏置调整相对位置）→设置断裂线的间隙、样式等参数→确定或应用，检查断开视图创建结果。如果需要修改断裂线样式，直接双击断开视图上的断裂线即可进入设置窗口。

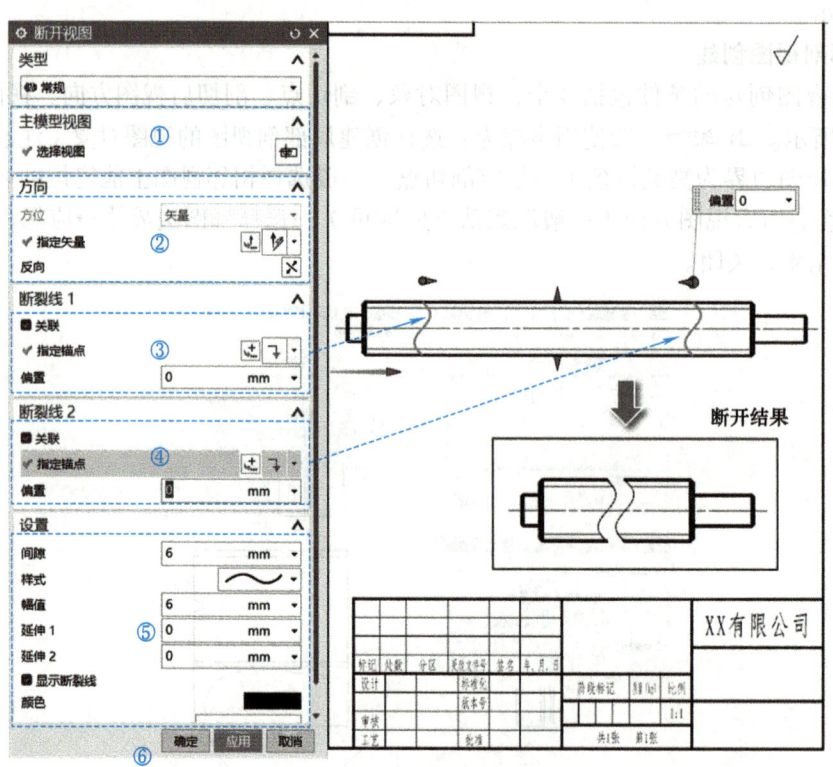

图 10-33　断开视图创建步骤

10.5　项目实施评价

一分耕耘，一分收获，相信你在前面的项目实施中付出的诸多努力会带来丰富的收获，当然你也遇到了许多考验。对工作过程中困扰你的问题（如产品分析问题、特征操作错误、装配错误、制图问题等）进行总结，为下次更好地完成任务做好准备。之后请根据表 10-1 中的评价条目及标准客观地对项目完成情况进行评价。

表 10-1　项目综合评价表

序号	考核项目		考核内容	分值	
				配分	得分
1	技能知识	图样分析	能正确识读图样，并结合实物判断精密台虎钳各零件的结构特点及特征类型	5	
2		零件建模	能使用草图、拉伸、旋转、阵列特征、螺纹、扫描等特征工具完成精密台虎钳各零件的创建	20	
3		产品装配	能使用组件添加及装配约束完成精密台虎钳的整体装配及爆炸图制作，并进行真实着色渲染	10	
4		零件制图	能参考任务提供的图样使用图纸页、基本视图、剖视图、断开视图、尺寸标注、注释工具完成精密台虎钳各零件的工程图制作	20	
5		装配体制图	能使用基本视图、尺寸标注、注释、零件明细表工具完成精密台虎钳装配图的创建	10	
6	素养目标	工作态度	工作态度端正，不出现无故缺勤、迟到、早退现象	5	
7		职业素质	严格遵守机房管理要求，爱护计算机设备	5	
8		合作精神	能仔细分析项目要求，制定合理的工作计划，相互协作、相互帮助，完成产品的装配	10	
9		劳动精神	能坚持完成自己所承担的工作任务	10	
10		工匠精神	能交流与制图相关的国家标准，领悟精益求精的工匠精神	5	
综合评价			技能知识	素养目标	综合得分

10.6　巩固与拓展

✏ 项目总结

本项目产品主要由底座、活动钳口、梯形螺杆、螺杆轴套、旋钮、底夹板、M6 螺栓 2 个（标准件）、轴承 1 个（标准件），共计 9 个零件组成，建模使用常用特征工具即可，装配主要利用接触约束，要重点掌握制图的流程、视图创建及标注方法。项目技能导图如图 10-34 所示。

项目10 精密台虎钳的零部件建模、装配与制图

1. 产品分析
 - 1.1. 产品主要由底座、活动钳口、梯形螺杆、螺杆轴套、旋钮、底夹板、M6螺栓2个(标准件)、轴承1个(标准件)，共计9个零件组成
 - 1.2. 分析零件的结构特点，并判断主要特征类型，方便建模

2. 零件创建
 - 2.1. 分析特征结构：分析零件主体特征及附属特征，联系对应的特征工具，以此规划建模步骤
 - 2.2. 零件的建模按照先大后小的原则，先基准后其他的顺序分别创建各主体特征，再创建其他附属特征

3. 产品装配
 - 3.1. 装配规划：先固定基准零件，再根据相邻零件的几何关系进行装配，最后再进行爆炸图创建及模型渲染
 - 3.2. 添加组件：可将所有零件全部添加到装配空间，也可以按照装配顺序逐个添加

4. 工程制图
 - 4.1. 零件制图工作流程：创建图纸→添加视图→添加尺寸和注释→检查完善→输出和打印
 - 4.2. 局部放大图创建：选择局部放大图类型(默认圆形)→指定放大边界→设置放大比例→设置放大图标签→预览并用鼠标左键选择放置位置
 - 4.3. 局部剖视图：创建边界曲线→选择视图对象→指定剖切点(一般选择相邻视图上能定位剖切平面的位置点)→设置剖切后视图方向(一般取默认方向即可)→选择视图边界线→应用，检查局部剖视图创建结果
 - 4.4. 断开视图：选择视图对象→指定断开方向→选择断裂线1的位置→选择断裂线2的位置(可通过偏置调整相对位置)→设置断裂线的间隙、样式等参数→确定或应用
 - 4.5. 尺寸样式修改：全选需要修改样式的尺寸，设置相关的样式内容
 - 4.6. 文本注释：选择注释工具→输入注释内容→移动鼠标至注释放置位置→确认注释内容并单击放置
 - 4.7. 装配图
   - 装配图只需标注一些必要尺寸
   - 零件明细表：利用图纸模板自动创建零件明细表，再根据需要编辑修改零件明细表内容
   - 零件序号注释：使用"自动符号标注"工具，再根据需要编辑修改序号标注样式

图 10-34 项目技能导图

你的经验总结：
_____
_____
_____
_____

✎ 拓展任务

学无止境，挑战自我。请根据本项目所学知识和技能，完成以下拓展任务。

为满足市场需求，精密台虎钳厂家需要设计制作标准系列化的台虎钳产品，通过不同尺寸规格的零件组合来适应不同的使用场景。请结合本项目经验，参考图 10-35 提供的信息（产品样式和规格标准），合理制定计划，分工协作完成某个型号的精密台虎钳的零部件建模、装配与制图工作，并提交设计资料（包括三维模型、渲染效果图、零件图及装配图、相关设计说明等）。

型号	底座长 A/mm	钳口宽度 B/mm	总高 H/mm	钳口高度 C/mm	夹持范围 G/mm	总长 L/mm
2.0	150	50	50	25	65	193
2.5	185	63	63	32	85	228
3.0	205	73	70	35	100	252
3.5	245	88	80	40	105	292
4.0	255	100	90	45	125	302
5.0	295	125	100	50	160	342
6.0	315	150	100	50	170	365
8.0	350	200	110	55	200	401.5

图 10-35　精密台虎钳规格尺寸

参 考 文 献

[1] 周水琴. 产品三维造型: UG NX 12.0[M]. 北京: 机械工业出版社, 2024.

[2] 郑贞平, 张小红. UG NX 12.0 三维设计实例教程 [M]. 北京: 机械工业出版社, 2021.

[3] 钱可强. 机械制图 [M]. 3 版. 北京: 高等教育出版社, 2023.

[4] 宋海潮, 何延辉, 邢乾坤. 机电产品三维设计 [M]. 北京: 机械工业出版社, 2019.

[5] 杜小雷, 余运昌, 沈红. 高等职业教育思政融入教材的理论探究与教学实践: 以《工业产品的三维设计》活页式教材为例 [J]. 广东职业技术教育与研究, 2024(11): 66-72.